스마트 자동화를 위한
센서기초공학

박일천, 이병문 지음

光文閣
www.kwangmoonkag.co.kr

⣿⣿⣿ 머리말

　현재 우리는 스마트폰, 정보 가전, 자율주행 자동차, 사물인터넷(IoT), 스마트공장 등 사회의 모든 분야에서 인텔리전트화, 스마트화, 지능화라는 말을 많이 듣게 된다. 이러한 스마트화, 지능화의 실현은 센서 기술의 적용 없이는 불가능하다. 센서와 프로세서 기술 결합을 통해 인간의 한계를 극대화하고, 공장자동화(FA), 사무자동화(OA), 사물인터넷(IoT) 기술의 원천이 되어 산업사회의 제조 공정에 많은 발전에 중추적인 역할을 해 왔다. 이 책은 센서의 효율적인 실무 적용을 위해 센서의 원리와 특성, 선택 기준, 주의사항, 산업사회에 적용한 응용 사례를 제시함으로써 센서를 처음 접하는 학생들부터 산업체 재직자에게 현장 실무 적용 능력을 향상시키는 계기를 제공하기 위해 집필하였으며, 주요 핵심 단원으로 센서 기술의 발전, 기본 원리, 광센서, 온도 센서, 자기 센서, 자동화 구축에 필수적인 범용 센서, 변위 센서, 역학량 센서, 유체량 센서, 화학 센서, 센서 인터페이스 및 센서 네트워크 등의 내용을 기술하였고, 아래와 같은 사항에 역점을 두고 구성하였다.

　　－ 센서의 원리 이론과 특히 실무에 적용하는 방법을 기술.
　　－ 공학도를 위한 센서 지침서가 되도록 다양한 내용을 수록.
　　－ 현장 실무에 종사하는 엔지니어를 위한 센서 지침서가 되도록 편집.

　끝으로 이 책이 만들어질 수 있도록 많은 도움을 주신 광문각출판사 박정태 회장님과 임직원 여러분께 진심으로 감사의 말씀을 드립니다.

저자 일동

Contents

Contents

Contents

Contents

CHAPTER **01**

센서의 기초

01. 센서의 정의

센서(sensor)란 '지각(知覺)한다', '느낀다' 등의 의미를 갖는 센스(sensor)에서 유래한 말로 사람의 감각기관(눈·코·입·피부) 등을 통해 외부의 자극을 느끼는 오감(시각·청각·후각·미각·촉각)과 같이 자연현상 가운데 물리적 존재와 변화 및 그 크기를 알 수 있게 하는 감지 물체나 감지 부품을 말하며 이는 화학적 반응이나 물리적 반응에 의해 그 존재나 크기, 변화 등을 나타낸다.

센서(sensor)는 지능형 홈 네트워크 가전제품, 무선 센서 네트워크 응용한 전기·전자계측기, 공업용 로봇, 공장의 자동화 등 전자 응용 제품에 거의 대부분 사용되고 우리들의 생활에도 꼭 필요한 요소가 되었다. 센서라고 하는 용어의 정의를 정확히 기술할 수는 없지만 인간의 오감(시각·청각·촉각·후각·미각)에 상당한 기능을 소유한 검출 장치이다.

"센서란 대상물이 어떠한 정보를 가지고 있는가를 감지하는 장치이다."

이것을 조금 더 구체적으로 기술하면 "센서란 인간의 5감을 대신해 검출 대상의 물리량을 정량적으로 계측해 주므로 인간의 5감에서도 느낄 수 없는 현상, 예를 들면 적외선 등의 전자파, 에너지가 작은 초음파 등을 검출할 수 있는 장치, 또한 인간의 5감을 훨씬 넘는 에너지를 가지고 있는 현상도 검출할 수 있는 장치이다"라고 할 수 있다. [그림 1-1]은 센서의 정의를 의미한다.

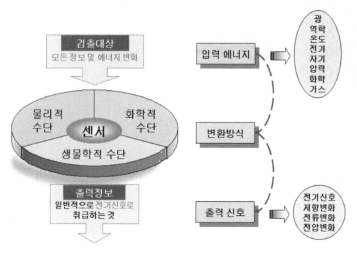

[그림 1-1] 센서의 정의

예를 들면 빛이나 소리 등의 입력 에너지 신호를 전기 에너지 신호로 변환하여 출력하는 장치, 즉 에너지 자체를 변환하는 장치를 트랜스듀서(transducer)라 하며, 센서는 물리량의 절댓값 혹은 변화를 '검출(detection)'하는 장치이다. 트랜스듀서는 측정량에 대응하여 측정 가능한 물리량의 신호로 변환하는 변환기(convertor)이다.

그러나 센서와 트랜스듀서는 넓은 의미에서 같은 것으로 해석되기도 하지만 센서가 입력 정보를 전기신호로 변환하는 것이라면 트랜스듀서는 전기신호뿐만 아니라 힘이나 길이 등의 물리적 변화로 발생시키는 기기를 포함한다. [그림 1-2]는 센서와 트랜스듀서의 차이를 보여준다. 특히 최근에는 IT산업의 발전과 함께 데이터를 받아들이는 정보량이 다양함에 따라 반도체 기술을 이용한 마이크로프로세서(microprocessor)의 정보 처리 기능을 겸비한 인텔리전트 센서[1](intelligent sensor)와 같은 고도화되고 지능화된 센서 디바이스가 개발되어 단순한 자동화 기술에서 메카트로닉스와 무선 센서 네트워크(wireless sensor network) 등에도 크게 발전하고 있다.

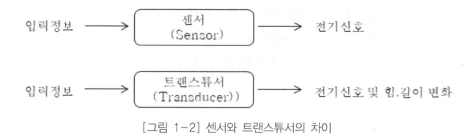

[그림 1-2] 센서와 트랜스튜서의 차이

---

1) 인텔리전트 센서(intelligent sensor): 지능화 센서, 스마트 센서(smart sensor) 등으로 불리는 센서. 센서 디바이서와 반도체 LSI 등이 같이 있는 ① 원 칩 타입의 신호처리 장치와의 결합, ② 기능 재료의 물성을 응용한 신호처리 기능의 부여, ③ 형태나 구조 자체가 가진 신호처리 기능의 응용

트랜스듀서의 예를 들어보자.
- 광센서: 태양전지(solar cell) -- 빛 에너지를 전기 에너지로 변환
- 음향 센서: 스피커 -- 전기신호를 음향(소리) 신호로 변환
- 습도 센서: 셀로판지의 변위 -- 길이가 긴 셀로판지의 늘어나고 줄어드는 변위를 이용해 스위치를 ON/OFF

02. 센서의 기능

센서의 기능은 [그림 1-3]과 같이 인간의 감각기관과 대비하여 설명할 수 있다. [표 1-1]은 인간의 감각기관과 센서의 종류를 비교해서 나타낸다.

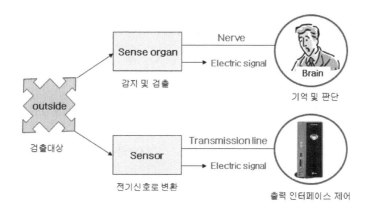

[그림 1-3] 인간의 감각기관과 센서 정보처리

[표 1-1] 감각 기관과 센서의 대비

인간의 5감	감각기관	센서의 종류	센서 소자
시각(빛)	눈	광 센서	광도전 센서, 이미지(image) 센서, 포토 다이오드
청각(소리)	귀	음향 센서	압전(piezoelectric) 소자, 마이크로폰, 진동자
촉각(압력) (온도) (기타)	피부	압력 센서 온도 센서 진동 센서	변형 게이지(strain gauge), 반도체 압력 센서 서미스터(thermistor), 백금 측온저항체 마이크로폰, 다이어프램(diaphragm)
미각(맛)	혀	바이오 센서	백금, 산화물, 반도체, 입자 센서
후각(냄새)	코	가스 센서	지르코니아 산소센서(zirconia oxygen sensor)
5감이 아닌 센서			중력 센서, 자기 센서

즉 어떤 기계장치나 측정 대상물의 센서를 인간의 감각기관에 대비하여 보면 인간의 감각기는 외부로부터 수용기(receptor)에 주어지는 자극(stimulation)이 수용기에서 전기신호로 변환되고 이 신호가 신경(nerve)을 통하여 뇌(brain)에 전달되어 정보화되는 데 비해 센서는 외부로부터 받은 작용이 트랜스듀서에 의해 적당한 에너지 형태의 신호로 변환되어 신호 전송로(transmission line)를 경유하여 정보처리 장치인 마이크로프로세서에 전달되고 여기서 제어나 감시에 사용되는 정보로 변환되어 출력된다. 다시 말해서 센서는 인간의 오감과 같이 측정 대상물의 특성을 나타내는 물리량이나 화학량을 전기적인 신호로 변환하여 이용 가능한 정보를 제공하는 기능을 갖고 있는 것이다.

03. 센서의 기본 특성 및 요구 성능

센서에서 요구되는 성능평가는 입력과 출력 관계가 이상적인 직선 관계로부터 벗어나는 정도를 선형성(linearity)과 비선형성(nonlinearity)으로 판별할 수 있다. 그러나 현실적으로 선형 특성을 만족시키는 것은 거의 어렵다.

센서의 응답 특성은 입력이 시간적으로 변하지 않을 때의 정특성(statical characteristics)과 입력이 시간적으로 변할 때의 동특성(dynamical characteristics)으로 분류할 수 있다.

- 정특성: 감도(sensitivity), 직선성(linearity), 히스테리시스(hysteresis: 웅차), 선택성(selectivity) 등이 있다.
- 동특성: 정상 응답, 주파수 응답, 램프 응답, 과도 응답, 스텝 응답 및 지연 특성 등이 있다.

가. 감도(感度)가 높을 것

감지하고자 하는 대상, 즉 센서의 입력에 대한 전기적인 출력의 비를 감도(sensitivity)라고 한다. 센서는 직선적인 변환 특성을 갖는 것이 바람직하다. 센서 입력이 허용한계를 벗어나면 출력은 포화값에 도달하여 응답의 직선성을 잃기 때문에 측정 범위에는 상한값을 정한다. 또한, 센서에서 잡음은 오차가 되고, 측정의 하한값에 영향을 준다. 센서의 출력신호는 직접 부하에 전달되든가 또는 증폭기에 입력된다. 센서로부터 전달되는 전력을 최대로 하기 위해서는 센서의 출력 임피던스를 부하 임피던스 또는 증폭기의 입력 임피던스와 정합(matching)되어야 한다.

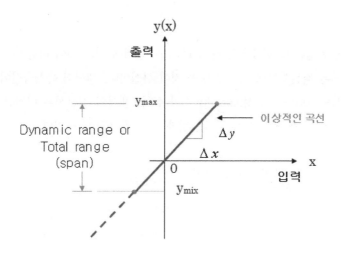

[그림 1-4] 이상적인 특성과 감도

[그림 1-4]는 센서의 이상적인 특성과 감도를 나타낸다. 그림에서 센서의 감도(sensitivity)는 입력신호에 대한 출력신호의 비율로서 변환계수 S로 나타낸다. 즉 직선의 기울기(gradient)를 말한다. 많은 측정의 경우 $y_{\max}$와 $y_{\min}$의 측정 범위가 다르며, 측정할 수 있는 총 범위, 즉 다이나믹 범위는 $R_{dyn} = y_{\max} - |-y_{\min}|$이다.

$$(\text{감도}) \ S = \frac{출력신호(출력량)}{입력신호(입력량)} = \frac{\Delta y}{\Delta x} \tag{1-1}$$

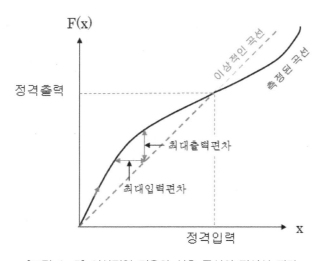

[그림 1-5] 이상적인 경우와 실측 특성의 직선성 편차

나. 직선성이 우수할 것

센서의 직선성 특성은 [그림 1-5]와 같이 1차 함수관계에 있는 것이 바람직하다. 그러나 실제로 많은 센서의 출력은 직선성이 성립하지 않는 것이 사실이다. 센서의 특성곡선이 이상적인 직선관계로부터 벗어나는 정도를 직선성(linearity)이라 한다. 센서의 직선성은 비직선성(nonlinearity)의 백분율로 표현한다. 또한, 비직선성은 직선성과 같이 혼용하여 쓰인다.

$$비직선성(\%) = \frac{최대출력(입력)편차}{정격출력(입력)} \times 100\% \, FS \tag{1-2}$$

다. 히스테리시스

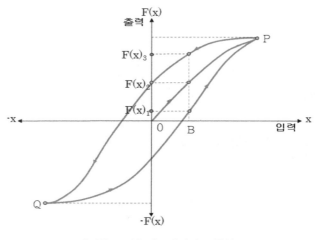

[그림 1-6] 히스테리시스 특성

[그림 1-6]은 센서의 히스테리시스 특성을 나타낸다. 입력(X)을 증가시켜 가면서 측정할 경우와 감소시켜 가면서 출력을 측정하였을 때 동일한 입력 B에 도달했을 때 출력은 $F_{(X)1}$이 되나, 입력을 감소시키면서 측정하면 입력이 B에 도달했을 때 출력은 $F_{(X)3}$로 동일한 입력 B에서 출력이 같지 않은 현상을 히스테리시스(hysteresis)라고 한다. $F_{(X)3}-F_{(X)1}$을 히스테리시스 차(폭)이며, 히스테리시스 차는 입력 변화의 진폭과 입력 크기에 의존한다. 히스테리시스는 센서가 전 상태의 영향을 받고 있는 것을 나타내므로 일종의 기억 효과(memory effect)라고 하며 사용되는 각종 재료가 갖는 물리적 성질에 따라서 나타난다. 특히 센서에서는 탄성재료, 강자성체, 강유전체 등의 재료를 사용하는 경우에 많이 나타나는 것으로서 센서의 이력 현상(hysteresis phenomenon)이다.

라. 선택성

센서는 목적하는 물리 현상만을 검출하고, 다른 현상에 대한 영향을 받지 않는 것이 바람직하다. 예를 들면 일반적으로 대부분의 센서는 온도나 습도의 영향을 받기 때문에 센서의 구조를 변경하거나 브리지회로에 의해 보상하여 선택성을 향상시키기도 하고, 습도 센서와 가스 센서 등과 같은 특정한 화학물질에 의해 선택성을 실현하기도 한다.

이 처럼 센서는 측정 대상뿐 아니라 다른 요소에 의해서도 출력이 변화하게 되는데, 다른 요소보다 측정 대상에 대해 얼마나 더 민감하게, 즉 감도가 높게 반응하느냐 하는 정도를 선택성(selectivity)이라 한다. 일반적으로 물리량 센서보다 습도, 가스 및 이온 등을 감지하는 화학량 센서의 선택성이 나쁘게 나타난다.

마. 동특성(응답성이 빠를 것)

센서의 동특성은 입력의 크기를 갑자기 변화시킬 때 시간 응답 특성(과도 특성)과 입력을 정형적으로 변화시킬 때의 주파수 응답 특성이 있다.

센서에 입력되는 물리량이 시간에 따라 변동할 때, 센서의 출력은 즉시 변하지 않으며, 보통 입력과 출력신호 사이에는 시간적인 지연이 일어난다.

이것을 응답 시간(response time)이라고 한다.

센서의 응답 시간의 측정은 계단함수(step function)를 인가하여 측정하는데, 계단 응답(response time)은 상승 시간(rise time), 감쇠 시간(decay time), 시정수(time constant)로 나눌 수 있다.

04. 센서 시스템

센서는 그 자체만으로 어떠한 작업을 수행하지 않는다. 센서는 일반적으로 신호 조절 장치나 다양한 아날로그나 디지털 신호처리 회로들로 구성된 전체 시스템의 한 부분으로 자리한다. 여기서 전체 시스템이란 측정 장치가 될 수도 있고 데이터 획득 장치가 될 수도 있고 또는 공정 제어 시스템이 될 수도 있다.

센서를 분류하는 방법은 다양한 방법이 있을 수 있다. 그중에서 신호 조절 방법에 따라 능동 센서와 수동 센서로 분류할 수 있다. 능동 센서는 센서의 동작을 위해 외부로부터 전압이나 전류의 입력이 요구된다. 서미스터나 RTD(백금 측온 저항체) 또는 스트레인 게이지와 같이 저항에 기초한 것들을 예로 들 수 있다. 이러한 것들은 저항값을 읽어내기 위해서는 반드시 전류가 센서를 통과해야만 한다. 다른 방법으로는 센서를 브리지회로에 설치하는 방법도 있을 수 있으나 이 경우에도 외부의 전압이나 전류의 입력이 요구된다.

반면, 수동 센서(또는 자기 발진 센서)는 외부로부터의 전압이나 전류가 없어도 스스로 전기적 출력신호를 만들어 낼 수 있다. 이렇게 외부 전원으로부터 독립적인 수동 센서의 종류로는 온도차에 의한 전압을 발생시키는 열전대나 빛에 의한 전류를 발생시키는 포토다이오드가 있다.

결국 센서를 능동 센서와 수동 센서로 분류하는 방법은 센서로부터 전기적 출력을 만들어내기 위해 외부 전원회로의 필요 유무로 다시 표현할 수 있다. 이것은 논리적으로 열전대는 어떠한 외부 전원회로 없이도 동작을 해야 한다는 것을 의미한다. 어쨌든 산업 현장에서는 전통적으로는 앞서 정의한 외부 전원회로의 필요 유무에 따라 센서를 구분한다.

센서와 트랜스듀서는 간혹 혼용하여 쓰기도 하지만 용어의 의미를 정의하면 아래와 같이 표현한다.

- 센서: 신호 또는 외부 자극(물리적 현상의 다른 표현)을 전기적 출력으로 변환
- 변환기(transducer): 어떤 형태의 에너지를 또 다른 형태로 변환
- 능동 센서: 동작을 위해 외부 전원이 필요함(RTD: 백금 측온 저항체, 스트레인 게이지)
- 수동(자가발전) 센서: 외부 전원이 필요 없음[열전대, 포토다이오드, 피에조일렉트릭(압전기)]

[표 1-2] 전형적인 센서의 종류와 출력 형태

성질	센서 종류	능동/수동	출력
온도	열전대	수동	전압
	Silicon	능동	전압/전류
	RTD	능동	저항
	서미스터	능동	저항
힘/압력	스트레인 게이지	능동	저항
	압전기	수동	전압
가속도	가속도계	능동	커패시턴스
위치	LVDT	능동	전압
빛의 강도	포토다이오드	수동	전류

센서를 논리적으로 분류하는 또 다른 방법은 어떠한 물리적 성질을 측정하기 위하여 만들어진 것인가 하는 것이다. 이에 따라 온도 센서, 힘 센서, 압력 센서, 움직임 센서 등이 있을 수 있다. 그러나 서로 다른 물리적 성질을 측정하기 위한 센서라 할지라도 같은 전기적 출력을 가질 수 있다. 예를 들어 백금 측온 저항체(RTD)는 스트레인 게이지와 같은 형태의 가변저항이

다. 이 두 가지 센서의 경우 종종 브리지회로에 설치되며 그 조절 회로의 형태가 매우 유사하다. 따라서 브리지회로와 그 조절회로는 자세히 살펴볼 필요가 있다.

대부분의 센서(능동 및 수동)의 전체 눈금 출력은 비교적 작은 전압이나 전류 또는 작은 저항값의 변화이므로 이것을 사용이 가능한 아날로그 또는 디지털 신호 형태로 적절하게 조절해야 할 필요가 있다. 따라서 전체 회로에는 일반적으로 신호 조절을 위한 회로가 포함되게 된다. 이러한 역할을 하는 기본적인 신호 조절 기능으로는 증폭, 레벨 변환, 전기적 절연, 임피던스 변환, 선형화, 그리고 필터링 등이 있다.

반도체의 발달로 인해 IC(집적회로)는 아날로그와 디지털 신호 처리에 중요한 역할을 담당하고 있다. ADC는 별도 외부의 조절회로 필요성을 최소화하기 위해 RTD를 동작시킬 수 있는 전류회로를 포함하거나 프로그래머블 이득 증폭기를 내장한 형태로 제작되기도 한다.

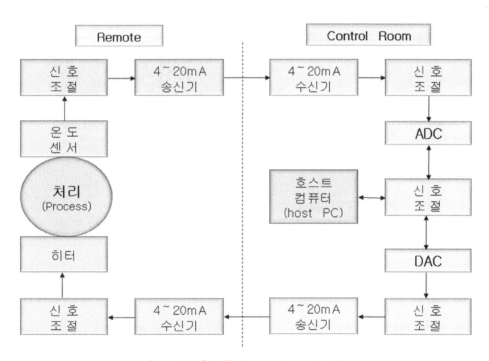

[그림 1-7] 전형적인 공정 처리 시스템

대부분의 센서의 출력은 외부의 자극에 대하여 비선형이고 정확한 측정 결과를 위해서는 반드시 선형화되어야 한다. 이를 위해서는 아날로그 처리 기술이 필요하다. 효율적이고 정밀하게 수행할 수 있으며 이에 따라 기존의 수동 교정 작업의 필요성도 사라지게 되었다.

전형적인 공정 제어 시스템의 센서 적용 방법이 [그림 1-7]에 보여 지고 있다. 제어하고자 하는 물리적 성질이 온도라고 한다면, ADC(Analog to Digital Converter)에 의해 온도 센서의 출력이 조절되고 디지털화된다. 다음으로 마이크로컨트롤러나 호스트 컴퓨터가 현재 온도가 설정된 온도보다 높은지 낮은지를 판단하게 된다. 그리고 이 판단 결과를 디지털 형태로 DAC(Digital to Analog Converter)에 보내게 되고 DAC는 이것을 다시 아날로그로 변환하여 액추에이터(그림의 경우 히터)를 동작시키게 된다. 중앙 제어 장치와 원격 장치는 4~20[mA] 루프로 산업 표준 회로를 통하여 인터페이스 되어 있음에 주목하기 바란다.

디지털 기술은 데이터 획득 공정 제어 그리고 측정 등에서 센서의 출력을 처리하는 부분에 점차로 그 사용이 확대되고 있다. 센서 자신에 A/D 변환 기능과 마이크로 컨트롤러 프로그래밍 기능을 포함한 이른바 '스마트 센서(smart sensor)'는 자체 내장된 교정 기능과 선형화 기능 등을 가질 수 있다. 스마트 센서는 [그림 1-8]과 같이 산업 네트워크에 직접 연결하여 사용할 수 있다.

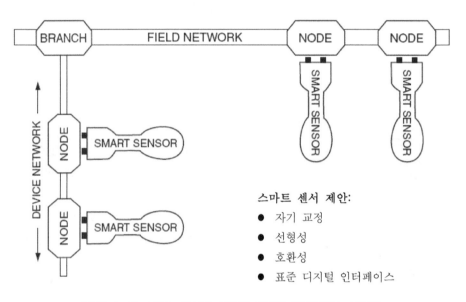

[그림 1-8] 스마트 센서를 사용한 디지털 인터페이스 표준화

다수의 IC(집적회로)로 구현된 '스마트 센서'의 기본 구성은 [그림 1-9]에 나타내고 있다. 아날로그 디바이스사의 Micro Converter™ 시리즈 제품은 고성능 멀티플렉서가 일체화되어 있고, 플래시 메모리와 연결된 ADC, DAC가 내장되어 있으며 각종 보조회로 및 몇 개의 표준 시리얼 포트 구성뿐만 아니라 산업표준 8052 마이크로 컨트롤러 코어까지 가지고 있다. 이것들이야말로 하나의 칩으로 구현된 진정한 스마트 센서 데이터 획득 장치(고성능 데이터 변환 회로, 마이크로 컨트롤러, 플래시 메모리)라고 할 수 있는 첫 번째 통합회로이다.

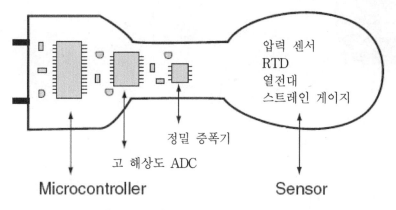

압력 센서
RTD
열전대
스트레인 게이지

정밀 증폭기

고 해상도 ADC

Microcontroller   Sensor

[그림 1-9] 스마트 센서의 기본 구성

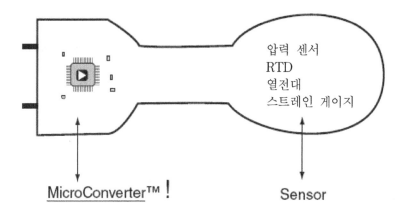

압력 센서
RTD
열전대
스트레인 게이지

MicroConverter™ !   Sensor

[그림 1-10] 스마트 센서와 동등한 칩

센서의 분류

01. 센서의 기본

　센서의 종류는 셀 수 없을 정도로 다종다양하다. 현재로서는 표준화된 분류 방법은 없고 여러 가지 관점에서 분류되고 있는데, 센서의 검출 대상에 의한 분류를 보면 [표 1-3]과 같다. 다양한 물리적 화학적 생물학적 양들이 있으며, 또한 이들은 1차원부터 3차원까지 있으며 하나의 양을 검출하기 위해서 다수의 센서가 사용되고 있다. 어떠한 분류 방법을 채택한다 하더라도 센서는 1차원적 또는 2차원적 등으로 명확하게 분류할 수 없다. 더욱이 하나의 그림이나 표로서 표현하기 곤란하며, 다종다양한 센서를 일목요연하게 분류하고 설명하는 데는 어떠한 분류 방법도 만족할 수 없다.

[표 1-3] 센서의 기본 분류

분류방법	센 서 의 종 류
원　리	물리적 센서, 화학적 센서, 생물학적 센서 등
검지 대상	광센서, 온도 센서, 습도 센서, 압력 센서, 가스 센서, 유량 센서 등
재　료	반도체 센서, 세라믹 센서, 금속 센서, 고분자 센서, 효소 센서 등
기 능 상	광센서, 역학 센서, 전자기 센서, 온도 센서, 화학 센서 등
적용분야	환경, 공해, 방재 및 방범, 에너지 감시, 의료·보건, 가전기기, 자동화 시스템, 안전관리, 유지보수, 정보화 기기 및 통신 등

　그러나 몇 가지 기준에 따라 동질적인 것을 묶어 대분류를 하고, 그중에서 센서를 구성하는 재료에 따라서 분류하는 방법을 간혹 채택하고 있다. 센서 재료로서 어떤 물질을 사용하는냐에 따라 반도체 센서, 세라믹 센서, 금속 센서, 고분자 센서, 효소 센서, 미생물 센서 등으로 분류한다.

이 중에서 가장 관심이 집중되고 있는 유형은 반도체 기술 발전과 더불어 반도체를 이용한 소자로서 산화물 반도체, 결정 반도체 및 화합물 반도체 등의 물질이 주목받고 있다. 따라서 반도체 센서라 하면 반도체의 성질을 갖는 모든 결정, 다결정, 비결정 센서 재료를 포함하게 된다. 반도체 센서가 다른 재료의 센서에 비해 각광을 받게 된 이유는 다음과 같은 조건을 갖추고 있기 때문이다.

- 소형화가 용의하다.
- 응답 속도가 빠르다.
- 고감도 실현이 가능하다.
- 선택성 부여가 상대적으로 용의하다.
- 집적화, 지능화가 가능하다.
- 경제적이다.

02. 센서의 재료

센서 재료에 따른 분류는 [표 1-4]와 같이 분류할 수 있다. 이 중에서 반도체는 가장 많이 사용되어 왔으며, 앞으로도 많은 기능이 응용이 가능한 재료이다. 특히 Si를 베이스로 한 반도체 센서 기술은 광센서를 중심으로 큰 발전을 해 왔으며 최근에는 스마트 센서라고도 부르고 있는 이른바 마이컴 내장형의 인텔리전트 센서도 보급되고 있어 새로운 기능을 갖는 센서들이 많이 개발되고 있다. 대표적인 반도체 센서로는 자동차 등에 응용되고 있는 압력센서 및 가속도 센서 등이 있다.

[표 1-4] 센서 재료에 따른 분류

센서 재료	대표적인 센서
금 속	RTD, 스트레인 게이지, 로드 셀, 열전대, 자기스위치
반 도 체	홀 소자, MR 반도체, 압력 센서, 속도 센서, 광센서, CCD
세 라 믹	서미스터, 습도 센서, 가스 센서, 압전 센서, 산소 센서
화 이 버	온도 센서, 레벨 센서, 압력 센서, 변형 센서
유 전 체	초전형 센서, 온도 센서
고 분 자	습도 센서, 감온 센서, 플라스틱 서미스터
복 합 재 료	PZT 압전 센서

※ RTD (resistance temperature detector: 저항측온기), PZT(지르코산 티탄산연)

신소재 개발이라는 차원에서 관심 분야가 세라믹과 유기 재료이다. 세라믹 재료는 내식성, 내열성, 내마모성이 뛰어나고 유기 재료는 바이오 센서용 또는 무기 재료의 단점을 보완하기 위해서 사용된다. 금속 재료 센서는 지금까지 기계적인 또는 전기적인 센서에서 지속적으로 사용되어 왔으며 최근에는 비정질 금속이나 형상 기억 합금 등의 재료가 개발되어 새로운 센서로 주목받고 있다.

03. 센서의 기능

변환에 이용되는 원리를 기능상으로 분류하면 [표 1-5]와 같이 분류할 수 있다.

역학 센서는 공장 자동화의 핵심 센서이며 기계량 센서와 유체량 센서로 구분할 수 있다. 기계량 센서는 근접 센서, 거리, 위치 및 회전각을 측정하는 직선 회전 변위 센서, 속도와 가속도 센서, 힘과 토크 센서 등이 있으며 유체량 센서에는 압력 센서, 유량과 유체 센서, 밀도센서 등이 있다.

[표 1-5] 센서의 수행 기능상 분류

기능상 분류	대표적인 센서
역학 센서	근접 센서, 회전각 센서, 레벨 센서, 가속도 센서, 각속도 센서, 진동 센서, 중량 센서, 압력 센서, 유량 센서 등
자기 센서	홀소자, 홀 IC, 자기저항(MR) 센서
광센서	포토다이오드, 광도전소자, 적외선 센서, 포토인터럽터
온도 센서	서미스터, 측온저항체(RTD), IC온도 센서, 열전대(thermocoupler)
화학 센서	가스 센서, 이온 센서, 습도 센서, 바이오 센서, 효소 센서

자기 센서는 홀 효과를 이용한 홀 소자와 자기저항 효과를 이용하는 센서가 대표를 이루고 있으며 변위, 전류, 온도, 두께, 레벨 등 물리량을 비접촉으로 검출할 수 있다.

광센서는 반도체를 이용하는 센서로 광을 전기신호로 변환하는 검출 방식을 이용하고 있다. 광센서는 공장 자동화 센서로 광범위하게 많이 이용되고 있는 센서이다.

온도 센서는 가장 많이 사용되고 있는 센서로서 금속, 산화물 반도체, 비산화물, 유기 반도체 등이 재료로써 이용되고 있는 센서이다. 온도 계측의 범위가 낮은 온도에서 매우 높은 온도까지 확대되고 있으며 정밀도 또한 높아지고 있으며 광센서와 같이 자동화 시스템 분야에 많이 활용되고 있는 센서이다.

　화학 센서는 화학적인 현상을 전기신호로 변환하는 센서로서 환경에 대한 많은 분야에 폭넓게 적용되고 있다. 최근에 환경 오염 문제가 사회적으로 가장 큰 관심 중의 하나이기 때문에 향후 응용 분야를 비롯하여 각종 기술의 적용이 폭넓게 확대될 것으로 기대된다.

04. 센서의 계측

　일반적으로 생산 현장에서 많이 사용하는 센서는 계측하고자 하는 물리량의 종류에 따라 다음과 같이 분류한다.
　　① 기계: 위치, 형상, 속도, 힘, 토크, 압력, 진동, 질량 등의 계측
　　② 전기: 전압, 전류, 전하, 전기 전도도(conductivity) 등의 계측
　　③ 자기: 자기장, 자속, 투자율(permeability) 등의 계측
　　④ 온도: 열, 열전달, 열전도도, 비열 등의 계측
　　⑤ 기타: 음향, 근접도, 화학 조성, 광전기, 방사(radiation), 레이더, 광학 시스템(광섬유와 발광 다이오드), 촉각, 음성, 시각 센싱과 관련된 계측

　또한, 센서는 수행 기능, 감지 위치와 형태, 물리적 활성화와 같은 세 범주로 분류할 수 있다. 수행 기능에 따라 센서는 조작(manipulation)과 획득(acquisition)으로 나누어질 수 있다.
　촉각, 힘 센서와 같이 머니퓰레이터(manipulator)[2]에 장착하여 로봇이 주변 상황에 대처할 수 있도록 도와주는 센서들은 조작으로 분류할 수 있다. 촉각 센서는 센서와 물체의 접촉을 감지하는 장치이다. 촉각 센서는 접촉(touch) 센서, 힘 센서로 분류될 수 있다. 접촉 센서는 물체와 접촉이 되었는지 아닌지를 2진(binary) 출력신호로 나타낸다. 응력(stress) 센서는 힘을 검출하는 센서로 접촉 여부뿐만 아니라 두 물체 간의 접촉력의 크기도 제공한다.
　로봇이 자체의 현 상태를 파악하기 위해 사용되는 센서들은 획득으로 분류된다. 예컨대 이것들은 정보수집 영역 내의 가장 가까운 물체까지의 거리를 계측한다. 위치를 파악할 수 있는 센서의 예로서 [그림 1-11]과 같은 거리 계측용 초음파 센서를 들 수 있다.

---

2) 머니퓰레이터(manipulator): 인간의 팔과 유사한 동작을 제공하는 기계적인 장치이다.

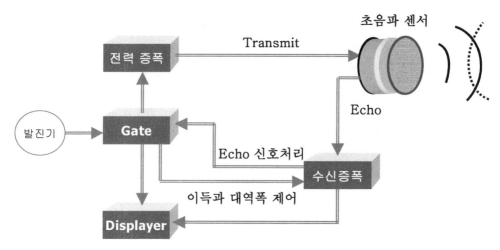

[그림 1-11] 초음파 거리 검출 시스템

제1장 센서의 기초

01. 센서의 변환 원리

    센서란 광, 온도, 압력, 변위 등과 같이 물리적 변화량을 검출하여 읽고 전송하기 쉬운 전기적 양으로 변환시키는 것으로 측정 대상에 가까이 했을 때 측정 대상에 물리적, 화학적 또는 생물학적 변화에 영향을 주지 않고 측정 대상의 변화량(전압, 전류, 주파수 등)의 지시값으로 쉽게 변화하면서 응답 속도가 빠르고 정확하여야 한다.

    이와 같이 측정 대상의 물리적, 화학적 변화량에 대해서 정확하고 빠르게 동작하는 센서 재료를 개발하고 사용 목적에 따라 효과적으로 이용하기 위해서는 센서 재료의 물리적, 화학적 특성은 물론 그 응용 원리를 정확히 이해해야 한다.

[표 1-6] 센서의 물리 변환 원리

기초 현상	변환 원리 및 효과	센서의 예
광 현상	제만 효과 슈타르크 효과 커 효과 패러데이 효과 코튼·무튼 효과 라만 효과 브리유앵 효과	광 화이버 센서
광전 효과	광기전력 효과 광도전 효과 포톤 효과 포톤 그래그 효과 광전자 방출 효과 뎀버 효과 PEM 효과	포토다이오드 포토트랜지스터 CdS 셀 광전자 증배관

열 현상	초전 효과 열기전력 효과 기체의 열팽창 제벡 효과 펠티에 효과 톰슨 효과 저항의 온도 변화 pn접합의 온도 특성 압전 정수의 온도 의존성 강자성–상자성 상전이 핵 사중극 공명 흡수 온도 의존성 투과율 효과 조셉슨 효과	파이로 비디콘 서모파일 골레이 셀 열전대 서미스터, 저항온도계 트랜지스터 온도계 수정 온도계 감온 리드 스위치 NQR 온도계 액상 온도계
압전·진동 현상	피에조 저항 효과 압전 효과	
자기 현상	홀 효과 자기저항 효과 핵자기 공명 흡수 변화 자속 유기전류 자기 광학 효과 자기 왜곡 효과 열자기 효과	홀 소자 자기저항 소자 마그넷 다이오드 프로톤 공명 자속계 자기 헤드
전자방출 방전 현상	열전자 방출 광전자 방출 2차 전자 방출	촬 상관
초전도 현상	조셉슨 효과	SQUID형 자기 센서 SQUID형 적외선 센서
화학 현상	반도체 표면에서의 흡착 효과 가연성 가스 접촉 반응열에 의한 Pt선 저항 변화 가스 전극 흡습에 의한 이온 전극 세라믹의 흡습 저항 변화 물질의 흡습에 의한 색 변화 흡습 팽창 고정화 효소 전극	각종 반도체 가스 센서 가연성 가스 센서 pH 미터 공업용 습도계 세라믹 습도 센서 시색 센서 모발 습도계 요소 센서 글루코스 센서

아무리 복잡한 센서일지라도 그 기본 동작 원리는 지금까지 잘 알려진 각종 기초 효과를 적절히 이용한 것이므로 센서의 원리를 체계적으로 잘 이해하기 위해서 기초 현상, 변환 원리·효과를 알아야 한다. [표 1-6]은 센서의 기초 변환 원리를 나타낸다.

02. 광전 효과

광전 효과는 광의 강도를 기전력으로 변환하여 사용되며 물리적 특성에 따라 광전 센서, 포토 센서, 이미지 센서, 컬러 센서 등에 널리 이용되는 효과이다.

광은 입자성과 파동성을 갖는 물질로 1923년 아인슈타인(Einstein)에 의해 발견되었는데 이러한 현상은 전자와 광의 충돌에 의해 광의 방향이 변하게 된다는 콤프톤(Compton) 효과에 의해 입증된 바 있다.

이 입자를 보통 광자(Photon)라 하며 전자와 정공과는 달리 중성 특성이 있고 에너지도 갖는다. 또 광양자를 전자와 충돌시키면 광양자 중에 입자선과 같은 파장의 성분 이외에 약간 긴 파장이 발생되는데 광자 한 개의 작은 에너지 E와 진동수 ν 및 파장 λ와의 관계는 $E = \hbar\nu = \hbar c / \lambda$로 나타낸다. 자세한 학습은 광센서 단원에서 한다.

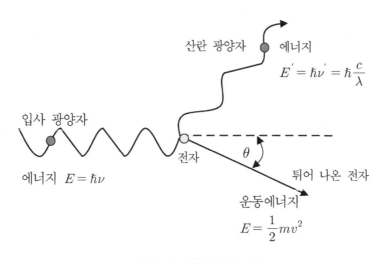

[그림 1-12] 콤프톤 효과

가. 광도전 효과(photoconductive effect)

빛을 어떤 물질에 입사시켰을 때 그 물질의 도전율이 증가하는 현상을 광도전 효과라 한다. 이 현상을 에너지 밴드 이론상으로 구분하면 가전자대의 캐리어가 전도대로 이동하는 진성(intrinsic) 광전도 효과와 금지대 안의 불순물 레벨 준위에 존재하는 전자가 전도대로 이동하여 이루어지는 불순물(extrinsic) 광도전 효과가 있다. [그림 1-13]과 같이 반도체에 전압을 걸고 빛을 조사시키면 광자는 공유결합의 전자와 충돌하여 자유롭게 이동할 수 있는 전도 전자를 발생시키고 전자 발생 자리에는 정공이 생성되어 한 개의 광자에 의해 전자, 정공 한 쌍의 캐리어가 발생된다. 반도체에 빛을 조사하면 아래와 같은 전기적 특성을 갖는다.

- 물질의 도전율이 증가되어 광전류 증가
- 단면이 넓을수록, 전극 간격이 좁을수록 광전류 증가
- 발생된 캐리어 쌍의 수명이 길고, 이동도가 큰 재료일수록 광전류 증가

광도전 재료가 되기 위해서는 빛을 조사했을 때 광전류를 크게 해야 하므로 생성된 전자, 정공쌍의 캐리어 수명이 길고 이동도가 큰 재료를 사용해야 한다.

광도전 효과를 이용해 여러 가지 광 측정에 이용되는 재료는 광도전 재료라 하는데 이들 반도체의 전자 수명은 CdS가 $10^{-2} \sim 10^{-3}$, Ge, Si에서는 $10^{-3} \sim 10^{-4}$, PbTe에서는 $10^{-4} \sim 10^{-5}$ 정도 이다.

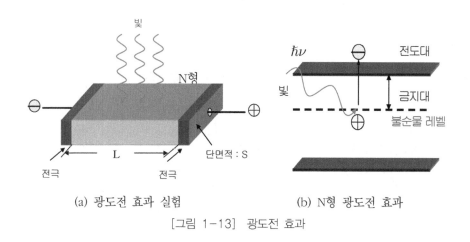

(a) 광도전 효과 실험　　(b) N형 광도전 효과

[그림 1-13] 광도전 효과

나. 광 기전력 효과

내부 광전 효과의 첫째가 되는 광 기전력 효과에는 대표적인 PN 접합 기전력 효과, 뎀버 효과, 광전자 효과 및 광전자 방출 효과 등이 있다. 대체 에너지 수급 방안으로 활성화되고 있는 태양전지의 원리와 같이 광이 쬐면 광 기전력이 발생하는 현상이 광 기전력 효과라고 한다.

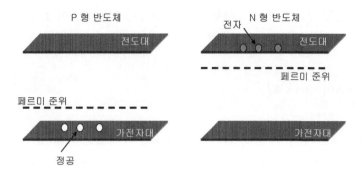

(a) P, N형 반도체 에너지 밴드

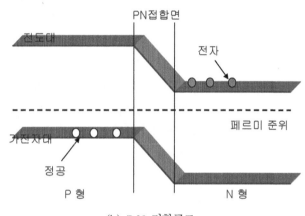

(b) P-N 접합구조

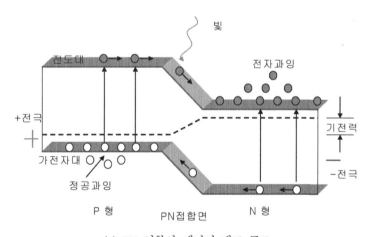

(c) PN 접합의 에너지 밴드 구조

[그림 1-14] 광 기전력 효과의 원리

반도체의 PN 접합 부근에 빛을 조사했을 때 기전력이 발생하는 현상으로 반도체 안에서 흡수하는 빛의 강도 $\alpha(\lambda)$에 의해 결정된다.

$$I(\lambda) = I_o(\lambda)\exp\{-\alpha(\lambda)x\}$$ (1-3)

단, I_o는 파장 λ의 입사광 강도, $I(\lambda)$는 두께 D를 투과했을 때의 광 강도이다.

[그림 1-14]는 PN 접합부의 공핍층에 광을 입사하게 하고 발생했던 전자, 정공의 과잉 전하에 의해 전위가 형성되고 광 기전력으로 출력되는 것을 보여준다.

다. 광전자 방출 효과

광의 양자화 특성에 의해 고체(금속)에 빛이 조사되면 이 에너지가 고체에 전달되어 고체 표면에서 전자가 방출된다. 이때 고체 표면에서 방출되는 전자를 광전자(photo electron)라 하며 이 현상을 광전자 방출(emission) 효과라 한다.

이때 전자가 고체 밖으로 나오려면 일정한 에너지가 필요한데 이 에너지를 일 함수(work function)라 한다. 외부로 방출된 에너지가 갖는 에너지는 입사된 빛 에너지에서 일함수 W를 뺀 값으로 광전자의 질량을 m, 최대속도를 ν라 하면 다음 식으로 주어진다.

$$E = \frac{1}{2}mv^2 = \hbar\nu - W$$ (1-4)

광전자 방출 효과의 특징으로 빛의 강도가 증가하면 그것에 비례하여 광전자의 수가 증가한다. 광전자 방출 센서는 두 가지로 분류된다.

- 방전관: 광전관의 광전면과 양극을 밸브 속에 가두어 놓고, 전압을 가하여 광전류를 관측한다.
- 광전자 증배관: 광전관의 광전면과 양극과의 사이에 다단의 전극(다이노드)을 삽입하고, 다이노드면에 광전자가 맞으면 2차 전자를 방출하는 구조로 되어 있다. 각 다이노드에서 2차 전자가 차례로 방출되므로 양극에 도달할 때까지는 대단히 많은 전자로 되므로 미약한 빛의 검출도 가능하게 되는 특징이 있다.

라. 뎀버 효과

[그림 1-15]는 뎀버 효과의 원리로서 어떤 종류의 반도체에 흡수 계수가 큰 파장의 빛을 조사하면 조사된 표면 가까이에 전자와 정공을 생성시키고 확산에 의해 내부에 빛이 조사된 표면과 조사되지 않은 부분 사이에 전위차가 일어나게 되는 현상(전계 E), 이 전위차를 감광 기전력(photogalvanic effecr)이라고 한다. 뎀버가 발견하였으므로 뎀버 효과(dember effect)라고도 한다.

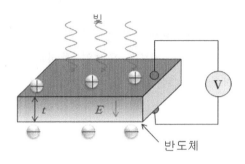

[그림 1-15] 뎀버 효과

03. 열전 효과

가. 제벡 효과

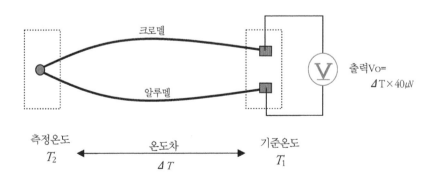

[그림 1-16] 제벡 효과를 이용한 열전대

[그림 1-16]과 같이 두 종류의 금속을 접합하여 폐회로를 만들고 두 접합점의 온도차를 다르게 유지하면 금속 간에 기전력이 발생하여 전류가 흐르는 현상을 제벡(Seebeck) 효과라 하고, 이것을 이용하여 온도를 측정하도록 만든 것을 열전대(thermocouple)라 한다.

나. 펠티어 효과

펠티어 효과(Peltier effect)는 제벡 효과의 반대를 뜻한다. 다시 말하면 [그림 1-17]과 같이 특성이 다른 두 금속을 접합하고 직류 전류를 흘렸을 때 한쪽 접합 면에서는 줄(joule) 열이 발생하고 다른 한쪽 접합 면에서는 열이 흡수되는 현상이다.

• 열의 흡수와 발열 현상

금속의 내부의 전자가 힘 있게 운동하기 위해서는 에너지가 필요한데 낮은 에너지 상태(비스무트의 특성)에서 높은 에너지 상태(안티몬의 특성)로 넘어가기 위해서는 에너지를 외부에서 흡수하고, 열을 발생한다는 것은 높은 에너지 상태(안티몬의 특성)에서 낮은 에너지 상태(비스무트의 특성)로 넘어갈 때 에너지를 방출한다. 전류를 반대로 흐르게 하면 발열과 흡열이 반대 현상으로 나타난다. 이와 같은 것이 전자냉동기의 원리이다.

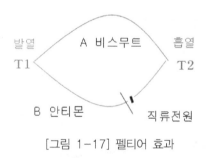

[그림 1-17] 펠티어 효과

다. 톰슨 효과

[그림 1-18]과 같이 1851년 영국의 물리학자 켈빈(본명은 W.톰슨)이 발견한 현상이다. 예를 들면 구리나 은은 전류를 고온부에서 저온부로 흘리면 열이 발생하고, 철이나 백금에서는 열의 흡수가 일어난다. 또 전류를 반대로 흘리면, 열의 발생·흡수는 반대가 된다. 단 납에서는 이 효과가 거의 나타나지 않는다. 대체로 이 효과에 의해 발생하는 열은 전류의 세기와 온도차에 비례하며, 단위 시간을 취할 경우의 비례 비율은 도선의 재질에 따라 정해진 값을 취한다. 이

값을 톰슨계수 α 또는 전기의 비열이라 한다. 이때 발생하는 열량은 아래식과 같으며 여기서 α는 톰슨계수이다.

$$dQ = \alpha I (\Delta T \cdot x) dx \tag{1-5}$$

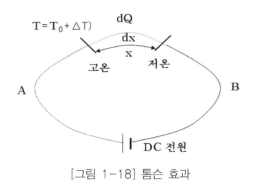

[그림 1-18] 톰슨 효과

라. 초전 효과

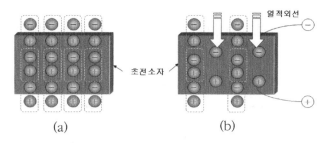

[그림 1-19] 초전 효과 원리

　강유전체가 적외선을 받으면 그 열 에너지를 흡수하여 자발분극(自發分極)의 변화를 일으키고 그 변화량에 비례하여 전하가 유기된다. 그 현상을 초전 효과(pyroelectric effect)라 한다. 초전형 적외선 센서는 fine ceramic의 초전 효과를 이용하여 인체 등에서 발생하는 소량의 적외선을 예민하게 감지한다. [그림 1-19]는 초전 효과 원리를 나타내며 보통 인간의 적외선 방출 파장은 7~14[㎛]이다.

　- 큰 초전 효과를 나타내는 재료: LiTaO$_3$/단결정으로 주파수 응답이 좋다, PZT/세라믹,
　　PbTio3/세라믹

04. 압전기 효과

가. 개요

압전기 효과(piezoelectric effect)는 1880년 큐리 형제가 발견한 현상으로서 결정을 가진 고체에 응력을 주면 그 결정의 마주 면에 분극 현상(polarization)에 의한 음양의 전하가 발생하는데 이 전하량은 응력에 비례하고 응력 방향을 반대로 하면 전하의 부호가 바뀐다. 이 경우를 압전기 직접 효과라고 말한다.

한편 외부에서 전계를 걸어주면 왜곡이 발생하는데 그 크기는 전계의 크기에 비례하고 전계의 방향을 반대로 하면 변형도 반대로 된다. 이 경우를 압전기 역효과라고 말한다. [그림 1-20]은 압전기 효과의 원리이다.

이 압전기 효과는 매우 중요한 현상으로서 센서 및 전기 계통은 물론 음향 각종 전자회로에 널리 이용된다.

최근 가정용이라 하여 널리 보급되고 있는 것에는 압전 소자를 사용한 혈압계가 있다. 의사가 청진기에 의해 검진하던 심음을 검출하기 위해 가속도 검출형 압전 소자를 사용하여 30[Hz]~1[kHz]까지 주파수 대역을 검출하는 심음계 등에 응용되고 있다.

- 압전형 재료: 수정, 로셸염($NaKC_4H_4O_6$) 결정과 비결정의 티탄산바륨 페라이트(BaTiO), 지르콘 티탄산연계 페라이트(PZT) 등의 세라믹 재료

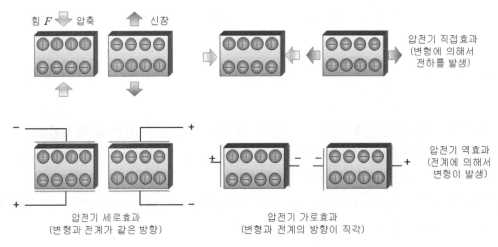

[그림 1-20] 압전기 효과의 원리

나. 전왜 현상

전계 안에 있는 유전체가 전기변위의 제곱에 비례하여 왜곡을 발생시키는 현상을 전왜 현상 (electrostrictive phenomena)이라 하는데 이것은 압전기 효과의 한 현상으로서 전계의 제곱에 비례하므로 인가전압의 방향에 의존하지 않는 특성이 있다.

이 재료의 대표적으로는 티탄산바륨($BaTiO_3$)으로 1947 S.Robert는 $BaTiO_3$ 자기에 높은 직류를 걸면 강한 압전 효과를 나타내고, 직류 전계를 제거한 후에도 영구 잔류 내부 변형을 생기게할 수 있어 압전 효과를 계속 일으킬 수 있다는 것을 발견하였다.

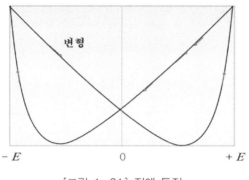

[그림 1-21] 전왜 특징

05. 저항변형 효과

저항변형 효과는 반도체 변형과 금속선 변형으로 구분되며 응력에 따라 물질의 저항이 변하는 성질을 저항선의 피에조 효과라 불린다.

가. 반도체 피에조 효과

반도체 결정에 응력을 가하면 결정의 에너지대 구조에 변경이 일어나 금지대폭이 변한다. 이결과 캐리어(전자와 전공) 농도가 영향을 받아 전도도가 변화한다.

반도체 단결정의 피에조 저항 효과를 이용한 센서는 반도체 압력 센서가 있다.

나. 금속 저항선의 저항 효과

금속선의 저항이 응력에 따라 변화하는 성질을 이용하는 것으로 이의 변화량을 게이지율로 나타내는 것이 보통이다. 게이지율 S는

$$S = \frac{\Delta R / R}{\Delta L / L} \tag{1-6}$$

로 주어지는데 저항은 고유 저항, 단면적, 길이에 대해 $R = \rho L / A$이므로 금속선의 온도를 일정하게 하고 변형에 의한 저항값 변화율만을 구하면

$$\frac{\Delta R}{R} = \frac{\Delta L}{L} - \frac{\Delta A}{A} + \frac{\Delta \rho}{\rho} \tag{1-7}$$

이다. 여기에 변형률 $\epsilon = \dfrac{\Delta L}{L}$, 포아송의 비(Poisson's ratio)는 측면 변형에 대한 길이 방향 변형비, 즉 $\nu = -\dfrac{\Delta A / A}{\Delta L / L}$이다.

저항선의 변형 감도는 아래 식과 같다.

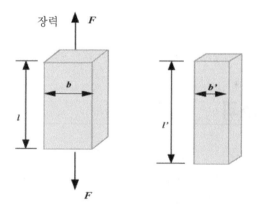

[그림 1-22] 포아송비 ν에 대한 개념

$$S = \frac{\Delta R / R}{\epsilon} = (1 + 2\nu) + \frac{\Delta \rho / \rho}{\epsilon} \tag{1-8}$$

수식 해석의 결론은 우변의 제1항은 저항선의 치수적 변형, 제2항은 변형에 따른 물성적 변화를 각각 나타내고 있다. 보통 금속의 포아송비를 약 0.3 정도로 적용하고 있다. 따라서 제2항이 재질에 따라 독자적인 값을 취하는 것을 나타내고 있다. 이것은 스트레인 게이지의 원리로 적용될 것이며 근원적인 개념을 이해하기 위해 수식의 도입이 필요하다.

01. 자동화의 의미

자동화(automation)란 매우 포괄적인 개념으로 공장 자동화(FA: factory automation), 실험실 자동화(LA: laboratory automation), 가정 자동화(HA: home automation), 사무 자동화(OA: office automation), 정보통신 기술을 이용한 지능형 홈 네트워크화 등의 종합 의미를 갖고 있었지만, 차세대 자동화의 발전은 유통 및 재고관리를 효율화하고 고객에게 무선으로 상품 정보를 제공하는 RFID(radio frequency IDentification) 등을 종합한 뜻으로 사용되어야 할 것이다.

자동화 기술은 반도체 기술이 고도화되어 컴퓨터 네트워크화의 접목으로 FA, LA, HA, OA 등은 급속히 신장되었고, 미래에는 모든 사물에 컴퓨팅 능력과 무선통신 능력을 부여하여 '언제', '어디서나' 사물들끼리 통신할 수 있는 유비쿼터스(Ubiquitous)(모든 사물에 전자 태그 부착) 센서 네트워크(USN) 환경을 구현하는 자동화 시스템이 실용화될 것이다.

이와 같이 자동화의 초기 발전 과정에는 인간과 같은 일을 하는 기계를 만들어 내는 것이 인류가 오랫동안 품어온 꿈이었으며 1958년 MIT의 민스키 등에 의한 제안이 최초였다. 이것은 컴퓨터에 인공의 눈과 손을 결합시킨 시스템의 가능성을 고려한 것으로 현재 지능형 로봇으로 탄생하게 되었다.

이 시스템은 초기의 수동적인 계산밖에 못 하는 컴퓨터와는 달리 센서로 자기의 환경을 관측하면서 손이나 발 등으로 외계에 작용할 수 있게 한 것이다. 특히 센서에 의하여 외부 정보를 감지하여 인식하는 것이다. 이와 같이 지능형 로봇의 연구는 더욱 활발해지고 있으며, FA 분야의 발전에 크게 공헌하고 있으며 앞으로도 기대되고 있다.

자동화는 메카트로닉스에 있어서 센서기술은 핵심이다. 센서가 있으므로 메카트로닉스와 일렉트로닉스가 그 기능을 발휘하고 복합 기술로써 발전하고 있다. 자동화 분야의 비약적인 발전은 메카트로닉스(mechatronics) 기술의 등장에 있고, 메카트로닉스 기술도 생산 프로세서의 기술 혁신 중 하나이다. 이 기술은 자동화 지능화 등의 목적을 위해서 기계공학(mechanics) 기술, 전자공학(electronics) 기술, 정보공학(informatics) 기술을 효과적으로 융합시킨 기술이라고 할 수 있다. 새로운 융합 기술인 메카트로닉스 기술을 개념적으로 요약하면 [그림 1-23]과 같다.

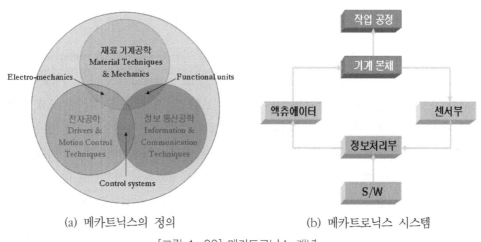

(a) 메카트로닉스의 정의   (b) 메카트로닉스 시스템

[그림 1-23] 메카트로닉스 개념

기계 본체부는 본래의 기능을 수행하는 기계적인 부분이고 정보처리부는 센서를 통해서 입력된 기계 본체부의 상태에 관한 정보를 미리 설정된 소프트웨어에 따서 전자적으로 처리한 후 액추에이터(actuator)를 통해서 기계 본체부에 전달하고 수행되는 작업의 능률을 향상시키는 역할을 하고 있다.

일반적으로 공장 자동화용 센서라고 하는 정의는 없는 것이고 대부분 공장 자동화의 여러 가지 장치를 생각하여 만든 센서류, 또는 공장 자동화에 많이 사용되는 센서류를 편의상 공장 자동화용 센서라고 부른다.

03. 로봇 시스템의 센서기술

가. 개요

로봇기술(RT: robot technology) 산업은 정보기술(IT: information technology), 생명공학 기술(BT: Bio technology)에 이어 또 하나의 거대 시장을 형성하는 차세대 핵심 산업으로 급부상하고 있다. 현재는 제조업 분야의 산업용 로봇 시장의 규모가 가장 크지만, 앞으로는 휴먼 인터페이스, 네트워크 기술 등이 집적된 지능형 서비스 로봇과 비제조업 산업용 로봇이 급속히 발전하고 있다. 현재 우리나라의 RT 원천기술 수준은 선진국에 비해 5년 정도 뒤지고 있지만 기계, 메카트로닉스 산업의 경쟁력 있는 생산 기술과 높은 수요 등 산업화 여건이 양호하다고 전문가들이 평가한다.

정보통신부는 이러한 로봇 산업을 위해 '9대 IT 신성장 동력'의 일환으로 지능형 서비스 로봇의 개발을 추진하고 있다. 이러한 지능형 서비스 로봇은 기존의 휴머노이드 등 독립형 자율로봇보다는 네트워크 기술 등 IT 기술을 기반으로 한 유비쿼터스 로봇 친구(Ubiquitous Robot Companion: URC)를 지향하고 있다. 네트워크 등 IT 기술을 바탕으로 인간과 서로 상호작용을 하면서 가사 지원, 교육, 엔터테인먼트 등 다양한 형태의 서비스를 제공하는 지능형 서비스 로봇은 최근 조사에 의하면 2008년에 90조 원의 시장을 형성할 것으로 나타났다.

RT를 이루는 요소 기술로는 '지각(perception)', '인지(cognition)', '동작(motion)' 등을 꼽을 수 있다. 특히 위치·속도·힘 등의 정보를 수집하는 지각 센서 기술과 시각·청각·촉각·미각·후각 등의 오감 센서 기술과 밀접한 관련이 있다. 로봇도 사람과 마찬가지로 시각 정보의 획득이 매우 중요한데, 이러한 시각 정보의 획득에는 CCD나 CMOS 카메라가 주로 이용된다. 로봇의 정확한 제어를 위해서는 초음파나 레이저 등을 이용한 거리 센서가 필요하고, 가속도와 각속도 센서 같은 위치 추정 센서 등도 장착되어야 한다. 이처럼 하나의 로봇을 만드는 데는 수많은 센서 기술이 결합되어야 한다.

나. 지능형 로봇 센서의 종류

지능형 로봇 개발을 위해서는 [그림 1-24]와 같이 수많은 네트워크 기반 센서 기술이 결합되어야 한다. 로봇의 충돌 회피, 장애물 감지 등을 위해 초음파 센서를 이용한 거리 센싱(sensing) 시스템이 필요하며, 로봇의 위치 파악을 위해 실내용 액티브 비컨과 가속도계 및 각속도계 등을 이용한 위치 추정 시스템이 필요하다. 또한, 로봇의 시각 정보 획득을 위해 CCD나 CMOS 이미지 센서 등을 이용한 시각 센싱 시스템이 필요하다. 그리고 로봇의 촉각 감지를 위하여 압력 센서나 힘 센서 등을 이용한 촉각 센싱 시스템이 필요하고, 음성인식을 위한 청각 센서가 필요하다.

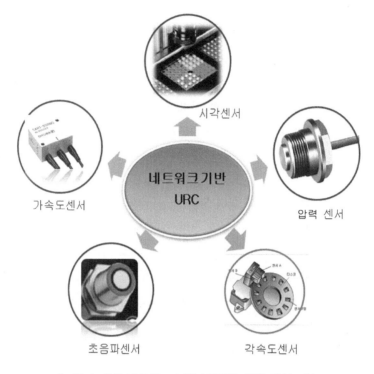

시각센서

가속도센서

네트워크 기반
URC

압력 센서

초음파센서

각속도센서

[그림 1-24] 네트워크 기반 URC를 위한 센서 기술

다. 국내외 기술 및 연구 동향

현재 지능형 로봇 센서에 대한 연구와 제품 개발은 국외의 기업체 및 대학연구소에서 연구가 주로 진행되고 있지만 아직까지 고급형의 지능형 로봇을 만들기에는 그 성능과 역량이 부족한 것이 현실이며, 이미 개발된 제품에 대해서도 정형화 및 표준화가 되어 있지 않은 과도기의 상태이다. 그렇지만 많은 기업체, 연구소, 대학 등에서 로봇에 관한 관심과 더불어 지능형 로봇 센서에 관한 관심이 깊어짐에 따라 활발한 연구와 투자가 계속되고 있다. 한국의 경우 로봇에 관심도가 높고 생산량 또한 많지만, 로봇 센서기술은 아직 초기 단계이고 고가의 수입품에 의존하고 있는 상태이다. 그러나 센서의 경량화 및 소형화를 위해 반드시 필요한 초소형 정밀 가공 기술(MEMS) 부문에서는 세계 일류 수준에 접근할 정도의 기반을 갖추고 있어서 국가 차원

에서 과감한 투자만 뒤따른다면 로봇 및 지능형 센서 분야에서 상당 수준의 글로벌 경쟁력을 확보할 수 있게 될 것이다. 국내에서는 정보통신 선도기반 기술 개발 사업의 일원으로 대학 및 연구기관에서 지능형 관성 센서, 엑티브 비컨, 시각 센서, 초음파 센서, 촉각 센서에 관한 연구가 활발히 진행하고 있다.

04. 지능형 센서의 구현과 응용

가. 지능형 센서 개요

최근 MEMS와 유비쿼터스(Ubiqitus), IOT 기술이 화두에 오르면서 지능형 센서기술에 대한 관심이 커지고 있다. 네트워크 컴퓨터 기술과 더불어 지능형 센서가 시공을 초월해 필요한 정보를 얻고 각종 장치들이 스스로 기능을 수행하는데 있어 중추적인 역할을 할 수 있기 때문이다.

지능형 센서는 물리적 또는 화학적 현상을 전기신호로 변환하는 센서의 단순 기능 이외에 논리 제어 기능, 통신 기능, 판단 기능을 갖는다. 이러한 센서의 지능화는 전통적인 센서 활용 분야를 뛰어넘어 스마트 홈 시스템, 원격 진료 시스템, 대규모의 환경 감시 시스템 등에 센서의 활용 영역을 넓히고 있다. 센서의 기능 확장과 지능화는 MEMS(Micro Electro Mechanical System) 기술을 통해 더욱 가속화되고 있다. 즉 MEMS 기술은 종래의 크고 단순한 센서를, 작으면서도 성능이 뛰어난 센서로 바꾸고 있으며, 여기에 반도체 IC를 통합시키고 있다. 특히 혼성신호(mixed signal) CMOS 기술과 SoC(System on Chip) 기술의 발전으로 마이크로 센서는 저렴한 MCU를 내장할 수 있게 되었고, 이는 결국 컴퓨터가 갖는 우수한 데이터 처리 능력, 판단 기능, 메모리 기능, 통신 기능 등을 활용하게 되었다. 이와 같이 지능형 센서를 실현하기 위해서는 수준 높은 신호처리회로가 센서에 지원되어야 한다.

집적도에 따라 구성과 기능이 가감되지만 지능형 센서의 일반적인 구조는 센서 소자, 아날로그 증폭회로, 디지털 제어회로, ADC/DAC, MCU, 비휘발성 메모리, 통신 인터페이스 등으로 구성된다. 다중 센서의 경우는 멀티플렉서(MUX)를 사용하여 나머지 기능을 공유한다.

지능형 센서에 내장된 MCU는 입력 오프셋, 스팬오차, 비선형 등을 포함하는 센서의 에러를 보정할 수 있다. 그것도 별도의 하드웨어가 추가되지 않고 소프트웨어적으로 가능하다. 따라서 센서의 보정이 기존의 보정 장비 및 방식에 의존하지 않고 반복적인 시험 및 보정을 전자적으로 일괄처리할 수 있어 제조원가를 개선할 수 있다. 통신 기능은 센서의 원격 진단이 가능하여 제조시는 물론 사용 중에도 센서의 성능을 검사하고 보정할 수 있다. 또한, 자기 보정, 계산, 네트워킹, 다중 센싱(multi-sensing) 등의 개선된 장점을 갖는다.

나. 지능화 센서의 발전 과정

센서는 시장의 요구에 따라 소형화, 지능화 및 무선화가 진행되고 있다. 이러한 시장의 요구는 MEMS, NT 및 반도체 집적기술의 진보에 따라 충족되어 가고 있다. 센서의 발전 과정은 세대별로 구분하면 디스크리트 센서(discrete sensor)에서 집적 센서(integrated sensor), 디지털 센서(digital sensor)를 거쳐 지능형 센서(smart sensor)로 진행되고 있다

제1세대는 디스크리트 센서라 하고 온도, 압력, 가속도, 변위 등의 물리량을 전기적 신호로 변환하는 기능의 센싱 소자와 증폭, 보정, 보상의 기능의 신호처리회로가 별개로 분리되어 있는 초기의 센서의 형태를 갖는다. 제2세대는 집적 센서라 한다. 집적 센서는 센서의 잡음 성능을 높이고 소형화하기 위해 센서와 신호처리회로가 결합한 형태로 제작되는데, MEMS 기술이 도입되면서 활발히 개발되었다. 레이저 트리밍(Laser Trimming) 기법과 같은 아날로그 보정 및 보상 기법이 적용되었다.

제3세대는 디지털 센서이다. 혼성 신호 CMOS 기술의 발전으로 아날로그회로에 디지털회로가 함께 집적되면서 센서의 이득, 오프셋, 비선형성 등을 디지털 방식으로 보정하고 보정 데이터를 비휘발성 메모리에 저장하게 되었다. 또한, ADC 기능을 추가함으로써 출력을 디지털 코드로 변환하고 이를 디지털 인터페이스가 가능해지고 초보적인 네트워킹 센서로 활용되게 되었다. 마지막으로 제4세대는 지능형 센서이다. MCU(Micro Computer Unit)가 센서에 내장되는 형태로 MCU의 제어, 판단, 저장, 통신 등의 기능을 활용하여 센서의 성능을 높이고 다중 센서, 네트워크 센서, 유비쿼터스 센서로의 진화가 가능해졌다. SoC 기술의 대표적인 응용이다.

센서의 소형화는 최근의 나노기술과 MEMS 기술의 발전과 더불어 가속화되고 있다. MEMS는 전기적 요소와 기계적 요소가 결합한 IC 부품 또는 시스템을 말하며, 반도체 제조의 크기와 정밀도를 갖는 기계 구조물을 실리콘 기판 또는 다른 가능한 기판상에 구현하고 이를 전기적 회로와 연결하여 기능은 발현하는 기술이다. MEMS 제조 공정 기술로는 크게 벌크 마이크로머시닝(Bulk Micromachining), 표면 미세가공 기술(Surface Micromachining) 및 LIGA(Lithographie Galvanoformung Abformung)로 나눌 수 있으며 이 공정기술은 센서의 구조물을 초소형으로 제작하는 데 활용된다. 여기에 신호처리회로 IC를 센서와 함께 집적화하여 집적 센서를 구현한다. 필요한 기술로는 MEMS 공정과 호환성을 갖는 post-CMOS(Bi-polar) 또는 pre-CMOS 기술이다. 이와 같은 집적 센서의 대표적인 것으로는 Bosch, Fuji 등의 절대압 센서와 모토로라의 가속도 센서이다.

다. 지능형 센서의 기술 동향

(1) 스마트 압력 센서

반도체 기술을 바탕으로 70년대 이후 급속히 발전한 3차원 미세가공 기술인 MEMS 기술은 종래의 크고 복잡한 구조의 기계식 센서를 일괄 생산 공정이 가능한 초소형, 초경량의 전자식 반도체 센서로 대치하고 있다. 이러한 MEMS 기술을 이용하여 제작된 최초의 센서는 실리콘 마이크로 압력 센서로서, 1980년대부터 상품화되어 자동차의 MAP(Manifold Absolute Pressure) 센서로서 응용되기 시작하였고 1990년대에는 신호처리회로가 센서와 함께 집적된 원칩(one-chip) 압력 센서가 개발되었다. 향후 마이크로 실리콘 압력 센서는 자동차의 타이어압, 브레이크압, 오일압, 에어컨압 등으로 적용 분야가 계속 확대될 전망이다.

(2) 마이크로 무선 센서

센서 업체에서는 많은 시장 수요의 압력에 의해 무선기술의 세계로 전향하고 있다. 무선센서가 가장 많이 적용되고 있는 분야는 보안 산업으로 RFID는 물론 침입 감지를 위한 적외선 센서, mm(millimeter)-wave 센서, 도어 스위치 등에 무선 기능이 포함되어 무선화가 가장 앞서 있다. 최근에는 유통 분야의 바코드를 대체할 무선 테그(tag), 스마트 빌딩의 무선 센서, 지능형 도로 시스템의 환경 센서 등에 대한 무선기술이 광범위하게 적용되고 있다.

무선 센서의 시장 경쟁력 확보는 PCS 기술의 비약적인 성장에 따라 무선 장치의 원가가 낮아지고 성능이 향상되어 가능해졌다. 이와 더불어 소형화와 저전력화에 대한 기술이 필수적으로 뒤따라야 하는데, MEMS 기술과 스마트 기술은 이러한 요구의 해답이 되고 있다. 무선 센서의 개념은 센서기술 영역 중 매우 매력적인 영역으로 산업용, 상업용, 소비자 사용의 잠재성은 상상할 수도 없다. TPMS 센서, 유비쿼터스 센서의 기본 기술이 된다.

(3) TPMS 센서

스마트와 무선 센서 개념이 합쳐진 대표적인 센서가 운전 중 타이어의 공기압·마모 상태 등의 정보를 한눈에 알 수 있는 TPMS(Tire Pressure Monitoring System) 센서이다. TPMS는 4개의 타이어 내부 링에 장착된 무선 송신기와 압력·온도 센서 모듈, 운전석에 설치된 전용 수신기로 구성되어 있고 시동을 켤 때마다 모든 타이어의 압력 상황이 체크돼 계기판으로 압력정보가 전송되고 위험 징후 시 운전자에게 경고 알람을 보내며 디스플레이를 통해 위급 상황을 무선으로 알려준다. TPMS 센서의 적용은 [그림 1-25]에 나타내었다.

TPMS 센서는 회전하는 타이어 링에 장착되기 때문에 소형화는 물론 유선으로 전력을 공급하기 어려워 무선으로 공급하거나 배터리를 사용하여야 한다. 따라서 저전력 마이크로 스마트 센서가 필수적이며 측정 결과를 송출하기 위한 무선 링크가 필요하다. TPMS는 보통 영하 40°에서 영상 150°의 가혹한 조건에서 10년을 버티는 내구성을 요구한다. 향후 TPMS는 차량용 블루투스로 정보를 보내고 배터리 없이도 작동하는 무전력 기술을 채택할 것으로 보인다. TPMS는 적정한 공기압을 유지해 타이어 내구성, 승차감, 제동력을 향상시키고 연비의 효율성도 높이는 효과가 탁월하다.

수신기   무선 송신기와 타이어에 센서 부착

[그림 1-25] TPMS 센서 적용

(4) 유비쿼터스(ubiquitous) 센서

주변 환경을 감지하는 센서는 유비쿼터스 환경을 구성하는 가장 기본적인 단위이다. 미래의 센서 네트워크 기술은 세 가지 단계를 거쳐 발전할 것으로 보고 있다. 첫 번째 단계는 센서가 생활공간에 확산되는 단계다. 정보 가전을 비롯해 소파와 침대 그리고 도로 곳곳에도 작고 저렴하며 소비전력이 낮은 센서들이 내장된다. 이들은 독립된 센서로서 고유의 기능을 수행한다. 두 번째 단계는 이들 센서가 연결되는 단계다. 즉 정보기기 속에 숨어 있던 센서들은 단일 네트워크로 통합되어 각자의 정보를 주고받는다. 마지막 발전 단계는 각종 센서들의 정보가 종합화되는 단계다. 센서들이 제공하는 개별적인 정보만으로는 판단할 수 없었던 종합적인 문제에 관심을 기울이는 단계다. 이와 같은 유비쿼터스 센서는 스마트 센서의 응용 분야로 무선통신 네트워크 기능이 강화된 것이다. 센서 네트워크 환경에 적합한 OS가 내장되어 센서로의 액세스 및 제어가 용이하고 플러그앤플레이(PnP)와 같이 접속이 손쉬워진다. 센서의 지능을 한 단계 높여야 가능한 일이다.

유비쿼터스 센서의 응용 분야로는 지능형 빌딩 내의 환경 컨트롤, 생산공정 자동제어, 창고 물류관리, 병원에서의 물품/정보 관리 및 환자 상태 원격 감지, 지능형 교통 시스템, 텔레매틱스 등 그 범위가 광범위하다.

또한, 자동차의 전자화 추세가 가속화되면서 차량의 동적 제어를 위한 가속도계와 엔진 제어를 위한 압력 센서 그리고 타이어 압력 센서, Gyro Sensor, Mass Flow Sensor, AQS sensor 등의 자동차용 스마트 센서의 적용 비율이 꾸준히 증가하고 있다.

유비쿼터스 센서는 네트워크의 고밀도 특성, 제한적 전력원, 극한적 전파 환경 등을 고려한 새로운 기술이 요구되고 있다.

CHAPTER **02**

광센서

제1절 광센서 개요

빛을 전기신호로 변환하는 광(photo)센서는 빛을 매개체로 하여 물체의 유무 검출에서부터 색체 검출, 이미지 검출 등에 사용되는 검출기기를 말한다. 즉 검출 대상이 광학적인 에너지로서 전자파(electromagnetic wave)인 것이다. 광에는 눈으로 볼 수 있는 가시광선(visible light)과 눈에 보이지 않는 짧은 파장의 자외선(UV: ultraviolet rays), 긴 파장의 적외선(IR: infrared rays) 등이 있다. 더욱이 X선과 같은 극히 투과도가 높은 방사선도 이에 속한다.

광을 응용한 기기에는 컴퓨터 입력 장치에 사용되는 테이프리더, 카드리드, 카메라의 노광계, 자동 도어의 사람의 감지, 화재를 알리는 연기감지기, 복사열의 색상으로 온도를 검출하는 열 적외선식 온도 센서, 광통신, 광 리모컨, 카메라 투시경, X선 투과기 및 촬상기에 이르기까지 수 없이 많이 응용되고 있다.

01. 광의 성질

광은 입자(particle)와 파(wave)의 성질을 함께 갖는데 이것을 빛의 파-입자 이중성(wave-particle duality)이라고 한다. 빛의 진동수 ν일 때 광자(photons)의 에너지 E_P는 식 (2-1)과 같다. 여기서 $\hbar$는 플랑크(Planck) 상수이다.

$$E_P = \hbar \times \nu \ (\hbar = 6.626 \times 10^{-34} \ J \cdot s) \tag{2-1}$$

그리고 진공에서 광의 전파 속도를 $c = 3 \times 10^{8}$ [m/s]라 하면 전자파의 파장 λ는 식 (2-2)로 표현할 수 있다.

$$\lambda = \frac{c}{\nu} \tag{2-2}$$

광이란 그 파장 범위는 대단히 넓다. [그림 2-1]과 같이 가시광선을 중심으로 위로는 자외선부터 아래로 적외선 영역까지 이른다. 그림에서 알 수 있는 바와 같이 광의 가시광선 파장 영역은 매우 좁고, 400[nm] 정도의 파장대역이다.

이것에 대해 적외선 영역은 매우 넓어서 위로는 가시광선의 하한 780[nm]부터 아래로는 1[nm]로 극초단파(전파)의 영역까지 그 파장 영역이 차지하고 있다. 따라서 단순한 광이라 하더라도 파장 영역에 따라서 그 특성도 크게 다르게 됨을 알 수 있다. 적외선은 자연계에 존재하는 모든 사물로부터 방사되고 있으며 이들 물체들이 온도에 따라 파장만 달라진다.

각 파장 영역에 따른 광의 분류를 아래와 같이 요약할 수 있다.

① **가시광선** : 파장이 약 380[nm]~780[nm]인 전자파로서 주파수 영역은 10^{15}[KHz]범위에 있다.

② **자외선(UV)** : 가시광선보다 짧은 10[nm]~380[nm] 파장의 전자파

③ **적외선(IR)** : 가시광선보다 긴 780[nm]~1[mm] 파장의 전자파

또한 자외선 파장 영역은 380[nm]부터 10[nm]까지로 각각 근자외선, 중자외선, 원자외선 및 극원자외선으로 구별하고, 적외선 파장 영역은 780[nm]부터 1[mm]까지로 각각 근적외선, 중적외선, 원적외선 및 극원적외선으로 구별한다.

그리고 근적외선은 가시광선의 성질에 가장 가까우며 광통신, 적외선 리모컨 등에 많이 사용되고 있다. 이것에 대해 원적외선은 열에너지가 대단히 크므로 적외선 히터 등의 열에너지를 필요로 하는 분야에 많이 응용되고 있다.

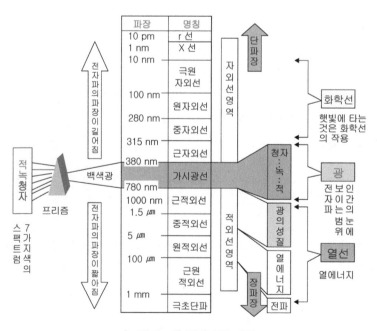

[그림 2-1] 전자파와 파장

02. 전자파의 원리

도선에 교류가 흐를 때 도선 주위에 전자장(電磁場)이 형성된다. 전자장은 전계와 자계로 구성되며, 전계와 자계가 서로 직각이고 전파 방향에 대하여도 직각이다. [그림 2-2]의 전계 E가 y 방향, 자계 H가 x 방향, 파의 진행 방향은 z 방향임을 보여준다(x y z 직각 좌표). 이러한 전자장의 형태는 횡 전자장(transverse electromagnetic field)이라 불린다.

파가 정현 교류에 의해 유도되므로 장(場, 또는 界)은 시간에 따라 증가 또는 감소하고 극성이 변하며 장의 세기는 시간에 따라 정현적으로 변한다. [그림 2-2] (b)에서 전계와 자계를 시간상 다른 지점에서 나타내었으며 z 축에서 t_1과 t_2 사이의 직선은 파가 시각 t_1에서 t_2까지 진행된 거리다. 진공에서 광의 전파 속도는 $c = 3 \times 10^8 \, [\text{m/s}]$와 같다.

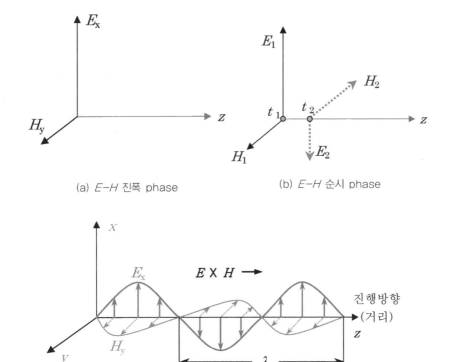

(a) *E-H* 진폭 phase

(b) *E-H* 순시 phase

(c) 평면파의 *E*파와 *H*파의 변화

[그림 2-2] 전자파의 전계와 지계의 변화

대부분의 빛은 단일 주파수를 갖는 파(wave)라기보다는 여러 그룹의 주파수를 갖는다. 예를 들어 적외선인 전형적 형광 램프 빛의 주파수는 푸른색(0.6×10^{15} Hz)에서 적색(0.4×10^{15} Hz) 또는 그 이하이다. 빛은 여러 그룹 범위의 주파수로 구성되므로 빛을 기술할 때 사용되는 파라미터는 좀 더 정확한 정의가 요구되며 이러한 빛의 정의는 광섬유 시스템의 성능에 직접적인 영향을 준다.

[그림 2-2] (c)에서 파형은 z 축을 따라 진행하는 정현파이다. 수평축은 거리이며 파의 전파 주기 T이며 T시간 동안 진행된 파의 거리가 파장 λ 이다. 파장 λ 는 한 주기에서 파면상의 동위상점이 진행하는 거리이다. 진공 중에서 광(빛)의 속도는 c 이고, T시간 동안 진행한 거리는 $c \cdot T$이므로 식 (2-3)의 관계식이 성립한다.

$$\lambda = T \times c = \frac{c}{f} \quad \left(T = \frac{1}{f} \right) \tag{2-3}$$

03. 광센서의 분류

광센서는 분류하는 방법에 따라서 반도체의 접합 상태나 수광소자 등에 따라 분류하기도 한다. 단원에서는 광전 효과(photoelectric effect)에 따라 분류한다. 광센서는 광 에너지를 전기 에너지로 변화하는 일종의 트랜스듀서(transducer)로서 광과 물질 사이에는 물리적 상호작용이 있으며, 물질이 광자를 흡수하면 그 결과 전자를 방출하는 현상을 광전 효과라 한다. 그리고 광전 효과의 결과 반도체의 접합부에 전압이 나타나는 현상을 광기전력 효과이며, 빛의 조사 에너지에 따라서 물질의 도전성이 좋게 되는 광도전 효과, 그리고 광전자 방출을 일으키는 광전자 방출 효과도 있다.

[그림 2-3]은 광전 효과에 따른 광센서의 분류를 나타낸다. 광센서에는 물체의 위치, 상태, 자세 등의 검출, 판단하기 위해 사용되는 것으로 검출소자로는 포토다이오드(photo diode), 포토트랜지스터(photo transistor), 포토 IC, 포토 인터럽터(photo interrupter), 태양전지, CdS 셀, 초전 센서, 이미지(image) 센서 등이 있다.

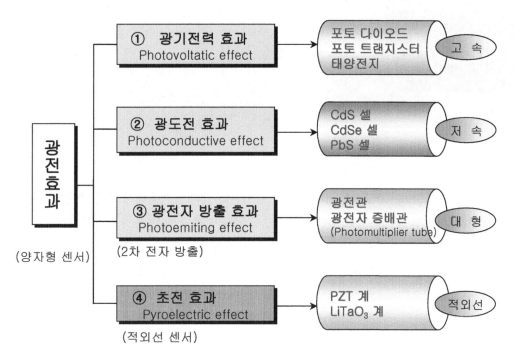

[그림 2-3] 광전 효과에 의한 광센서의 분류

제2절　포토다이오드

　　포토다이오드(photo diode)는 p-n 접합의 광기전력 효과를 이용해서 빛을 검출하는 광센서이며, 현재 가장 널리 사용되고 있는 광센서로서 감도가 좋고 빠른 동작 특성을 갖고 있다. 또한 작은 바이어스 전압에서도 동작할 수 있으므로 광센서, 광통신, 광파이버 통신 및 메카트로닉스 등의 응용 분야가 다양하다. 기능과 구조에 따라 PN 포토다이오드, PIN 포토다리오드, 애벌런치 포토다이오드(avalanche photo diode : APD), 쇼트키 PD로 분류한다.

01. 포토다이오드의 종류

가. PN 포토 다이오드

　　[그림 2-4]의 간단한 PN 포토다이오드는 접합검출기의 기본적인 검출 메커니즘을 보여준다. 역바이어스에서 P와 N형 영역 간의 전위장벽이 증가된다. 열평형 상태에서는 N형 영역에 있는 자유전자와 P형 영역의 정공은 장벽을 넘을 수 없으므로 어떠한 전류도 흐르지 않는다. 장벽이 존재하는 영역인 접합부에는 캐리어가 존재하지 않으므로 공핍 영역(depletion region)이라고 부르며 자유전자가 없기 때문에 접합부의 저항이 높아 다이오드에 걸린 전압은 거의 대부분이 접합부에 나타난다.

　　입사광의 에너지가 접합면의 공핍층 전계에 의해서 정공은 P형으로 전자는 N형으로 이동 분리되고 P형은 정(+)으로 N형은 부(−)로 대전한다. 이 양단을 저항으로 결선하면 P형에서 저항을 통하여 N형으로 전류가 흐르고 빛이 조사되고 있는 동안은 외부 전원 없이 전류가 흐른다.

　　적외선 센서는 산업 분야에 있어서 중요한 위치를 차지하고 있는 센서 중의 하나로서 종류와 사용 형태에 따라 여러 가지로 나누어진다.

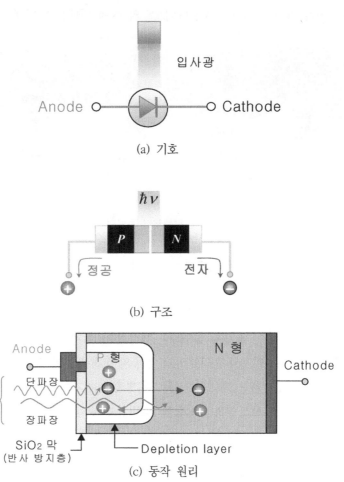

입사광

Anode ○ ── ▷| ── ○ Cathode

(a) 기호

$\hbar v$

P   N

정공   전자

⊕   ⊖

(b) 구조

Anode   N 형   Cathode

P 형

입사광
단파장

장파장

SiO₂ 막
(반사 방지층)   Depletion layer

(c) 동작 원리

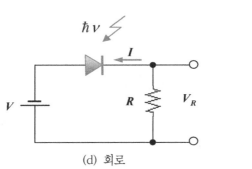

$\hbar v$

I

V R V_R

(d) 회로

[그림 2-4] 접합 포토다이오드

[그림 2-5]는 여러 가지 광센서와 포토다이오드의 실제 형태를 나타낸 것이다.

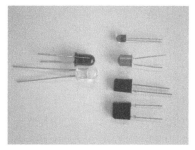

(a) 여러 가지 광센서   (b) 포토다이오드 실제

[그림 2-5] 실제 광센서의 종류와 포토다이오드

[그림 2-6]은 P영역을 통과한 후 접합에서 흡수되는 입사광자($\hbar\nu$)를 보여준다. 에너지를 흡수한 가전자대(valence band)의 구속된 전자는 금지대를 지나 전도대(conduction band)로 올라가 움직이기에 자유로운 자유전자가 되고 가전자대의 전자가 빠져나간 자리는 정공이 된다. 자유전하 캐리어는 이와 같이 광자를 흡수하여 생성된다. 이제 전자는 장벽 아래로 정공은 장벽을 넘어 진행할 수 있다. 여기서 유의할 것은 정공의 장벽은 실제로 전자에 대한 장벽에 대해 반대라는 점이다. 이들 진행하는 캐리어는 광전자 방출된 전자가 포토다이오드에 전류가 흐르게 하는 방법이다. 포토다이오드에서도 노출된 PN접합에 빛을 증가시키면 역방향 전류가 증가한다. 들어오는 빛이 없으면 역방향 전류($I\lambda$)는 거의 존재하지 않는데 이를 암 전류(dark current)라 부른다. 밝기가 [mW/cm²] 단위로 표시되는 빛이 들어오게 되면 [그림 2-7] (a)와 같이 역방향 전류가 증가한다.

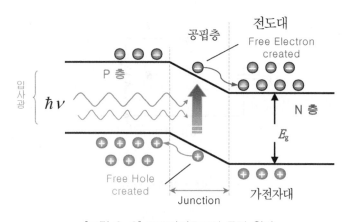

[그림 2-6] 포토다이오드의 동작 원리

(a) 빛의 밝기와 역방향 전류와 관계

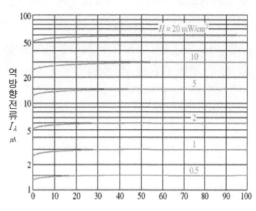

V_R, 역방향 전압(V)

(b) 밝기가 다른 경우의 역방향 전압과
역방향 전류

[그림 2-7] 포토다이오드의 특성

[그림 2-7](b)에서 역방향 바이어스 전압이 10[V]이면 역방향 전류는 1.4[μA]이므로 빛이 0.5 [mW/㎠]일 때, 소자의 역방향 저항은

$$R_R = \frac{V_R}{I_\lambda} = \frac{10\,V}{1.4\mu A} = 7.14\,[M\Omega]$$

20[mW/㎠]인 빛의 밝기에서, VR=10[V]일 때 역방향 전류는 55[μA]이다. 이 경우 역방향 저항은

$$R_R = \frac{V_R}{I_\lambda} = \frac{10\,V}{55\mu A} = 182\,[k\Omega]$$

이러한 계산으로부터 결국 포토다이오드는 빛의 세기에 따라 저항값이 변화하는 가변저항 소자로 동작된다는 것을 알 수 있다.

나. PIN 포토다이오드

PIN 포토다이오드는 광화이버 시스템에서 가장 일반적인 검출기이다. [그림 2-8](b)에서 보듯이 P층과 N층 사이에 접합면이 넓고 저항이 큰 I(intrinsic: 진성)층이 있다. 이것에 의해서 접합 용량을 극히 작게 한 것이다. 진성층은 낮은 불순물 농도와 자유전자가 없다. 따라서 저항이 높아 결과적으로 다이오드 전압의 대부분이 걸리므로 진성 영역에서 역방향 전압이 높아진다. 또한 진성층이 넓으므로 들어오는 광자를 흡수할 수 있는 확률이 P나 N영역보다 크므로 PIN 포토다이오드는 PN 포토다이오드에 비해 높은 효율과 응답 속도를 가진다. 공핍층 폭 W는 다음 식 (2-4)로 나타낼 수 있다.

$$W \propto \left(\frac{\Psi_o + V_R}{N_D} \right)^{\frac{1}{2}} \tag{2-4}$$

여기서 Ψ_O : 전위 장벽, V_R : 역바이어스 전압, N_D : 불순물 농도

역바이어스 V_R에서 동일한 수광면적 S인 경우, PIN 포토다이오드는 PN 포토다이오드에 비해 불순물 농도 N_D가 낮기 때문에 공핍층의 폭 W는 크고 C_j는 작게 된다. [그림 2-8]에서 진성층은 PN 접합의 공핍층과 같은 의미를 가지고 있으며 접합 용량 C_j는 식 (2-5)의 관계가 있다. 단, ϵ은 재료의 유전율, S는 접합 면적, 또 W_a와 W_b는 공핍층의 폭을 표현한다.

$$C_j = \epsilon \frac{S}{W} \text{ [F]} \tag{2-5}$$

그러므로 W의 크기는 PIN 포토다이오드 쪽이 PN 포토다이오드보다 접합 용량이 작은 것을 알 수 있다. 또, 접합 용량 C_j는 상승 특성에 비례하며 그것이 작을수록 포토다이오드의 응답 특성이 양호하게 된다.

광검출 영역에 진성 영역을 둠으로써 응답도가 증가한다. 그 이유를 PN과 PIN 포토다이오드의 차이를 비교해 보면 2가지로 요약할 수 있다. 첫째로, P와 N영역(전하가 매우 천천히 이동하는 영역)에는 어떤 광자 생성도 없어 응답 시간이 늦어지는 원인이 발생되지 않는다.

둘째로, 공핍층 영역이 크기 때문에 내부의 커패시터가 작아지고 응답 시간은 더 빨라진다. 다른 대부분의 광 검출기에 비해 PIN의 두 가지 중요한 장점은 속도와 저전압 동작이다.

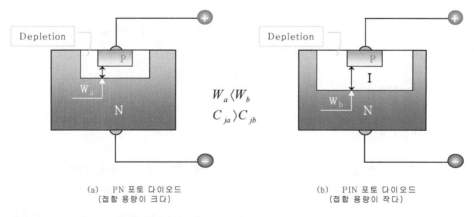

(a) PN 포토 다이오드
(접합 용량이 크다)

(b) PIN 포토 다이오드
(접합 용량이 작다)

[그림 2-8] PN 포토다이오드와 PIN 포토다이오드

PN 포토다이오드는 광전도(photoconductive)모드에서 약 20~40V 혹은 그 이상의 전압을 요구하는 데 비해 PIN은 광전도 모드에서 8~10V의 역바이어스로 동작되거나 혹은 광기전력(photovoltaic) 모드에서 0V로 동작된다. 위의 두 가지 경우 모두 역바이어스를 증가시키면 응답이 더 빨라지는 경향이 있다.

다. 애벌런치 포토다이오드

애벌런치 포토다이오드(avalanche photo diode : APD)는 반도체 접합 검출기로서 내부 이득은 PN과 PIN 소자보다 응답도를 증가시켰으며 이 소자의 특징은 광증배관(photomultiplier tube : PMT)과 유사하다. 그러나 애벌런치 이득은 PMT에 비해 수백 이하로 훨씬 작다. 그럼에도 불구하고 APD가 PIN 포토다이오드보다 가용이득이 크고 감도가 훨씬 높다. 내부이득은 외부 증폭기에서 얻을 수 있는 것보다 훨씬 좋은 신호 대 잡음비를 가진다.

애벌런치 전류증배는 다음 방법으로 일어난다. 한 개의 광자가 공핍층 영역에 들어와 자유전자와 정공을 생성하며 이들 캐리어는 공핍 영역에 존재하는 큰 역방향 전압 의해 가속되어 운동에너지를 얻는다. 빠른 속도의 전하들을 중성원자와 충돌할 때 자신들이 가진 에너지의 일부를 사용하여 부가적으로 전자-정공쌍을 생성하여 전자를 전도대로 올린다. 단 한 개의 광자에 의해 생성된 전자-정공쌍은 애벌런치 증배 효과에 의해 백 개 이상의 자유전자를 증배시킬 수 있다. 하나의 가속된 전자는 여러 개의 2차 전하를 생성하고 이들은 다시 더욱 많은 전자-정공쌍을 생성하는데 이것을 애벌런치 증배라 부른다. 이것은 약 25~100[A/W]의 응답도(responsivity)를 갖는 아주 민감한 광검출기가 되는데 PN 포토다이오드는 0.5~0.8[A/W] 정도로 낮다.

애벌런치 효과를 생성시키기 위해 높은 역바이어스 전압이 요구된다. APD는 보통 400~400V의 역바이어스 전압으로 동작한다. 이런 높은 전압으로 인해, 응답 시간이 매우 짧아진다.

APD는 보통 PIN 포토다이오드의 변형이고 사용되는 재료와 스펙트럼 범위는 같다. [그림 2-9]는 APD의 구조와 동작회로 예이다.

[그림 2-9]에서 P$^+$와 N$^+$층은 높게 도핑되어 저항값이 낮은 영역이라 전압 강하는 매우 낮다. π 영역은 약하게 도핑되어 거의 진성에 가까우며 대부분의 광자(photon)들은 이 영역에 흡수되어 전자-정공쌍을 만든다. [그림2-9] (b)에서 전자는 P영역으로 이동하는데 이 영역은 커다란 역바이어스가 걸려 있어 자유캐리어가 고갈되어 있다. 중요한 것은 PN$^+$접합의 공핍 영역이 π 층으로 통달(reach-through)되어 PN$^+$접합에 대부분의 역전압이 걸려 이 큰 기전력에 의한 애벌런치 증배가 일어난다. 이 소자의 증배는 전자에 의해 시작된다. 이에 반해 π층에서 생성된

정공은 P⁺전극으로 드리프트(drift)하지만 증배 과정에서 참여하지 못한다. 이렇게 한 종류의 캐리어만으로 증배를 제한하는 구조는 우수한 잡음 특성을 갖게 된다. APD는 보통 1[nW]~수 [W]의 입사광에 대하여 선형성을 가지며 대표적인 반응도 R은 20~80이다. 만약 1[μW] 이상의 큰 파워에 대해서는 보통 APD가 아닌 PIN 포토다이오드를 사용하여 충분한 반응도와 상당히 큰 신호 대 잡음비를 얻을 수 있다.

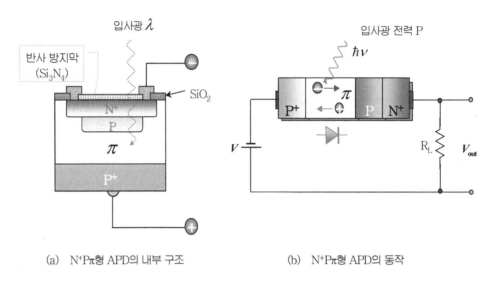

(a) N⁺Pπ형 APD의 내부 구조   (b) N⁺Pπ형 APD의 동작

[그림 2-9] N⁺Pπ형 APD의 내부 구조와 동작회로

라. 쇼트키 포토다이오드

[그림 2-10]과 같이 *N*형 반도체의 표면에 금(Au) 등의 얇은 금속 박막을 형성시켜 쇼트키 효과(schottky effect)에 의한 금속과 반도체 접합을 구성한 것이다. 일반적으로 이러한 종류의 소자는 표면으로부터 접합부까지의 거리가 짧게 만들어져 있기 때문에 가시광선부터 자외선 영역까지의 파장 감도를 갖는다.

쇼트키의 정류이론에 입각하여 동작하는 반도체 다이오드의 일종이다. 쇼트키 장벽 접합은 보통 금속막을 상온의 반도체 위에 진공 증착하여 제작한다. 금속과 반도체의 접촉에 의하여 형성되는 전위 장벽에 의하여 정류성이 나타나는 이 다이오드는 순방향 전류의 반도체에서 금속에 주입되는 다수 캐리어에 의존하기 때문에 스위칭 속도를 제한하는 소수 캐리어의 주입이나 축적 효과가 본질적으로 일어나지 않는 특징이 있다. 이 쇼트키 장벽 접합은 포토다이오드나 CCD 이미지 센서를 등에 응용할 수 있다.

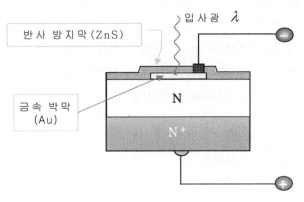

[그림 2-10] 쇼트키형 PD 내부 구조

02. 포토다이오드의 주요 특징

포토다이오드에는 여러 가지 종류가 있지만 이들은 용도와 목적 등에 의해 그 사용 분야가 분류된다. [표 2-1]은 각각 구조에 따른 특징과 주요 용도를 비교한 것이다.

[표 2-1] 포토다이오드(PD)의 종류와 주요 특징

종 류	특 징	용 도
PN PD	▶ 자외선 ~ 적외선까지 광범위한 파장 감도 ▶ 입사광량과 출력전류의 직선성이 우수	광전 스위치 카메라 노출계 조도계
PIN PD	▶ 고속 응답 ▶ 자외선 ~ 적외선까지 광범위한 파장 감도 ▶ 입사광량과 출력전류의 직선성이 우수 ▶ 온도 특성이 PN PD보다 나쁘다.	광통신(단거리) 레이저 디스크 광리모콘 팩스밀리
APD	▶ 고속 응답 ▶ 광전류 증폭작용 ▶ 광대역 파장 감도 ▶ 자외선 ~ 적외선까지 광범위한 파장 감도	광통신 (중·단거리)
Schottky PD	▶ 가시광선 ~ 고자외선 감도	분광 광도계 (방사 파장계)

그리고 초고속, 저손실로 정보를 전달하는 광통신 시스템에서는 광파이버 검출기로는 APD와 PIN PD를 사용하는데, PIN 소자는 저렴하고 온도의 민감성이 약하여 APD보다 낮은 역바이어스 전압을 필요로 한다. 따라서 두 소자의 속도가 비슷할 때, 대부분의 시스템에서 PIN을 선호한다. 만약 손실 제한이 문제로 대두된다면 특히 장거리 링크에서는 APD 이득이 필요하다. [표 2-2]는 대표적인 반도체 광검출기의 특성이다.

[표 2-2] 대표적인 반도체 광 검출기의 특성

재료	구조	상승시간 (ns)	파장 (nm)	반응도 (A/W)	암전류 (nA)	이득
Si	PIN	0.5	300~1100	0.5	1	1
Ge	PIN	0.1	500~1800	0.7	200	1
InGaAs	PIN	0.3	900~1700	0.6	10	1
Si	APD	0.5	400~1000	75	15	150
Ge	APD	1	1000~1600	35	700	50
InGaAs	APD	0.25	1000~1700	12	100	20

03. 포토다이오드의 응용 회로

포토다이오드의 실제 적용 회로를 정리한다. 포토다이오드와 여러 가지 응용 소자들과 조합하여 실전에 활용할 수 있게 한다. 단원에서 바이어스 없는 경우와 역바이어스 회로, 트랜지스터와 조합 회로, OP-Amp(operational amplifier)와 조합 회로 및 전류-전압 변환 회로 등 여러 가지 증폭단을 구성하여 사용된다. 전자 반도체의 원리와 기본 개념은 갖추고 응용 회로를 학습하는 것이 많은 도움이 될 것이다.

가. 빛에 의해 기전력 발생하는 PD회로

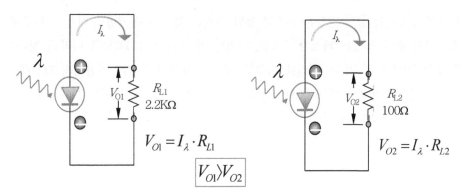

(a) 부하 저항이 클 때   (b) 부하 저항이 작을 때

[그림 2-11] 빛에 의한 기전력 발생

포토다이오드는 빛에 의한 기전력을 생성하는 소자이므로 외부 전원이 없이도 간단히 광검출 회로를 구성할 수 있다. [그림 2-11]은 바이어스가 없이 기전력을 발생하는 경우의 회로이다. 출력 특성은 부하 저항이 높아질수록 출력 단자 개방형(OFF)에 가까워지고 부하 저항이 낮으면 출력 단자 단락형(ON)으로 된다. 그러나 포토다이오드는 출력 신호가 미약하기 때문에 역바이어스 전원과 증폭회로를 조합해서 사용한다.

나. 역바이어스 의한 응답 개선

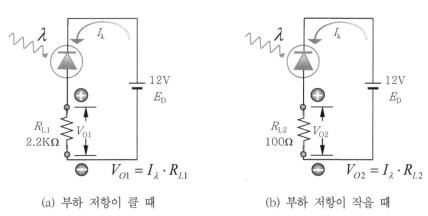

(a) 부하 저항이 클 때   (b) 부하 저항이 작을 때

[그림 2-12] PD의 역바이어스 회로

포토다이오드에서 역바이어스를 걸면 응답 특성을 몇 배로 개선할 수 있다. 이것은 역바이어스에 의해 포토다이오드의 접합 용량이 감소한 것이지만 일정한 역바이어스 데이터 값에서 부하저항이 클 경우에는 출력 전압은 크지만 응답 특성은 늦고, 부하저항이 작을 경우에 출력 전압이 작으면서 응답 특성은 빠르다. [그림 2-12]는 역바이어스 PD회로를 나타낸 것이다.

또한 포토다이오드에 역바이어스를 가하는 것은 소자의 응답성과 직선성의 개선에 도움이 되고, 무바이어스에 비하여 암전류(dark current)와 잡음의 증대에 관계되기 때문에 적당한 설계 조건에 맞추어야 할 것이다.

다. 트랜지스터와 조합 회로

포토다이오드의 출력 전류는 극히 미약해서 소자 자체로는 사용할 수 없으므로 증폭단을 조합해야 한다. 이것을 실현한 것이 포토트랜지스터이다. [그림 2-13]은 트랜지스터와 포토다이오드의 조합 회로로서 그림(a)는 컬렉터(collector) 출력형 회로, 그림(b)는 이미터(emitter) 출력형 회로의 예이다. [그림 2-14]는 트랜지스터와 PD 소자의 조합 회로에서 빛의 조사에 대한 컬렉터·이미터 출력 파형을 나타낸 것이다.

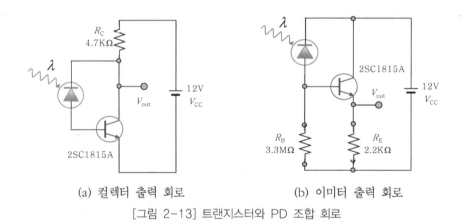

(a) 컬렉터 출력 회로   (b) 이미터 출력 회로

[그림 2-13] 트랜지스터와 PD 조합 회로

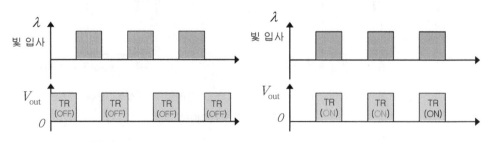

[그림 2-14] 컬렉터 · 이미터 회로에서 빛의 입사에 대한 출력 전압

라. OP-Amp와 PD 소자의 조합 회로

[그림 2-12]에서 *PD* 전압은 광 파워가 증가하면 다이오드 전압이 감소한다. 이것은 보다 많은 전류가 흐르면 부하저항에 전압이 많이 걸리므로 다이오드에는 작은 전압이 걸릴 수밖에 없기 때문이다. 다이오드 전압이 0으로 떨어지면 비선형의 문제점이 대두되는데, [그림 2-15]에 증폭단을 OP-Amp(operational amplifier)를 이용해서 전류-전압 변환기로 사용하면 작은 부하저항을 쓰지 않고도 비선형을 해결할 수 있다. 이 회로에서 포토다이오드는 귀환(feed back) 저항 RF를 통해 OP-Amp에 연결되어 있다. 이 회로의 특징은 다음과 같다.

① 고 이득의 OP-Amp 입력단자에는 거의 전압 강하가 없어 전원 전압, PD, OP-Amp로 구성된 루프의 루프 식은 $V_{PD}=-V_B$ 이다.

② OP-Amp의 입력단자로 흘러 들어가는 전류는 거의 없다. 따라서 PD 전류는 귀환저항 RF를 지나므로 RF에 걸린 전압은 $i_{PD}R_F$이다. OP-Amp의 부(-) 단자는 거의 접지 전위이므로 루프 식에서 의해 출력전압도 $i_{PD}R_F$이다.

따라서 귀환저항을 수백 ㏀정도로 크게 하면 선형적 응답 특성 상태에서 큰 출력전압을 얻을 수 있다. 그러나 이 회로의 응답 속도는 귀환저항과 귀환회로의 분포 용량이 결합된 상승 시간인 회로의 시정수(time constant)에 의해 제약을 받는다.

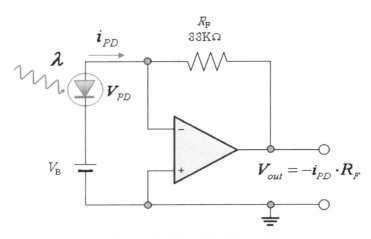

[그림 2-15] 전류-전압 변환기 회로

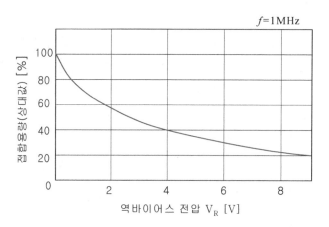

[그림 2-16] PD의 접합용량과 역바이어스 전압

[그림 2-16]은 접합용량과 역바이어스 전압의 관계를 나타낸 것이다. 그림에서 알 수 있듯이 역전압 4[V] 정도까지는 현저하게 접합용량이 저하하고 있다. 그러나 8[V] 가까이 되면 역전압에 비례한 만큼 접합용량이 저하하지는 않는다. 따라서 이 특성에서 볼 때 수 볼트 정도의 역바이어스가 적당하다. 또한 그림에서 접합용량의 변화가 그대로 응답 특성의 변화로 생각할 수 있다.

일반적으로 역바이어스를 가하는 것은 소자의 응답 특성과 직선성의 개선의 역할을 하지만 그 반면 암전류, 잡음 등이 증가하게 된다. 따라서 이러한 점을 충분히 고려해 주의를 해야 한다. 또, 과대한 역바이어스는 포토다이오드를 파손하게 되므로 정격 내에서 여유를 가지고 사용하도록 주의해야 한다.

01. 포토트랜지스터의 구조와 동작 원리

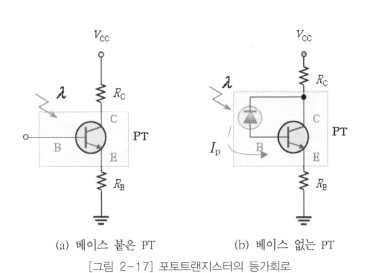

(a) 베이스 붙은 PT   (b) 베이스 없는 PT

[그림 2-17] 포토트랜지스터의 등가회로

포토트랜지스터(photo transistor)는 [그림 2-17]과 같이 포토다이오드에 트랜지스터가 연결되어 광전변환작용과 증폭작용을 동시에 수행할 수 있는 소자이다. 동작 원리는 포토트랜지스터의 베이스와 컬렉터의 접합 부분에 변조된 광신호가 입사하면 베이스 영역에서 입사된 광 에너지에 상응하는 전자-정공쌍이 발생하고, 발생된 전자는 컬렉터 측으로, 정공은 이미터 측으로 이동한다. 이 전류가 베이스 전류의 역할을 함으로써 컬렉터-이미터 사이에 광량에 대응하는 전류가 흐르며, 이 전류로부터 빛의 강도를 알 수 있다.

[그림2-17]은 포토트랜지스터의 등가회로를 표시한 것이다. [그림 2-17] (b)에서 포토다이오드에 흐르는 광전류를 IP라 하면 트랜지스터의 이미터 출력전류 IE는 다음 식과 같이 된다. 그리고 h_{FE}는 트랜지스터의 순방향 직류전류 증폭률 이다.

$$I_E = I_P(1 + h_{FE}) \qquad (2\text{-}6)$$

또, $h_{FE} \gg 1$이라 하면 식 (2-7)과 같이 된다.

$$I_E \simeq I_P \cdot h_{FE} \qquad (2\text{-}7)$$

포토트랜지스터는 일반적으로 베이스에 외부 회로를 연결하지 아니하고 사용하는 경우가 많은데, 이 경우 입력회로의 시정수가 커져서 신호 응답 시간이 느려지게 된다. 또한 포토트랜지스터의 증폭률을 크게 하여도 신호 응답 시간이 느려지게 된다. 따라서 포토트랜지스터는 고속 광통신용에는 부적합하나 증폭 이득이 크므로 구내 저속 통신용에 사용 시 이점이 있다. 포토트랜지스터는 일반 트랜지스터와 같이 이미터 공통접지(CE), 컬렉터 공통접지(CC) 방식으로 출력을 인출할 수 있고, 다른 트랜지스터를 붙여서 다링톤(darlington) 접속으로 하여 사용할 수 있다.

02. 포토트랜지스터의 종류

[그림 2-18] (a)는 베이스 없는 포토트랜지스터의 회로 기호를 나타낸 것이며, 등가회로는 트랜지스터의 베이스, 컬렉터 사이에 포토다이오드를 역접속한 것과 같이 된다.

[그림 2-18] (b)는 그림(a)의 포토트랜지스터에 베이스 단자를 설치한 것으로서 베이스가 붙은 포토트랜지스터라 부르고 있다. 이것은 포토트랜지스터의 암전류(dark current), 온도 보상, 광전류 특성의 직선성을 개선하기 위해 설계된 것으로서 베이스에 고저항을 삽입함으로써 그 특성을 개선할 수 있다.

[그림 2-18] (c)는 포토다링톤 트랜지스터의 회로이다. 이것은 포토트랜지스터에 1개의 일반 트랜지스터를 내장한 것으로서 회로적으로는 다링톤 트랜지스터를 형성하고 있다. 따라서 광전류 IE는 $I_E = I_P \times h_{FE1} \times h_{FE2}$로 되어 현저하게 증대되며, 작은 전류의 릴레이 등을 직접 구동할 수 있다. 그러나 이때 암전류, 응답 특성도 h_{FE}배 되는 것으로서 용도는 자연히 제한되게 된다.

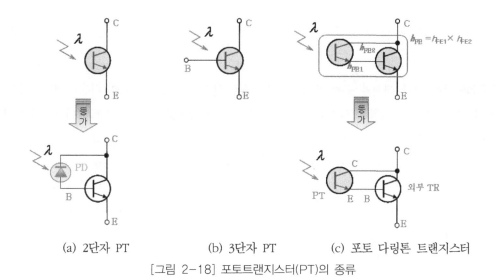

(a) 2단자 PT   (b) 3단자 PT   (c) 포토 다링톤 트랜지스터

[그림 2-18] 포토트랜지스터(PT)의 종류

03. 포토트랜지스터의 응용 회로

광기전력 효과를 이용한 포토센서는 가시광선 센서와 적외선 센서로 구분할 수 있다. 이 단원에서는 포토 적외선 센서의 개념으로 회로 구성과 동작을 설명한다. 포토 LED(EL-1KL)와 포토트랜지스터(ST-1KL) 적외선 센서로 구성하는 회로의 동작 원리와 마이크로프로세서 제어회로 개념을 간단하게 설명한다.

[그림 2-19]의 (b)는 발광부 회로도를 구성한다. 회로에서 포토 LED를 발광시키기 위해 발광부 센서의 애노드 단자에 $30 \sim 100\,\Omega$의 보호저항을 연결하고, 저항의 다른 쪽 단자를 전원 V_{CC}에 연결한다. 그리고 발광부 센서의 캐소드 단자에는 발광 소자를 스위칭할 수 있도록 마이크로프로세서의 출력 포토의 한 핀에 연결하거나 NE555를 이용한 발진회로 등을 연결하여 응용할 수 있다. 발광부에 연결하는 저항값의 크기에 따라 발생된 적외선 빛의 양을 조절할 수 있으므로 설계자는 데이터 시트를 참고하여 설계해야 한다.

[그림 2-19]의 (c)는 포토 LED에 의한 [그림 2-19] (b)의 발광부 회로로부터 발생된 적외선의 양을 감지하는 수광부 회로이다. 수광부 회로는 포토 LED에서 발생한 적외선이 수광 센서의 창으로 들어오면 컬렉터와 이미터 사이의 저항값이 줄어들어서 컬렉터 전류가 증가된다. 이 전류 I_C는 수광 센서의 자체 저항 R_S와 이미터 저항 R_E가 직렬로 연결되어 전원전압 V_{CC}를 나눈 값이 된다. 따라서 저항 R_E에 걸리는 출력전압의 수식은 식 (2-8)로 나타낸다.

$$V_O = I_C \cdot R_E = \frac{R_E}{R_E + R_S} V_{CC} \tag{2-8}$$

이상과 같이 발광 센서와 수광 센서의 기본 구동 원리를 이용한 회로의 활용에 따라 적외선 센서의 이용방법이 다양하게 설계할 수 있다. 예를 들어 자동문 또는 라인 트레이서와 같이 단지 적외선 센서를 이용하여 물체를 감지하는 목적의 회로, 마이크로 마우스의 벽감지 유무 또는 거리의 측정 등의 목적으로 적외선의 광량의 정도를 측정하도록 회로를 구성할 수 있다.

[그림 2-19]에서 펄스 구동형 발광부에 의해 주기적인 펄스 구동으로 적외선을 발생한 발광 센서로부터 발생된 적외선이 물체에 반사되어 ON/OFF 형태로 수광하는 경우, 수광회로는 기본적으로 적외선 센서 수광부 구동 원리와 같다. 즉 빛에 따라 수광 소자와 직렬로 구성된 저항 R_E의 양단에 걸리는 전압을 마이크로프로세서 등의 장치에서 인식할 수 있도록 하면 응용 장치가 될 수 있다.

그러나 물체 감지와 같은 예시에서는 적외선의 수광량에 따른 전압 변화가 아닌 물체를 감지 시 ON(V_{cc}=5V) 신호가 물체를 감지하지 않았을 때 OFF(0V) 신호 형태의 디지털 신호가 출력되도록 해야 한다.

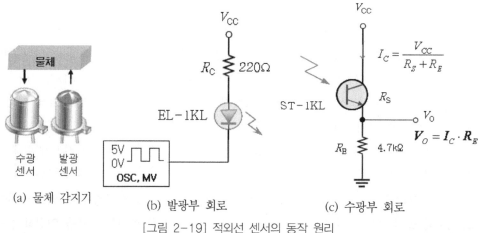

[그림 2-19] 적외선 센서의 동작 원리

따라서 [그림 2-20]의 수광부 회로에서는 수광 소자로부터 출력되는 저항 R_E의 양단에 걸리는 전압을 TTL 레벨인 0[V] 또는 5[V]로의 디지털 신호로 만들어 주기 위해 비교기를 사용하여 마이크로프로세서에서 물체 감지를 하도록 설계한다.

물체를 감지하게 되어 R_E 양단의 V_O 전압이 비교기의 기준전압 V_r 보다 크면, 마이크로프로세서에 연결된 비교기의 출력단자의 출력전압(V_{out})은 OP-Amp의 양의 포화전압($+V_S$=+5V)으로 출력된다.

따라서 이러한 물체 감지 여부에 따라 비교기의 동작을 간략히 수식으로 정리하면 다음과 같다.

$$V_O > V_r, \quad V_{out} = + V_S(+5\,V)$$
$$V_O < V_r, \quad V_{out} = - V_S(0\,V)$$

이상의 물체 감지에 따른 예를 통해 적외선을 이용한 물체 감지회로의 발광부와 수광부의 하드웨어적인 동작 원리와 설계를 가능하게 하였다.

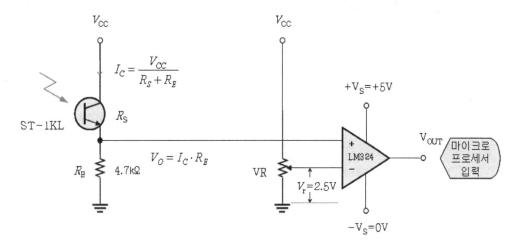

[그림 2-20] 비교기의 동작

01. 광도전 센서의 특징

　　광도전 셀(photoconductive cell & photoresistor)이란 빛의 세기에 따라서 전기적 저항이 변화되는 광도전 효과(photoconductive effect)를 이용한 소자이다. 전극 사이에 전압을 인가하고 노출되어 있는 CdS에 빛을 조사하면 자유전자와 정공이 발생하고, 입사광의 세기에 따라 CdS의 양단의 저항이 감소하여 전극에 흐르는 전류가 증가한다.

① 동작 원리: 수감부의 특성이 반도체에 빛이 조사되었을 때 가전자 대의 전자가 전도대로 이동하여 전자의 수가 증가하게 되는데 이때 반도체 양단에 적당한 전압을 걸어두면 전류는 광의 세기에 비례하여 증감한다.

② 특징: 어두운 곳에서는 매우 큰 저항을 가지고 있으나 광 에너지를 받으면 그 광 에너지에 대응해서 내부 저항이 감소한다. 일종의 광 가변 저항기이다. 응답 속도가 느리고, 가시광선에 민감하고, 고감도, 소형, 저가격 등의 특징이 있다.

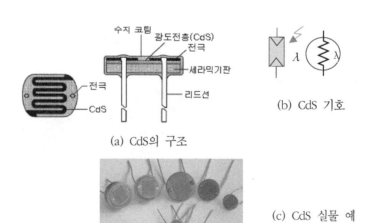

(a) CdS의 구조

(b) CdS 기호

(c) CdS 실물 예

[그림 2-21] 광 도전 셀(CdS)

③ 소재: ZnS(자외선), CdS(가시광), CdS·Se(가시광), CdSe(가시광), PbS(적외선), PbSe(적외선) 등이 있다. 가시광선이란 사람의 눈으로 느낄 수 있는 파장 영역(380~780nm)이며, 파장이 780 nm 이상인 것을 적외선, 380nm 이하인 것을 자외선이라 부르며 인간의 눈으로 느낄 수 없다.

④ 적용: 저속 응답성 카메라의 노출계, 가로등 자동점멸기, 에너지 절약 계단등의 밤과 낮의 구별용 등으로 사용된다.

[그림 2-22]는 CdS 셀의 전기적 특성을 나타낸다. 즉, 조도에 따른 저항 변화와 공급 전압에 따른 전류 변화를 특성 곡선으로 나타낸다.

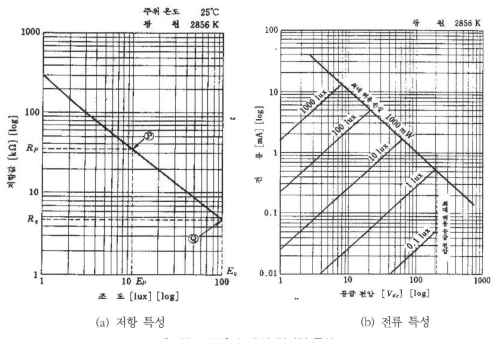

(a) 저항 특성   (b) 전류 특성

[그림 2-22] CdS의 전기적 특성

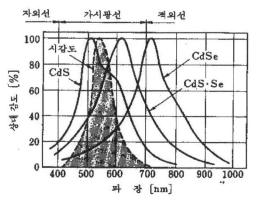

[그림 2-23] CdS 셀의 분광감도 특성

02. CdS 구성 회로

[그림 2-24]는 포토 저항(광도전 셀)으로 사용할 수 있는 3가지 회로를 보여주고 있다. [그림 2-24](a)의 포토 저항은 R_1과 PC_1이 직렬 연결된 부분에서 출력의 전압 강하로 접속된다. 출력 전압은 아래의 식 (2-9)로 나타낸다.

$$V_o = \frac{PC_1}{R_1 + PC_1} V \tag{2-9}$$

여기서 V_o는 출력전압

V는 외부에서 공급되는 전압

R_1과 PC_1은 저항이며 단위는 [Ω]

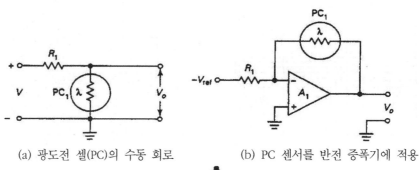

(a) 광도전 셀(PC)의 수동 회로   (b) PC 센서를 반전 증폭기에 적용

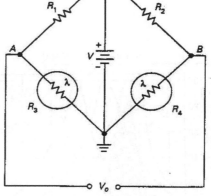

(c) PC 센서의 휘트스톤 브리지에 사용

[그림 2-24] CdS 적용 회로

이 회로에 대한 문제점은 출력전압의 변동이 직접 출력에 영향을 주므로 그러한 점을 고려할 필요가 있다.

포토 저항을 사용한 두 번째 방법을 [그림 2-24] (b)로 나타낸다. 여기서 포토 저항은 OP-AMP 반전 증폭에서 귀환저항으로 사용된다. 출력 전압 V_o는 식 (2-10)과 같이 된다.

$$V_o = -\frac{(PC_1)}{R_1}(-V_{ref})$$

(2-10)

[그림 2-24](b)의 회로는 출력 임피던스가 낮은 것에 대비해야 하고, 반면에 [그림 2-24] (a)와 같은 회로는 출력전압은 0[V]로 강하되지 않는 것을 고려해야 한다. 추가적인 문제는 포토 저항이 $-V_{ref}$ 전압의 실제 값에 포토 저항의 명/암 비에 정합이 되지 않는다. 그 원인은 CdS 셀의 조도와 저항 특성에 의한 것이지만 그 특성은 조도 변화에 대한 대수적인 변화 특성으로 된다. 여기서 해결 방법은 복잡한 회로 기법을 사용하지 않고 CdS 셀의 광전류 변화를 대수 압축할 수 있도록 로그 다이오드를 입력 저항 R_1 대신에 사용한다.

끝으로 [그림 2-24](c)는 포토 저항을 배열하여 휘트스톤 브리지 형태를 나타낸다. 이 그림은 광량의 밸런스 회로의 일례이며, 여기서는 좌우 2개의 CdS 셀을 사용하여 각각의 입사광이 같은 레벨이 되도록 센싱을 한다. CdS 셀의 수광량이 서로 같게 되면 브리지 회로가 평형하여 그 출력이 0으로 됨을 알 수 있다.

또, 이 종류의 회로는 위치 결정 장치, 광원 자동 추미 장치 등의 센서부로서 이동되고 있다. 그림에서 R_2 저항을 가변 조정 저항으로 사용하여 R_3와 R_4의 차이를 보정한다. 출력전압의 증폭을 위해서 연산증폭기(op-amp)를 이용한 정밀계측용 차동증폭기를 활용하면 된다.

휘트스톤 브리지는 2개의 직·병렬 저항회로로 구성되었다고 할 수 있다. 출력전압은 단자 A와 B 사이의 전위차와 같다. 한 단자의 전압 강하는 식 (2-9)와 같으므로 브리지의 출력전압은 양쪽 단자 간의 전위차 식 (2-11)과 같이 표시한다.

$$V_o = \left(\frac{R_3}{R_1 + R_3} - \frac{R_4}{R_2 + R_4}\right) \times V$$

(2-11)

복합광센서-포토커플러

발광 소자와 수광 소자(광센서)를 조합시킨 것을 복합 광센서(composite photosesnsor)라고 하며, 용도와 구조에 따라 포토커플러(photo coupler)와 포토인터럽터(photo interupter)로 분류한다.

포토인터럽터(photo interupter)란 광을 매개체로한 신호 전달 장치이며, 전기적으로 절연되어있지만 광학적으로 결합되어 있는 발광부와 수광부를 갖추고 있는 광센서이다. 발광부에 사용하는 LED와 수광부에 사용하는 포토트랜지스터의 고성능화, 저가격화에 의해 포터커플러는 산업 전반의 전기전자 시스템에서 이용되고 있다. 포토커플러의 구조에 따라 분류하면 2가지로 분류한다.

① 포토아이솔레이터(photo isolator): 광로가 패키지 내에 있으며, 외부 노이즈가 많은 기계 제어회로나 디지털-아날로그 인터페이스 회로 및 PLC 내의 하드웨어 I/O 결합 장치 등에 이용된다.

② 포토인터럽터(photo interrupter): 물체의 통과를 검출하기 위하여 발광부와 수광부 사이에 공간을 노출시킨 광검출 소자이다. 자동화의 위치 결정용 및 광학식 엔코더에 사용되며 그 구조에 따라서 투과형과 반사형으로 나누어진다.

01. 포토 아이솔레이터

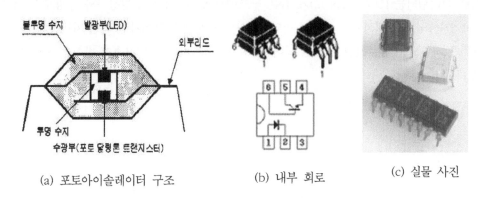

(a) 포토아이솔레이터 구조　　　(b) 내부 회로　　　(c) 실물 사진

[그림 2-25] 포토아이솔레이터

[그림 2-25](a)와 같이 발광부 LED와 수광부의 포토다링톤 트랜지스터가 서로 마주보고 있는 구조로 배치되어 있고 그 사이에 투명 수지로 채워져 있으며, 주변부를 불투명 수지로 감싼 구조로 되어있다.

발광부는 소자는 고속 응답용 GaAsP LED를 사용하고 수광부는 Si 포토트랜지스가 많이 사용되는데 대출력 특성이 필요할 경우에는 다링톤 접속의 포토트랜지스터가 사용된다.

특히 포토아이솔레이터를 이용하여 각 시스템 간에 정보를 전달하는 회로를 설계할 경우에는 포토아이솔레이터를 사용하는 입출력 단자의 접지에 대한 고려를 전혀 불필요하므로 전자회로 구성이 매우 간단하게 된다.

포토아이솔레이터의 주된 특징을 살펴보면 다음과 같다.

① 입출력 측이 전기적으로 분리되어 있고, 그 절연저항은 $10^{11 \sim 13}$[Ω]으로 매우 높고 결합 용량도 0.5~2[pF]으로 작다.

② 신호의 전달은 한쪽 방향이고 응답 속도가 빠르다.

③ 다른 반도체 소자와 구동 전원을 함께 할 수 있다.

④ 수명이 길고 고신뢰성을 갖는다.

02. 포토 인터럽터

포토 인터럽터는 [그림 2-26] (a)와 같은 구조에서 알 수 있듯이 발광부와 수광부가 서로 마주보고 있는 구조로 배치되어 있어서 만약 이 사이에 물체가 들어가면 빛이 차단되어 수광부의 광전류가 차단되는 표준적인 구조로 되어 있다. 경우에 따라서는 검출의 방식을 반대로 할 수도 있다.

가. 포토 인터럽터의 종류

① 투과형 : 발광-수광 소자가 마주보는 형태. 빛이 직접 수광 소자로 투과되는지 여부를 판단한다. 제품 상면 또는 밑면에 극성이 표기되어 있다.

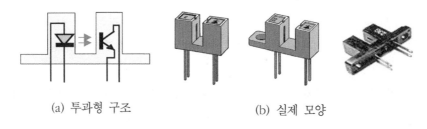

(a) 투과형 구조   (b) 실제 모양

[그림 2-26] 투과형 포토인터럽터

② 반사형 : 발광 소자의 빛이 피검출 물체에 반사되어 수신되는지의 여부로 검출한다. 반사형의 원리와 모양은 [그림 2-27]과 같다. 반사형은 투과형에 비해 포토트랜지스터에 도달하는 빛이 매우 적기 때문에 감도가 높은 다링톤 TR을 사용한다.

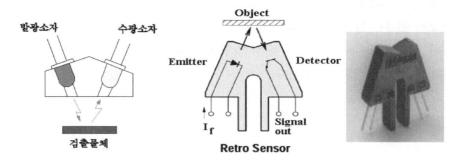

[그림 2-27] 반사형 포토인터럽터의 원리도와 모양

③ 공업용 모듈형 : 현장에서 비전문가들도 손쉽게 사용할 수 있도록 회로가 구성되어 있는 완제품 형태를 말한다.

전원전압은 12~24V, 출력은 전원전압과 같은 레벨의 "H", "L"로 주어진다.

[그림2-28] 공업용 포토인터럽터의 모양

나. 포토인터럽터의 응용 분야

포토인터럽터는 생산 현장에서도 많이 응용된다. 이와 같은 포토인터럽터는 전선, 종이 등 얇고 불투명하면서 롤테잎 형태를 가진 생산물을 무인 감시할 때 사용한다. 동작 방식을 적절히 선택한 다면 전선이 끊어지는 등 공정에 이상이 생길 때 경보기가 울리게 할 수 있다. 정상 작업 중일 때는 램프가 표시되고 고장 발생 시에는 경보기가 울리도록 할 수도 있을 것이다(경보 장치). 전기부와 기계부의 결합, 기계의 회전 위치 검출 및 위회전수 계측 등에 주된 응용 분야이다.

[그림 2-29]는 포토인터럽터를 이용한 빛 차단 경보회로이다. 출력 트랜지스터의 동작 방식을 반대로 하면 빛을 차단할 때를 인식하는 회로를 만들 수 있다. 회로에서 출력 트랜지스터 PNP를 NPN TR로 바뀌면 부하의 위치도 바뀐다. 빛 차단 경보회로의 동작은 빛이 투과할 때는 출력이 없다가 빛이 차단되면 출력 부하가 작동하기 때문에 경보가 울린다.

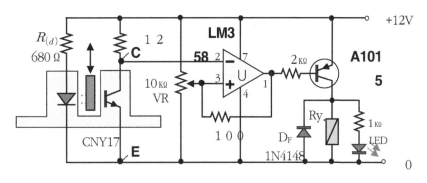

[그림 2-29] 포토인터럽터를 이용한 빛 차단 경보회로

[그림 2-29]에서 접점식 릴레이를 사용하는 것이 번거로울 때는 SSR(solid state relay)을 사용하는 것도 최선의 방법이다. SSR은 전자식 릴레이로 입력 측에 직류 3~24V의 전압을 가해 주면 교류 100~240V의 부하를 ON/OFF 할 수 있는 반도체 스위칭 소자이다. [그림 2-30](a)는 SSR 방식의 회로도이고 (b)는 SSR의 핀 아웃 도면이다.

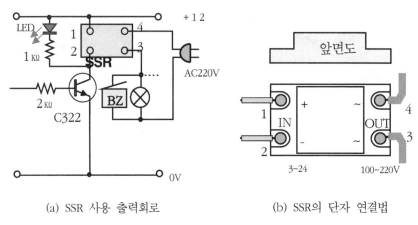

(a) SSR 사용 출력회로   (b) SSR의 단자 연결법

[그림 2-30] SSR 출력회로의 구성 요령

제6절 적외선 센서

절대온도 0도 이상의 자연계에 존재하는 모든 물질은 그 온도에 따라 적외선을 방출하며,적외선 방출 에너지는 물체의 온도와 표면 상태에 의해 결정된다.

적외선의 파장은 가시광선보다 길고 전파보다 짧은 전자파의 일종이다.

예를 들어 인간의 체온은 36~37[℃]이므로 9~10[㎛]에서 피크를 가진 원적외선이 방사되고 있다. 또 400~700[℃]로 가열된 물체로부터는 3~5[㎛]에서 피크를 가진 중적외선이 방사되고 있다.

적외선 센서를 동작 원리에 따라 크게 나누면 열형과 양자형으로 분류된다.

① 적외선을 받아 열로 변환하고 저항 또는 기전력으로 검출되는 열형

② 반도체의 이동 간 에너지 흡수차를 이용한 광전도 효과나 PN 접합에 의한 광기전력 효과
  를 이용한 양자형(PbS, HgCdTe)

열형으로는 초전 효과의 원리를 이용한 초전 센서, 서모파일이 대표적이다. 초전 센서를 일명 파이로 센서라 하며 온도 변화에 대해서 응답이 있으므로 일종 온도의 측정에는 쵸퍼를 필요로 하지만 서모파일은 열기전력을 검출하고 있어 쵸퍼가 필요 없다.

적외선 센서는 적외선 리모컨, 서멀 카메라, 자동 도어용 센서, 방사온도계, 비접촉 근접센서, 인공위성, 자동제어 계통 등의 여러 용도로 이용된다.

01. 초전형 적외선 센서

초전형 적외선 센서는 초전 효과를 이용한다. 최근에는 우수한 초전 재료가 개발되고 센서 제조 기술이 개선됨에 따라 가격이 저렴화 되어 급격히 산업용으로 확산되어 가고 있다. 센서 기능 재료로서는 LiTaO₃, PbTiO₃, PZT 등의 세라믹 재료가 이용된다.

가. 초전형 적외선 센서의 특징

① 물체에서 방사되는 적외선을 검출함으로써 비접촉으로 물체 표면의 온도를 감지할 수 있다.
② 초전형 적외선 센서는 온도 변화에 의한 에너지를 받을 때만 전압을 미분하여 출력한다.

나. 초전형 적외선 센서의 원리

소자의 표면에 온도가 변화하면 온도 변화에 따라 감지 소자의 극성 크기가 변화한다. 이 때문에 온도 변화가 없을 때에는 전하의 중화 상태이지만 온도 변화로 인해 감지 소자 표면전하와 흡착 부유 이온 전하의 완화시간이 달라지므로 전기적으로 평형이 무너지고 [그림 2-31]과 같이 결합할 상대가 없는 전하가 발생한다.

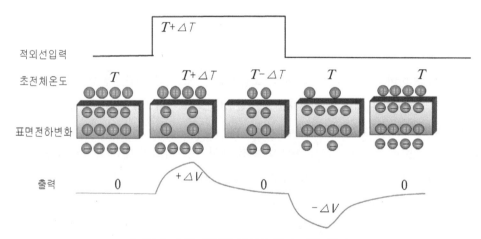

[그림 2-31] 초전형 센서의 전하 검출 원리

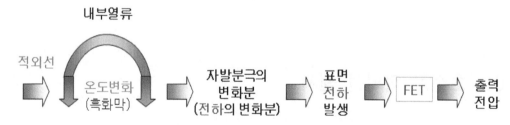

[그림 2-32] 초전센서의 신호 발생 과정

[그림 2-32]는 실제 센서에서 초전 효과가 어떻게 동작되어 출력신호가 검출되는지를 신호 발생 흐름의 과정을 보여준다.

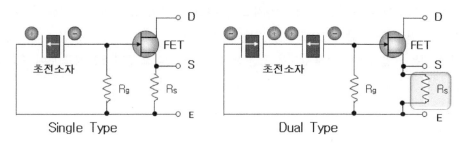

[그림 2-33] 초전형 센서의 내부회로 종류

　[그림 2-33]은 싱글(single)형 초전 소자와 듀얼(dual)형 초전 소자의 내부회로를 보여 주고 있다. 싱글형 소자의 경우 FET 바이어스 회로에서 소스 폴로어(source follower)로 구성되어 있다. 출력신호는 소스 단자로부터 0.4[V] 정도의 소스 전압으로 검출된다.

　듀얼형 소자의 경우 소스 저항 R_S는 외부에 붙이는데 47~470[㏀]이 사용되면 0.7~2.5[V]의 소스 전압이 나온다.

다. 듀얼 소자의 특징

　듀얼 소자는 [그림 2-34]의 내부회로와 같이 2개의 감지 소자가 직렬이면서 역극성으로 접속되어 있다. 이 때문에 싱글 소자에 비해 다음과 같은 장점을 갖는다.

① 2개의 소자에 순차적으로 에너지가 입사되면 감지 소자가 각각 역극성으로 접속되어 있으므로 출력신호는 높아진다. 싱글 소자에 대해 감도는 2배 정도로 향상된다.

② 2개의 감지 소자는 역극성으로 접속되어 있으므로 감지소자 각각에 동시에 입력되는 외부 에너지는 서로 상쇄되어 외부에 신호로 출력되지 않는다.

③ 태양광 등의 외부 광원에 의한 오동작을 방지할 수 있다.

④ 초전 세라믹은 압전성(압력이 가해지면 전하가 발생)을 가진 것으로 진동으로 인해 발생하는 압전 효과의 영향도 제거된다.

⑤ 주위 환경의 온도 변화에 의한 오동작을 방지할 수 있다.

[그림 2-34] 초전형 적외선 센서 외관

듀얼 소자 타입이 이와 같은 특징을 가지고 있으므로 감도와 환경 변화에 대한 안정성이 엄격한 요구가 있는 인체 감지용으로 널리 사용되고 있다.

[그림 2-35]은 듀얼 소자형 인체 감지용 초전 센서와 7[μm] 롱패스 필터 원도재를 보여 주고 있다.

라. 인체 열 감지회로의 응용

[그림 2-35]의 회로는 인체에서 방사되는 원적외선을 감지하여 경보기를 울리는 회로이다. 인체 검출 응용 예를 소개한다.

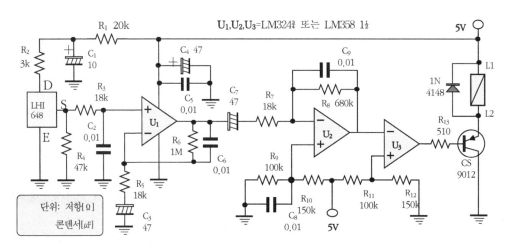

[그림 2-35] 초전 센서를 이용한 인체 감지회로

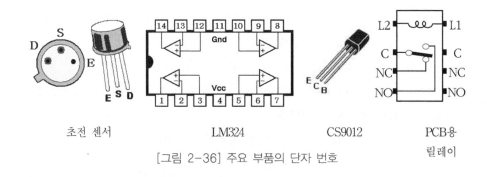

[그림 2-36] 주요 부품의 단자 번호

◎ 동작 설명 :

• 초전 센서는 인체에서 방출되는 7~10[μm]의 원적외선을 검출한다.

• 초전 센서의 검출 신호는 '열 신호 방출체(사람)'가 움직이는 순간에 매우 낮은 저주파 교류진동으로 나타난다.(0.5~1[Hz], 수[mV]이하)

- U₁은 비반전 증폭기로 동작하고 이득은 $A_v = 1 + (1000/18)$로 56배이다.
- C₄, C₅는 IC의 전원단자 가까이 달아야 잡음을 줄이는 효과가 있다.
- U₂는 반전 증폭기로 동작하고 이득은 38배이다. $A_v = 680 / 18$, 전원이 싱글, 즉 (+)전압만 공급되므로 교류 신호 증폭을 위해서 (+)입력단자의 기준 레벨을 2[V]만큼 높여준다.
- U₃는 비교기이다. R₁₁과 R₁₂의 분압회로에서 얻어진 3[V]가 (+)입력단자에 걸려있다. (-)입력단자로 들어오는 증폭된 신호 전압이 3[V]를 넘어서는 순간 U₃의 출력은 "L"이 되고 출력 PNP 트랜지스터가 도통된다.
- 릴레이가 동작할 때 공통 (c)접점과 N·O접점(a접점)을 이용하여 부저를 울리게 하거나 램프를 켜게 할 수 있다.
- 초전 센서는 임피던스가 높다. 따라서 정전기에 의한 손상을 받기 쉬우므로 정전 방지 포장(anti static package)에 담아두는 등 조심하여 취급한다. (금속 박스나 알루미늄 호일 위에 두어도 정전기를 막을 수 있다)

02. 서모파일

가. 구조와 원리

서모파일(thermopile)은 다수의 열전대(thermocouple)를 전기적으로 직렬 접속하여 제벡 전압(Seebeck voltage)이 더해지도록 한 적외선 센서이다.

물체는 표면에서 그 물체가 갖는 온도에 해당하는 에너지를 방사한다. 같은 온도라 하더라도 물체의 종류나 표면 상태에 따라서 그 방사 에너지가 다르게 된다. 같은 온도에서 방사되는 에너지가 최대인 물체를 흑체라고 한다. 흑체(black body)란 그 표면에 도달하는 방사 에너지를 모두 흡수하는 성질을 갖는 물체를 말한다.

서모파일(thermopile)은 열형 적외선 센서의 종류에 속한다. 열형 적외선 센서란 물체로부터 방사 에너지를 받아서 수광부의 표면 온도를 변화시키고 이것을 검출해서 출력 신호를 얻는 것이다.

[그림 2-37]의 서모파일 구조에서 수광부의 온도 변화를 주위에 형성한 열전쌍으로 검출하고 있다. 중앙의 수광부는 열의 흡수를 좋게 하기 위해 흑체가 사용되고 있다. 수광부 주위에 직렬로 접속된 54쌍의 열전쌍이 형성되어 있다. 직렬로 접속함으로써 각 열전쌍의 열기전력의 합계가 출력전압이 되어 출력전압이 높아진다. [그림 2-38]은 서모파일의 실물 사진이다.

나. 서모파일의 특징

서모파일의 수광부가 흑체로 되어 있으므로 검출 감도에 파장 의존성이 없으며, 파장 특성은 사용하는 필터에 의해 정해진다.

보통 서모파일에서 Si 필터의 투과 파장 영역은 1.2~15[μm]의 적외선 영역이다. 검출 감도에 파장 의존성이 없고, 소자의 냉각이 불필요한 점이 우수하다.

서모파일은 열의 검출에 열전쌍을 쓰고 있으므로 초전형 적외선 센서(파이로 센서)와 같이 쵸퍼가 없어도 안정된 출력이 직류 전압으로 얻어진다.

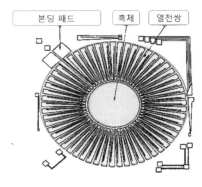

[그림 2-37] 서모파일의 구조

[그림 2-38] 서모파일 실물

다. 방사 온도계에 응용

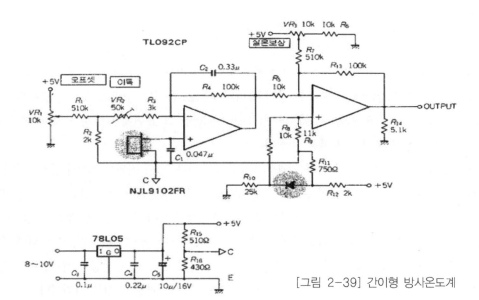

[그림 2-39] 간이형 방사온도계

[그림 2-39]는 실온에서 300℃를 계측하는 회로 구성이다. 기본적으로 단일 전원을 사용하면 실온 이하의 계측이 어렵다. 그러나 보통 온도계측 영역에서 사용되는 경우도 많고, 가격도 저렴하다.

동작을 살펴보면 센서의 한 끝은 안정화 전원을 분할해서 약 2.5[V] 레벨에 연결한다. 저온측의 온도 측정이 되도록 하려면 레벨을 올리고, 올린 양은 VR_3로 레벨을 내려서 조정한다. 여기서 전원회로 및 전자부품에 대한 기술은 생략한다.

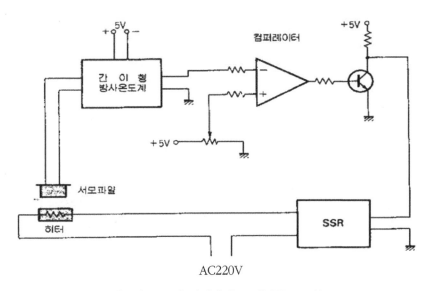

[그림 2-40] 회전체 온도 제어회로 구성

방사온도계의 특성을 살려 회전체의 온도 제어를 구성해보고 간단한 동작을 설명한다. [그림 2-40]은 회전체 온도 제어회로 구성이며 간이 방사온도계의 출력을 비교기를 통해 SSR(solid state relay)로 히터를 가열 제어한다. [그림 2-41]은 제어 온도를 180[℃]로 설정한 것으로 제어 온도를 바꾸는 것이 아니기 때문에 비교적 간단하다.

이 경우는 간이 방사온도계의 1[℃]당 출력을 특별히 정할 필요는 없으므로 센서의 증폭도는 적당히 하고, 이것에 온도 보상 다이오드를 사용하여 보상률을 높인다.

[그림 2-42]는 접촉형과 비접촉형에서의 제어 차이를 모의적으로 나타낸 것이다. 접촉형에서 응답 속도의 지연이 레이싱 현상이라 하고 제어 온도의 진동을 일으킨다.

비접촉형에서는 센서의 응답 속도가 원인으로 레이싱 현상이 일어나는 것이 아니라, 히스테리시스에서 관측점까지의 열전도가 지연됨에 따라 생긴다.

더욱이 이 응용은 온도 계측에 한하지 않고 불꽃의 검출이나 인체 감지 등에도 적용할 수 있다.

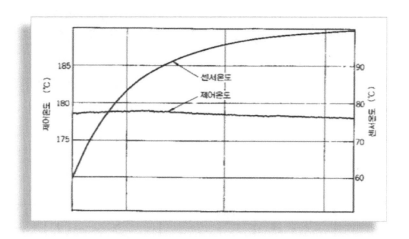

[그림 2-41] 제어 출력 특성

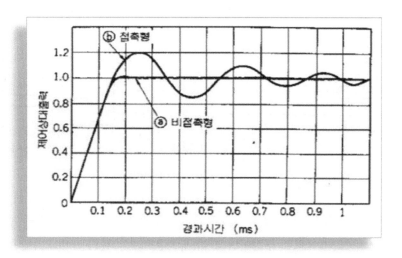

[그림 2-42] 제어 출력 특성

제7절 태양전지

01. 태양전지의 원리

태양전지란 광 에너지를 전기 에너지로 변환하는 변환기이다. 그 구조는 반도체 PN 접합에 광 검출 기능을 더한 일종의 포토다이오드와 원리가 같다. 빛 에너지가 PN접합 반도체에 침투하여 기전력을 일으키는 원리를 '광센서'로 이용하는 것이 포토다이오드라면, 솔라 셀(solar cell)은 태양빛을 받기 쉽게 구조적으로 면적을 넓게 하고 출력 에너지를 우선하는 것으로서 큰 전력을 생산할 수 있도록 목적을 두고 있는 것이 다르다.

포토다이오드나 태양전지는 원리적으로 광기전력 효과 소자임에 틀림없으나 태양전지에 사용되는 재료에는 Si 단결정, a-Si(amorphous silicon) 등이 사용되고 있으며, 그 외에 Se(셀렌), GaAs(갈륨비소) 등도 사용수 있다.

[표 2-3]은 a-Si 태양전지와 단결정 Si 태양전지의 특징을 비교한 것이다. 주요한 차이는 출력 효율, 분광 감도 특성인데 a-Si는 그 성질상 시감도에 가까운 분광 감도 특성을 가지고 있는 것으로서 인간의 눈과 똑같은 느낌을 갖는다.

[표 2-3] 포토다이오드와 솔라 셀의 비교

구 분	동작 원리	활용 목적 (제품)	크기[mm]	제품의 종류
포토다이오드	광기전력 효과	빛 세기 → 전압 크기(센서)	1×1	칩, IC 타입
솔라 셀	광기전력 효과	빛 에너지 → 전력(발전기)	100×100	Cell, Module, Array

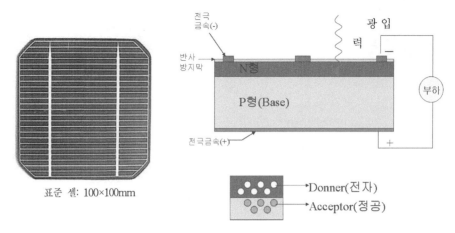

[그림 2-43] 표준형 Solar Cell의 외형과 원리적 구조

그러므로 조도계, 카메라 등 소위 인간을 대상으로 한 광센서로서 폭넓게 사용되고 있다. 또 전력 파워를 우선하는 경우는 형광등 아래서 사용하는 전자계산기의 에너지원으로 최적이다.

[표 2-4] a-Si 태양전지와 단결정 Si 태양전지의 비교

사용 재료 비교 항목	a-Si 태양전지	Si 단결정
출력 효율 (광전변환효율)	4 ~ 15%	15 ~ 20%
분광 감도 특성	시감도에 가깝다.	근적외 광에 피크(800~900nm) 파장 감도를 갖는다.
소재의 두께	1μm이하의 비결정 실리콘	200~510μm의 단결정 실리콘
수명, 신뢰성	비결정이기 때문에 강한 입사광에 대한 소자가 열화하기 쉽다.	단결정이기 때문에 반영구적이다.
구조 및 가격	넓은 면적, 만곡 구조의 소자를 만들 수 있다. 제조 가격이 저렴하다.	대형 소자를 만들기 어렵다. 일반적으로 고가이다.

PN접합부 부근의 정공과 전자들이 경계면을 넘어 확산, 결합하면 떠나간 전자와 정공들로 인해 공간 전하가 생기고 그 전하에 의해 전계가 형성된다.

광선이 PN접합부까지 침투하면, 그곳의 원자와 충돌하면서 전하의 쌍을 만들어 낸다. 이 전하들 중 정공(+)은 P쪽 전계 방향으로 밀려가고, 전자(-)들은 N쪽 전계 반대 방향으로 밀려가면서 약 0.6[V] 정도의 기전력을 발생케 된다.

솔라 셀의 양극(+)은 P형 쪽이고 N형은 음극(-), 빛을 받아들이는 위쪽이다.

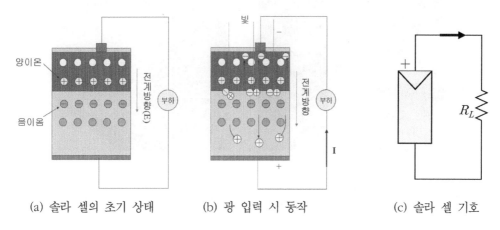

(a) 솔라 셀의 초기 상태   (b) 광 입력 시 동작   (c) 솔라 셀 기호

[그림 2-44] Solar Cell(태양전지)의 원리

솔라 셀의 전압-전류 특성은 아래 그림과 같다. 셀의 최대 단자전압은 전류 제로일 때 약 0.56[V]이다. 부하전류가 증가할수록 셀의 단자전압은 떨어지고 단락 시에는 0[V]까지 떨어진 다. 솔라 셀의 유효 전력은 전압과 전류를 곱한 크기로 점선과 같다. 이 곡선을 보면 전류가 작으면 전력도 작지만 3A를 넘어서면 다시 줄어든다. 전력 효율이 최고일 때의 전압과 전류는 각각 0.5[V], 3[A]이고 이때를 최대 전력점(MPP: maximum power point)이라 한다.

[그림 2-46]은 여러 가지 태양전지의 구성을 나타낸다.

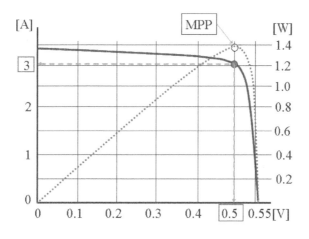

[그림 2-45] 솔라 셀의 전압-전류 특성

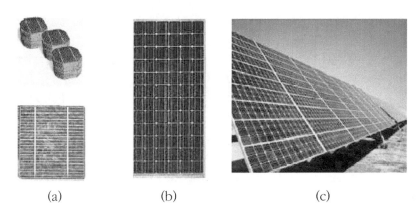

그림 2-46 (a) 태양전지(solar cell) (b) 태양광 모듈(PV module)
(c) 태양광 어레이(PV array)

02. 태양전지의 적용

솔라 셀 하나의 단자전압은 0.5[V]로 너무 작다. 그래서 필요한 전압을 얻기 위해 셀들을 직렬로 접속하여 사용한다. 6개를 직렬로 연결하면 소형 계산기에 사용할 수 있고, 12[V] 축전지에 저장하였다가 사용하기 위해서는 36개의 표준 셀을 직렬로 접속하여 사용하는데 이것을 『솔라 모듈』이라 한다. 솔라 모듈의 정격전압은 17.4[V], 정격전류는 3.05[A]이다. 그러나 이것으로는 큰 에너지를 얻을 수 없다. 그래서 모듈 20개를 직병렬 접속하면 약 1[KW], 60개를 모으면 3[KW]의 전력을 얻을 수 있다. 이러한 대규모 모듈의 집합을 『솔라 어레이(Solar Array)』라 부른다. 일반적인 가정용으로는 2~3[KW] 규모의 솔라 어레이를 설치하는데 태양이 비추일 때 전력을 생산하여 공공 전력망에 공급해 주다가 필요할 때 공공 전력망으로부터 공급받아 사용하는 방식을 『계통 연계형 태양광 발전 시스템』이라고 부른다.

[그림 2-47]은 태양의 복사에너지와 솔라 셀의 생산 전력에너지의 비교해서 보여준다. [그림 2-48]은 태양전지의 여러 가지 응용으로써 소형 제품에 응용, 유연성 있는 솔라 판넬, 단결정 솔라 모듈과 다결정 솔라 모듈 및 200[KW]급의 태양광 발전 설비이다.

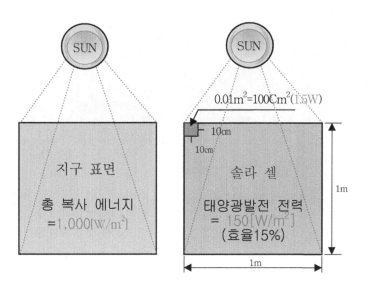

지구 표면

총 복사 에너지
=1,000[W/m²]

$0.01m^2 = 100Cm^2(1.5W)$

10cm

10cm

솔라 셀

태양광발전 전력
= 150[W/m²]
(효율15%)

1m

1m

[그림 2-47] 태양의 복사에너지와 솔라 셀의 생산 전력 에너지의 비교

① 소형 제품의 응용 예

② Flexible Solar panel

③ 다결정 태양전지, 단결정 태양전지,
   박막 태양전지

④ 해안가에 설치된 200KW급의 태양광
   발전 설비

[그림 2-48] 태양전지의 응용 예

[그림 2-49] 태양광 발전기 적용 예(공공시설 및 기념관 등)

CHAPTER **03**

온도 센서

제1절   온도 센서의 개요

온도라는 것은 모든 물질의 원자 또는 분자가 갖고 있는 운동 또는 진동 에너지의 크기를 말하며 이 에너지가 열이다.

즉, 온도는 물리적 상태의 일종이지만 이것을 직접 계측할 수는 없고, 변위, 압력, 저항, 전압, 주파수 등의 물리적량으로 변환하여 계측하여야 한다.

온도의 계측은 온도 센서를 측정 대상물과 열적으로 접촉시켜 양자의 온도를 같게 하는 접촉식과 센서와 대상물을 접촉시키지 않고 열방사를 이용한 비접촉식 계측이 있다.

01. 온도 센서의 개요

온도를 전압이나 저항 변화와 같은 전기신호로 변환한다면 온도 센서라 한다. 예를 들면 반도체는 통상 온도가 상승하면 그의 저항이 감소한다. 이는 서미스터나 IC 온도 센서가 있다. 또 서로 다른 종류의 금속 2개를 접합하고 접점간에 온도차가 있으면 기전력이 발생한다. 대표적인 것은 열전대(thermocouple)가 있다.

[표 3-1] 온도 센서의 종류와 특징

원 리		종 류		온도 범위	특 징
접촉형 온도 센서	전기 저항	측온 저항체	Pt(백금)	-200~640	사용 범위가 넓다. 정밀도, 재현성이 좋다.
			Cu(구리)	0~120	사용온도 범위가 좁다.
			Ni(니켈)	-50~300	사용온도 범위가 좁다. 온도계수가 크다.
			Pt-Co(백금-코발트)	2~300K	재현성이 좋다. 실온까지 사용할 수 있다.
		서미스터 Ther-mistor	NTC	-100~700	각종 온도 측정, 전류억제
			PTC	-50~150	온도 스위치, 화재경보기, 항온 발열
			CTR	0~150	온도 경보, 과열방지, 서지 방지

			범위	특징
열기전력	열전대 Thermo-couple	R(⊖백금-⊕로듐)	200~1400	정밀도가 높고 분산이나 열화도 적다.
		K(⊕크로멜-⊖알로멜)	0~1000	열기전력 특성의 직선성이 좋다.
		E(⊕크로멜-⊖콘스탄탄)	-200~700	감도가 현용 열전쌍 중에서 최고
		J(⊕철-⊖콘스탄탄)	0~600	환원성 분위기에 사용 가능, 특성에 편차가 크다.
반도체	PN접합	다이오드(트랜지스터)	-50~100	트랜지스터의 B-E간의 순방향 온도 특성 이용
		IC	-55~150	Linear한 전압(전류) 출력을 얻을 수 있다.
탄성	진동	수정진동자	-100~220	고분해능, 주파수를 이용하므로 디지털의 출력
		SAW(탄성 표면파)	-100~200	고체 표면을 따라 진동, 수정진동자와 같은 특징
물성		NQR온도계(핵공명)	-183~125	가장 고정밀도, 핵 4중극 공명현상의 온도 특성
		액정온도계	0~220	온도를 직접 인간의 시각(색)에 작용하는 센서
비접촉형 온도 센서	적외방사	열형	서모파일	-20~80	소자의 냉각이 불필요한 점, 파장 의존성이 없음
			파이로	-20~100	파장 감도 의존성이 없다. 리모트 온도 계측이 가능
		양자형	반도체	-20~50	파장 감도 의존성이 크다.

※ 백금 측온저항체 온도계수: $\alpha = +0.003916/℃$, 구리 측온저항체 온도계수: $\alpha = +0.004250/℃$, 방사온도계 온도 검출범위 : 200~2500[℃]

 한편 온도 계측용으로 사용되는 센서는 설치 장소, 프로세스, 측정 대상의 물리적 특성 등에 따라 매우 다르나 이를 용도에 따라 나누면 측정 대상물에 직접 접촉하는 접촉형과 피측정 물체에서 방사되는 적외선을 비접촉으로 측정하는 비접촉형이 있다. [표 3-1]은 온도센서의 종류와 특징을 나타낸다.

 이 단원에서는 접촉식 온도 센서 중에서 대표적으로 가장 많이 활용되는 감온저항체(thermal resistor)로 서미스터(thermistor), 백금(Pt) 측온저항체와 열전대(thermocouple), IC화 온도 센서 등을 설명하고 열형 초전 센서는 광센서 중에서 적외선 센서에서 일부 다루어 졌으므로 생략한다.

02. 온도 눈금

 온도 눈금으로서 보통 잘 이용되는 것이 스웨덴의 천문학자 Anders Celsius(1701~1744)가 제안한 섭씨(celsius) 눈금으로 이것은 온도가 낮은점(빙점)을 0[℃] 높은점(증기점)을 100[℃]로 하고 이 사이를 100등분한 것이다.

구미에서는 G. D. Fahrenheit가 1714년에 제안한 화씨[°F]를 주로 이용하는데 이것은 0[°F]를 얼음과 소금과의 혼합물이 어는 온도로 하고 인간의 체온을 96[°F] 또는 36[℃]로 하여 이 사이를 180등분 한 것이다. 따라서 32[°F]는 0[℃], 212[°F]는 100[℃]에 해당한다.

또한 1850년 영국의 물리학자 Lord Kelvin은 역학적으로 온도를 나타낸 절대온도를 이용하였다.

가. 국제 실용 온도눈금(IPTS)과 온도 측정

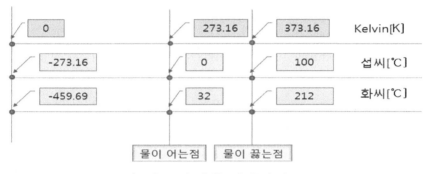

[그림 3-1] 각 온도 눈금의 비교

※ 섭씨, 화씨, 절대온도 눈금 사이의 관계

$$K = °C + 273.16$$
$$°C = K - 273.16$$
$$°F = 1.8°C + 32$$

국제적으로는 1968년 제정된 실용 온도눈금(IPTS-68: International Practical Temperature Scale of 1968)을 이용하고 있다. IPTS-68은 실제의 열역학을 기초로 한 것과 어느 정도의 차이가 발생하여 켈빈 온도[°K]를 기본으로 제정한 ITS-90(International Temperature Scale of 1990)이 이용되게 되었다. [그림 3-1]은 각 온도 눈금의 비교를 나타낸다. ITS-90에서 섭씨온도는 식 (3-1)로 주어진다.

$$[℃] = [K] - 273.16 \tag{3-1}$$
$$[K] = [℃] + 273.16$$

01. 서미스터 개요

서미스터(thermistor: **therm**ally sensitive res**istor**)는 온도 변화에 민감한 저항 소자라는 뜻을 포함하는 영문 약어이다. 주로 반도체 저항이 온도에 따라 변하는 특성을 이용한 온도 센서이다.

서미스터는 반도체이면서 세라믹스의 일종으로 소결체이다. 세라믹 서미스터 온도 센서의 용도에 따른 분류를 [표 3-2]에 나타낸다.

[표 3-2] 세라믹 서미스터 온도 센서의 용도

온도 센서	기능 재료	용 도
서미스터 NTC 에어컨, 자동차	NiO, FeO, CoO, MnO, SiC	복사기, 냉장고, 급탕기, 전자레인지
PTC CTR	$BaTiO_3$ VO_2, V_2O_3	전자밥솥, 전자포트
감온 페라이트	Mn-ZnrP 페라이트	전자자, 복사기, 자동판매기, 자동차, 비디오테이프, 레코드, 에어컨
초전형 적외선 센서	$LiTiO_3$, $LiNaO_3$, PZT, PLZT, $SrTiO_3$, $PbTiO_3$	전자레인지, 운동물체 검출
SAW 온도 센서	$LiNaO_3$	운동물체 검출
수정 온도 센서	수정	냉 · 난방기

02. 서미스터의 종류

서미스터는 감온 반도체로서 온도와 출력 특성의 차이에 의해

① NTC (negative temperature coefficient thermistor)

② PTC (positive temperature coefficient thermistor)

③ CTR (critical temperature resistor)

의 3종류가 있다.

서미스터는 MnO, CoO, NiO 등의 천이 금속 산화물을 이용해 저항이 온도 상승과 더불어 현저히 감소하는 성질을 이용한 NTC형과 $BaTiO_3$ 계의 반도체를 이용해 온도 상승과 더불어 저항값이 증가하는 PTC형, 임계온도에서 온도가 급격히 변화하는 성질을 이용한 CTR형 등으로 구분된다. 사용 온도 범위에 따라 저온용과 고온용으로 구분되고 제조 기술에 따라 박막 서미스터 후막 서미스터 등으로 구분되기도 한다.

가. NTC

부의 온도계수를 가지고 연속적으로 전기 저항이 변화하는 서미스터로서 NTC라고 약칭한다.

NTC는 NiO, CoO, MnO, Fe_2O_3 등을 주성분으로 그 저항값은 공기 중에서도 안정하며 서미스터로서 매우 적당하다. 현재 많이 사용되는 서미스터 정수가 2000K ~ 5000K 정도이고, 사용 온도는 $-50 \sim 300℃$ 정도이다.

[그림 3-2]는 NTC 서미스터의 온도-저항 특성을 나타낸 것이고 [그림 3-3]은 각종 서미스터의 모양을 나타낸 것이다.

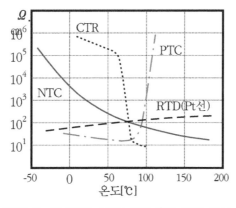

[그림 3-2] NTC 서미스터의 온도 저항 특성

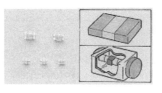

(a) 와이어형   (b) 칩형   (c) 다이오드형   (d) 프레임형

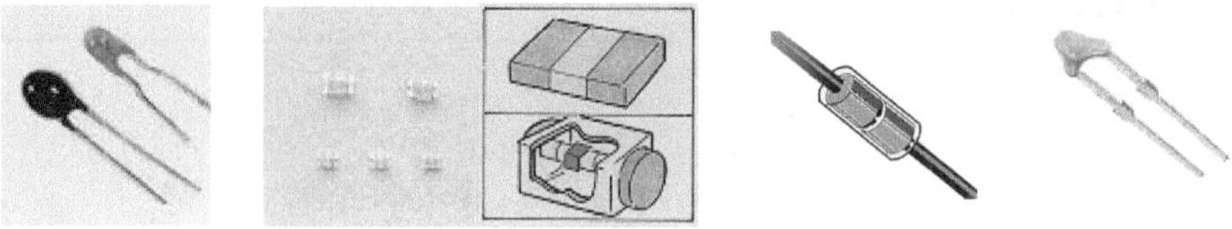

[그림 3-3] NTC의 제품 형태

NTC형 서미스터는 반도체 재료이므로 온도에 따른 저항이 변화는 성질을 갖고 있으므로 온도 특성 식 (3-2)로 표현 할 수 있다. 식 (3-3)의 결과를 놓고 볼 때 NTC 서미스터는 온도 상승에 따라 저항값이 지수함수로 감소한다. [그림 3-2]에서 RTD(Pt선)은 금속이기 때문에 저항 온도 특성이 아래 식 (3-2)와 같으며 온도 상승에 따라 저항이 선형적으로 증가하는 특성을 갖고 있다.

금속의 저항-온도: $R_T = R_o \left[1 + \alpha (T - T_0) \right]$ (3-2)

NTC 서미스터 : $R_T = R_o \, e^{\beta (1/T - 1/T_0)}$ (3-3)

여기시 T_0: 기준 온도 (25℃)

T: 측정 온도

R_o: 기준 온도에서 서미스터 저항

R_T: 온도 T에서 저항

α : 저항 온도계수(구리는 +0.0039 Ω/℃)

β : 서미스터 정수(켈빈에서 보통 1,500~7,000[K]) 이 값은 메이커 및 재료에 따라 결정된다.

나. PTC

PTC 서미스터는 그 주성분인 티탄산바륨($BaTiO_3$)에 미량의 희토류 원소(Y :이트륨, La :란탄, Dy :디스프로슘)를 첨가하여 전도성을 갖게 한 N형 티탄산 바륨계 산화물 반도체의 일종이다.

티탄산바륨($BaTiO_3$) 특유의 큐리점에 있어서 상전이에 따라 전기 전도성이 현저하게 변환하는 성질, 바꾸어 말하면 소자가 특정한 온도에 달하면 저항값이 급격히 증대하는 성질을 가지며 [그림 3-2]에 나타낸 바와 같이 부온도 계수를 가진 NTC 서미스터와 대칭적인 온도 특성을 나타낸다.

이와 같은 성질을 가진 PTC 서미스터는 그 구조가 간단하기 때문에 전류 제한 소자, 과전류 보호용, 정온도 발열체 등의 응용 분야에 사용된다.

(1) PTC 온도 센서로서의 응용

PTC 서미스터를 온도 센서로 사용할 때는 PTC 서미스터 자체는 줄(Joule) 열에 의한 자기 발열을 수반하지 않으며, 저항과 온도 특성에서의 퀴리 온도 부근의 전기 저항 변화를 검지하고 SCR(사이리스터)이나 트라이액 등의 위상 제어회로 또는 IC 비교기 회로와 조합한 센서 소자로 사용된다.

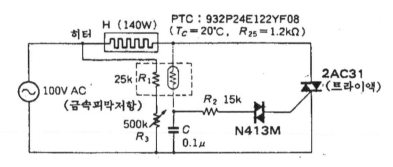

[그림 3-4] PTC를 이용한 전기모포의 온도 제어회로

[그림 3-4]는 전기모포의 온도 컨트롤용으로 방열형 PTC 서미스터(고정저항과 일체화)를 트라이액 위상 제어회로에 조합시킨 예인데, 전원전압 변동의 보상과 온도센서로서의 양 기능을 갖고 있다.

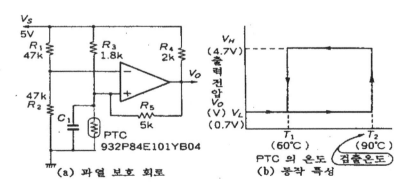

[그림 3-5] PTC를 이용한 과열 보호회로

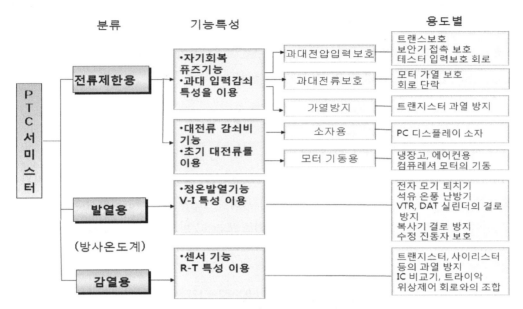

[그림 3-6] PTC 서미스터의 용도별 분류

[그림 3-5] (a)는 스위칭 전원의 파워 트랜지스터 또는 다이오드의 과열 보호용 IC 비교기와 조합한 예로서 러그 단자형 와셔가 붙은 PTC 서미스터를 트랜지스터 또는 히트싱크에 나사로 고정한다. 이들이 이상 발열하면 비교기 출력이 "L"에서 "H"로 전환되고, 이 신호 출력에 의해 장치를 제어하여 발열을 방지할 수 있다.

비교기에 정귀환을 걸면 [그림 3-5] (b)와 같이 동작 온도에서 히스테리시스를 가지며 채터링이 없는 안정한 온도 검출을 할 수 있다.

과대 입력, 과대 전류 및 이상 과열로부터 회로 부품을 보호할 목적으로 사용되며 이상 발생 시 동작 후에 일단 전원을 끊고 전원 재투입에 의해 다시 원래대로 사용할 수 있는 것이 특징이다. [그림 3-6]은 PTC 서미스터의 용도별 분류이다.

다. CTR

CTR은 온도 범위가 0~150[℃]로 매우 좁은 범위에서 저항값이 급격히 감소한다. CTR 소재로서 V_2O_4(산화바륨) 결정이 67[℃] 이하의 온도에서는 고저항으로 절연성을 나타내고, 67[℃] 이상의 고온에서는 금속전도를 나타내는 현상을 이용하여 일정 온도를 검출하는 온도 스위치로서 온도 경보, 과열 방지 및 서지 방지 등에 사용한다.

03. 서미스터 인터페이스

가. 개요

식 (3-3)에서 알 수 있는 바와 같이 서미스터는 온도-저항 변화 값은 지수함수적으로 변하므로 이를 전자회로를 이용해 선형화시켜 사용하여야 한다. 선형화 방법에는 여러 가지 방법이 이용된다.

나. OP-AMP를 이용하는 경우

[그림 3-7]과 같이 비반전 고입력 임피던스 특성을 갖는 OP-AMP를 이용하는 것으로 서미스터의 저항치가 크면 OP-AMP의 임피던스도 무시할 수 없으므로 고입력 임피던스 OP-AMP를 선택한다. [표 3-3]은 고입력 임피던스와 범용 OP-AMP를 예로 비교해서 나타낸 것이다.

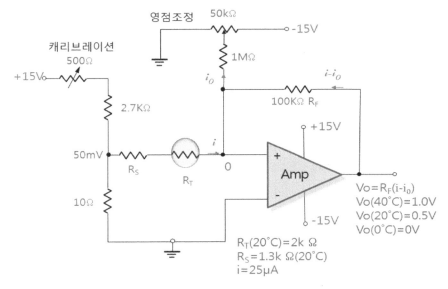

[그림 3-7] OP-AMP를 이용한 서미스터 회로

[표 3-3] 고입력 임피던스 OP-AMP 자료

부품명	특성			전원	비고
	입력 임피던스	출력 임피던스	주요 사항		
CA3140	1.5 TΩ	60Ω	초고 입력 임피던스 BiMOS OP-AMP	양전원	$T = 10^{12}$
LF356	1 TΩ		저잡음 고입력 임피던스 FET OP-AMP	양전원	Single
LM741	980 kΩ	120Ω	범용, TR OP-AMP	양전원	Single

다. 리니어 서미스터를 이용하는 법

2~3개의 서미스터를 적당히 조합하여 비직선 부분을 상쇄시키는 방법으로 100[Ω] 이하이면 매우 양호한 특성을 얻을 수 있으나 소자 특성이 같아야 하고 가격이 비싸지는 것이 단점이다. [그림 3-8]은 직렬 및 병렬회로를 이용한 선형화 회로이다.

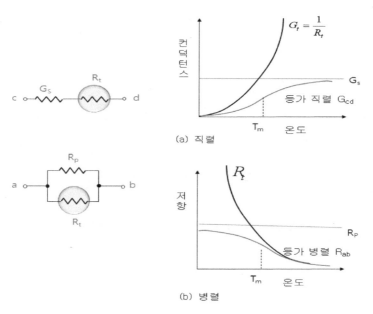

[그림 3-8] 직렬 및 병렬회로를 이용한 선형화 회로

라. 전압 분배 회로

[그림 3-9]와 같이 고정저항에 서미스터를 직렬로 회로를 구성하고 직류전압을 공급하면 온도변화에 따른 서미스터 양단 출력전압 응답을 식 (3-4)로 표현할 수 있다. 또는 온도 변화에 따른 서미스터 저항 변화 응답을 고려한다면 식 (3-5)와 같다.

$$V_o = \frac{R_T}{R + R_T} V \tag{3-4}$$

$$V_o = \frac{R_T \pm \Delta R}{R + (R_T \pm \Delta R)} V \tag{3-5}$$

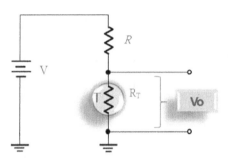

[그림 3-9] 빈-브리지 회로

이 회로는 반-브리지 회로라고 부르기도 하는데 구조가 간단하고 가격이 저렴하다. 그러나 여러 가지 결점을 갖고 있다. 반-브리지 회로의 출력 전압은 서미스터 저항이 0이 되지 않고는 결코 0이 될 수 없다. 이 문제를 해결하는 방법은 병렬로 반-브리지 회로를 사용하면 되고, 그리고 각각의 출력 전압 사이의 차를 얻을 수 있다. 이 회로의 형태를 [그림 3-10](a)에 보여주고 있으며, 휘트스톤 브리지(Wheatstone bridge)라 한다.

휘트스톤 브리지는 2개의 전압분배기 형태로 4개의 저항으로 구성되어 있다. 2개의 반-브리지 출력전압 V_A와 V_B의 표현은 전압분배기의 방정식 (3-6)으로 나타낸다. 출력전압 V_o는 식 (3-7)과 (3-8)로 나타낸다.

$$V_A = \frac{R_t}{R_1 + R_t} V, \quad V_B = \frac{R_3}{R_2 + R_3} V \tag{3-6}$$

$$V_o = V_A - V_B \tag{3-7}$$

$$V_o = \left(\frac{R_t}{R_1 + R_t} - \frac{R_3}{R_2 + R_3} \right) V \tag{3-8}$$

방정식 (3-7)에서 출력전압 V_o는 V_A와 V_B가 같을 때 0이 되는 것을 보여 준다. 0℃ 조건에 대해서 브리지를 평형 되게 0으로 출력전압을 조정할 수 있다. 평행은 $R_1 = R_2 = R_3 = R_o$일 때 이루어 질 수 있다. R_o는 서미스터의 빙점(0℃) 저항이다. 또 다른 평형 조건을 이루게 하는 방법은 2개의 반-브리지가 같으면 저항의 비가 만들어진다.

$$\frac{R_1}{R_t} = \frac{R_2}{R_3}$$ (3-9)

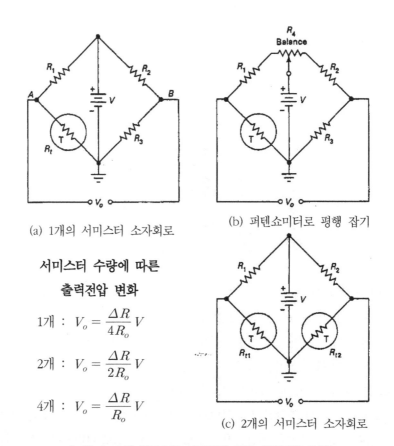

(a) 1개의 서미스터 소자회로

(b) 퍼텐쇼미터로 평행 잡기

서미스터 수량에 따른 출력전압 변화

1개 : $V_o = \dfrac{\Delta R}{4R_o}V$

2개 : $V_o = \dfrac{\Delta R}{2R_o}V$

4개 : $V_o = \dfrac{\Delta R}{R_o}V$

(c) 2개의 서미스터 소자회로

[그림 3-10] 휘트스톤 브리지에 의한 출력전압 측정

식 (3-9)는 실질적인 브리지 설계에 많이 쓰인다.

[그림 3-10]과 같이 휘트스톤 브리지 회로에서 서미스터의 사용 숫자에 따라서 출력전압이 차이가 있음을 알 수 있다.

제3절 | 서모커플(T/C)

01. 서모커플의 개요

1821년 제어벡(Thomas Johann Seebeck)이 발견한 제어벡 효과(seebeck effect)란 두 종류의 금속을 접합하여 폐회로를 만들고 두 접합점의 온도 차를 다르게 유지하면 금속 간에 기전력이 발생하여 전류가 흐르는 현상을 말한다. 이것을 서모커플 일명 열전대라 한다.

[그림 3-11]과 같이 폐회로에서 금속 C선을 중간에 잘라 전압계를 접속하면 2점 간(TC_1, TC_2)의 온도차에 의해 발생한 열기전력을 측정할 수 있다. 역으로 온도 차(T_1-T_2)를 알 수 있다. 이것이 서모커플(thermocouple : T/C)의 온도 센서의 원리이다.

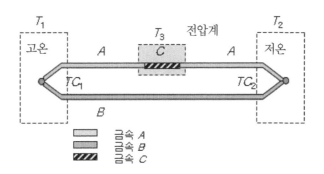

[그림 3-11] 열전대의 원리

공업용으로서는 내압, 내식성 등이 있어야 하므로 열전대 선을 보호관에 넣어 사용하는 것이 보통이다. 공업용 열전대 접합 부분을 용접하고 세라믹 절연관을 통해 보호관에 넣고 한쪽은 설치할 외부 보상 도선에 접속할 수 있도록 되어있다. [그림 3-12]은 공업용 열전대의 구조를 나타낸다.

[그림 3-13]는 공업용 열전대의 설치 방법을 나타낸 것이다.

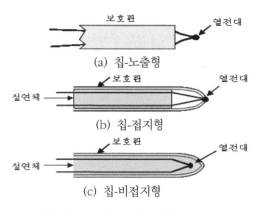

(a) 칩-노출형

(b) 칩-접지형

(c) 칩-비접지형

[그림 3-12] 공업용 열전대 패키지

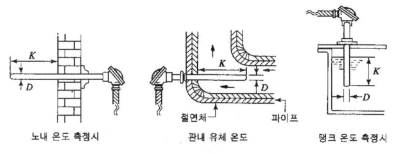

노내 온도 측정시   관내 유체 온도   탱크 온도 측정시

K : 삽입 길이($K \geq 20D$)
D : 보호관의 바깥지름

[그림 3-13] 각종 열전대의 설치 방법

가. 서모커플의 특징

열전쌍은 다른 온도 센서에 비해 다음과 같은 특징을 갖고 있다.

- 접촉식 온도계 중 가장 높은 온도를 측정할 수 있는 온도계다.
- 측정 장치에 전원이 불필요하다.
- 제어백 효과(seebeck effect)를 이용한 온도계다.
- 기준 접점을 가지고 있는 온도계다.(단점)
- 냉접점의 온도를 0[℃]로 유지하고 0[℃]가 아닌 때에는 보정할 필요가 있다.(단점)
- 원거리 측정, 기록 및 자동 제어에 적용이 가능하다.
- 사용 온도 범위가 넓고 가격이 비교적 저렴하며 내구성 우수
- 응답이 빠르고 시간 지연(time lag)에 의한 오차가 비교적 적다.
- 적절한 열전대를 선정하면 0~2500[℃] 온도 범위의 측정이 가능하다.

- 특정의 점이나 좁은 장소의 온도 측정이 가능하다.
- 온도가 열기전력으로써 검출되므로 측정, 조절, 증폭, 변환 등의 정보 처리가 용이하다.

02. 서모커플의 종류

공업용으로 개발되어 사용 중인 것은 용도·목적에 따라 특성이 매우 다르고 종류도 다양하다. 주로 공업계측용으로 개발되어 이용되고 있는 것은 K형, R형, J형, T형 열전대 등이 있다.

[표 3-4]는 이들 종류와 특징을 [그림 3-14]는 열전대 온도 특성을 나타낸 것이다. 표에서 다른 열전대는 R, K, J, T 형의 특성을 기준으로 조금씩 변형시킨 것이므로 이들 4가지를 기준 열전대라 한다. K형은 가장 많이 사용하는 열전대로서, 크로멜은 크롬(Cr)과 니켈(Ni)의 합금이고, 알루멜은 알미늄(Al)과 니켈(Ni)의 합금이다. K형 열전대는 접합 간의 온도 차 1[K]당 40[μV], 100도 차이에는 4[mV]의 기전력이 얻어진다.

[표 3-4] 열전대 종류와 특징

명칭	소 선 성 분		사용온도범위	특 징
	+각(+leg)	-각(-leg)		
K	크로멜 Ni(90%),Cr(10%)	알루멜 Ni(90%),Al,Mn,Si 소량.	-200~+1,000℃ (+1,200℃)	- 기전력, 직선성 - 산화성 분위기에 적합 - 금속 증기에 강하다. - 약간의 이력 변화 있다.
J	Ir	콘스탄탄 (니켈, 동)	-200~+600℃ (+800℃)	- 가격 싸고 열전능 크다. - 기전력, 직선성, 환원성 좋다.
T	Cu	콘스탄탄 (니켈, 동)	-200~+300℃ (+350℃)	- 가격이 싸고 저온에 특성이 좋다. - 열전도 오차가 다소 크다.
R	Pt(87%),Rh(13%)	Pt	0~+1,400℃ (+1,600℃)	- 안정성이 좋다. - 표준 열전대에 적합 - 수소, 금속증기에 약하다. - 이력 변화 보상도 오차 크다.
E	크로멜	콘스탄탄 (Ni(45%),Cu(55%)	-200~+700℃ (+800℃)	- K 열전대보다 가격 싸고 - 열전능력 크다. - 비자성이라 이력 변화 있다.
B	Pt(70%),Rh(30%)	Pt(94%,Rh(6%)	+300~+1,550℃(+ 800℃)	- 상온에서 열전능 극히 약하다. - 특성의 차가 큰 경우도 있다.

* +각 : 측온접점이 기준접점 온도보다 고온에 있을 때 열기전력을 측정하는 계기의 +단자에 접속하는 단자,
* -각 : 이때 반대쪽의 단자, * ( )는 과열 사용한도

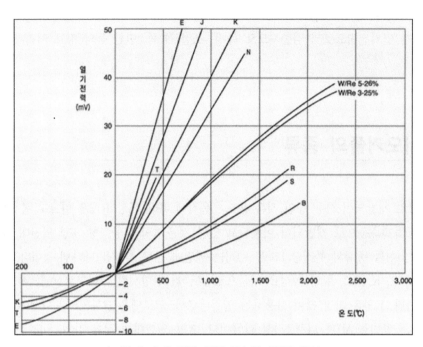

[그림 3-14] 각종 열전대의 열기전력 특성

[그림 3-15]는 공업용 열전대의 실제 모양을 나타낸다.

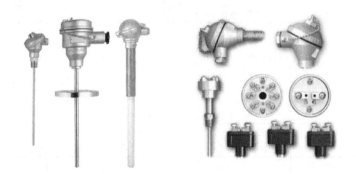

[그림 3-15] 공업용 열전대의 실물

제4절 측온 저항체

01. 측온 저항체의 개요

온도 센서의 소재로서 서미스터(thermister), 백금 등을 이용한 측온 저항체(RTD), 열전대(thermocople), 적외선 센서, 감온 페라이트 등 다양한 종류가 있는데, 이 중 저항식 온도 센서로 주로 사용되는 백금 측온 저항체의 경우, 다른 소자에 비해 저항의 변화가 크고 넓은 온도 영역에서 직선성이 좋아 선형 상태를 유지하며 서미스터와는 달리 센서 간의 호환성이 보증되고 재질적으로도 매우 안전된 상태를 갖고 있으므로 장기적으로 고정밀도의 측정에 용이하다.

흔히 RTD라 불리는 백금 측온저항체(Pt RTD : resistance temperature detector)는 그 중에서 가장 안정하고 측온 범위가 넓기 때문에 고정밀도를 필요로 하는 온도 계측에 사용되고 있다.

일반적으로 물질의 전기저항은 온도에 의해서 변화하는 것으로 알려져 있다. 금속은 온도에 비례해서 전기저항이 증가하는 양(+)의 온도계수를 갖고 있으며 금속의 순도가 높을수록 이 온도계수는 커진다.

측온 저항체는 백금, 니켈, 동 등의 순금속을 사용하며 따라서 이들 금속의 전기저항을 측정함으로써 온도를 알 수 있는데 표준 온도계나 공업 계측에 널리 이용되고 있는 것은 고순도(99.999% 이상)의 백금선이다.

가. 원리와 구성

[그림 3-16]에서 보면 금속의 저항률 ρ는 온도 t를 변화시켜 실측해서 얻어진 결과이다. 저항률 ρ는 온도 t에 거의 비례하는 것을 알 수 있다. 이것을 식으로 표현해 보면 $\rho \propto 1 + \alpha t$가 된다. 비례상수 온도 0[℃]에서 저항률을 ρ_0라 하면 이식은 다음과 같이 된다.

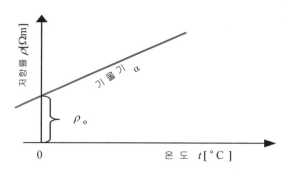

[그림 3-16] 금속 저항률의 온도에 의한 변화

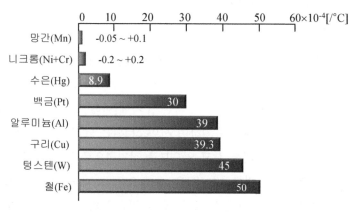

[그림 3-17] 여러 가지 금속의 저항 온도계수(20℃에서)

$$\rho = \rho_o(1 + \alpha t) \tag{3-10}$$

식 (3-10)에 의하면 ρ_o는 온도 t=0[℃]일 때의 ρ의 값이라는 것을 알 수 있다. α를 저항온도 계수라고 부르고 있다. [그림 3-17]에 주요 금속의 저항 온도 계수값을 나타낸다.

금속체의 길이 l이나 단면적 S가 온도에 의하여 변하는 양은 적으므로 이것을 무시하면 식 (3-10)의 양변에 $1/S$을 곱하여 저항 R이 다음과 같이 얻어진다. R_o는 t=0[℃]일 때의 저항이다.

$$R = R_o(1 + \alpha t) \tag{3-11}$$

금속의 저항을 측정하여 온도를 구하는 온도 센서를 측온 저항체라 부르고 있다. 측온 저항 체의 실제 구조는 가는 백금선을 마이카나 유리로 감고 보호관에 집어넣은 것이다[그림 3-18]. 이것을 액체나 기체 중에 놓아서 사용한다.

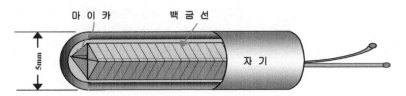

마 이 카   백 금 선

5mm

자 기

[그림 3-18] 보호관 부착 백금 측온 저항체의 구조

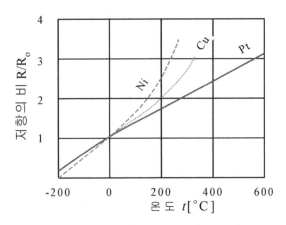

[그림 3-19] 측온 저항체의 온도 특성

[그림 3-19]의 백금측온 저항체 저항 R의 온도 특성 그림에서 R_0는 0[℃]에서의 저항이다. 커브의 기울기가 저항온도 계수 α가 된다. 이것을 [그림 3-19]에서 구해 보면 $-200{\sim}0[℃]$ 범위 에서는 4.1[%/℃], 400~600[℃] 범위에서는 3.4[%/℃]로 되어 있다.

백금 측온 저항체는 열전대와는 다르고, 기준 온도를 필요로 하지 않기 때문에 어디에도 사 용할 수 있고 각종 공업용계측에 많이 사용되고 있다.

02. 측온 저항체의 종류와 특징

가. 측온 저항체용 재료의 요구 조건

- 저항의 온도 계수가 크고 직선성(linearity)이 좋아야 한다.
- 넓은 온도 범위에서 안정하게 사용할 수 있어야 한다.

- 소선의 가공이 용이해야 한다.

등이 요구된다. 이들 조건에 가장 부합하는 재료가 백금 측온 저항체이므로 백금 측온 저항체만이 규격화되어 있다.

나. 백금 측온 저항체의 특징

백금 측온 저항체는 실용화되어 있는 온도 센서 중에서 가장 안정되고 고정밀도의 온도 계측을 할 수 있다는 것이 큰 특징이다.

(1) 장점

- 안정도가 높다.
- 감도가 크다.

Pt 100[Ω]의 경우 1[℃]당의 저항값 변화는 약 0.4[Ω]이며, 이것에 2[mA]의 전류를 흘려 사용하면 0.8[mV/℃]의 출력전압이 얻어 진다. 이것은 열전쌍 K형의 20[℃] 상당의 열기전력에 해당된다.

- 열전쌍의 경우와 같이 기준 접점 보상 회로가 필요 없으며 저항값을 구하면 바로 온도가 구해진다.
- 비교적 간단한 부가회로에 의해 직선 출력이 얻어진다.

(2) 단점

- 저항소자의 구조가 복잡하기 때문에 형상이 크다. 따라서 응답이 느리고 좁은 장소의 측정에는 부적합하다.
- 고온 측정은 할 수 없다. 최고 사용 온도가 600[℃] 정도로 낮게 되어 있다.
- 기계적 충격이나 진동에 약하다.
- 저항체의 가격이 비싸다.

[표 3-5] 측온 저항체의 종류와 특징

종 류	구성 재료	사용온도범위	특 징
백금(Pt) 측온 저항체	Pt	-200~640℃	● 사용 범위가 넓다. ● 정밀도, 재현성이 양호하다. ● 가장 안정하며 표준용으로도 사용 가능하다. ● 20K 이하에서는 측정 감도가 나쁘다. ● 자계의 영향이 크다.
구리(Cu) 측온 저항체	Cu	0~120℃	● 사용 온도 범위가 좁다.
니켈(Ni) 측온 저항체	Ni	-50~300℃	● 사용 온도 범위가 좁다. ● 온도 계수가 크다.
백금 코발트 측온 저항체 (Pt-Co)	Co 0.5%를 포함하는 백금-코발트 합금	2~300K	● 재생성이 좋다. ● 20K 이하에서도 감도가 좋다. ● 실온까지 사용 가능하다. ● 자계의 영향이 크다.

다. 백금 측온 저항체의 구조

실용화되어 있는 센서 중에서 가장 안정적이며 온도 범위가 넓으며 높은 정확도가 요구되는 온도 계측에 많이 사용된다.

백금 측온 저항체의 구조는 기계적 변형이나 진동, 충격 등에 의해 소선(素線)의 저항값, 온도계수, 소선이 단선되지 않아야 한다.

(1) 시스 측온 저항체(sheathed resistance temperature detector) :

시스형 측온 저항체는 금속 시스와 내부 도선 및 저항 소자의 사이에 분말 형상의 무기절연물(마그네시아: MgO)을 채워서 일체화한 구조의 측온 저항체이다. 보호관 봉입형에 비해서 가늘게 되고, 열 응답성과 내구성이 좋다. 선단의 소자 부분을 제외하면 시스를 꺾어 구부릴 수도 있고, 작은 틈에 삽입할 수도 있다. [그림 3-20]은 시스 측온 저항체의 내부 구조이다.

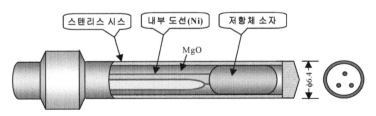

[그림 3-20] 시스 측온 저항체의 구조

(2) 마이카(mica) 측온 저항체 :

[그림 3-18]은 마이카식 측온 저항체 소자인데, 폭 3~10[㎜]의 가늘고 긴 마이카판의 양쪽에 톱니형의 홈을 파고 이 홈을 따라서 저항체가 감겨 있다.

(3) 글라스(glass) 봉입형 측온 저항체 :

글라스 봉입형 측온 저항체는 백금과 같은 열팽창 계수의 글라스 봉에 평행하는 두 홈을 만들고 여기에 백금선을 왕복으로 감고 있다.

이 구조의 소자는 소형이며 응답이 빠르고 진동에 강한 것이 특징이다. 최고 사용 온도는 400[℃] 정도이다.

(4) 세라믹(ceramic) 봉입형 측온 저항체 :

세라믹 봉입형 측온 저항체는 유리 대신에 세라믹을 사용한 것으로 600[℃] 정도의 고온까지 사용할 수 있다.

(5) 후막(thick film) 백금 온도 센서 :

후막 백금 온도 센서는 종래의 코일형에 비해 구조가 간단하고 기계적 충격에 강하다. 세라믹의 둥근 막대에 후막의 백금을 입혀서 그 위를 글라스로 절연하고 레이저에 의해 성능을 균등화한다. 따라서 충격에 강하고 넓은 온도 범위에서 고정밀도를 유지하고 있다. 또 자체 가열에 의한 온도 상승이 작고 측온 전류를 많이 흘릴 수 있다.

(6) 박막(thin film) 백금 온도센서 :

박막 백금 온도 센서는 백금을 진공 증착 또는 스퍼터링으로 기판 위에 박막 모양으로 붙인 백금 측온 저항체이다. 특징은 후막형과 같은 성격이다.

라. 백금 측온 저항체의 구동 회로

백금 측온 저항체를 온도 센서로 사용한 저항식 온도계의 기본 구성을 [그림 3-21]로 나타낸다.

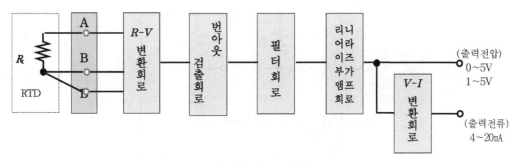

[그림 3-21] 백금측온 저항식 온도계의 구성

측온 저항체의 온도에 의한 저항값 변화는 『휘스톤 브리지 회로』를 기본으로 한 저항-전압 변환회로(R-V 변환회로)에 의해 전압신호로 변환된다. 필터회로에서 노이즈 성분을 제거한 다음 리니어라즈(linear analyze)가 부가된 앰프 회로에 들어간다. 여기에서는 온도에 대한 측온 저항체의 저항값 변화의 비직선성을 보정하고 온도에 대해 직선적인 직류전압(0~5V 또는 1~5V)으로 변환한다. 전류신호로 출력하는 경우는 전압-전류 변환기(V-I 변환기)로서 4~20[mA]의 통일된 신호로 변환한다. 전류출력형은 연속적으로 출력하므로 연속 출력형이라고 불려진다. 이 동작은 비례대 내에서 동작하며 비례대 하한값일 경우 20[mA]이며 상한값일 경우 4[mA]를 출력하고 설정값과 제어값의 변화에 따라 비례하게 출력한다. 이러한 출력은 전력조절기 등과 조합하여 사용한다. 단, 4~20[mA] 전류값은 부하저항이 600[Ω] 이하에서만 사용이 가능하다. 번아웃(burnout) 검출 회로는 측온 저항체의 내부 도선 또는 온도계의 입력 단자대에서 도선이 끊어진 경우, +측 또는 −측으로 스케일 오버시켜 센서 측의 이상을 알려주는 회로이다.

(1) 저항-전압(R-V) 변환 회로

측온 저항체는 인출 형식에 따라 2도선식(저항식), 3도선식(전압식), 4도선식(전류식)의 3종류로 나눌 수 있다. 보통 3도선식을 사용하고 있으나 4도선식을 사용하여 전기도선 저항 오차도 제거하여 정밀 측정이 가능하다.

[그림 3-22]에 3도선식(3-선식) 배선일 경우의 등가회로를 나타낸다. 이 방식에서는 $R_{l1} = R_{l2}$라 하면 도선저항이 브리지 양변에 분배되어 있으므로 도선저항의 영향이 무시할 수 있다. 단, 실제로 측온 저항체 R_t는 온도에 따라 변화하므로 $i_1 = i_2$의 조건이 무너지고 브리지 출력은 비직선 오차를 일으킨다.

그래서 실용적으로는 [그림 3-23]에 나타낸 바와 같은 「정전류 구동」에 의한 브리지 회로가 사용되고 있다. 이 회로에서는 R_t가 온도에 따라 변화해도 i_1은 정전류 구동이므로 일정하다. 따라서 R_t의 저항값 변화에 비례하는 출력전압을 얻을 수 있다.

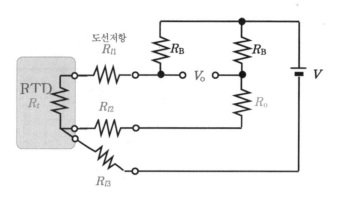

[그림 3-22] 3도선식 배선의 등가회로

$$V_0 = \frac{[(R_l + R_{l1}) - (R_0 + R_{l2})]R_B}{(R_B + R_t + R_{l1})(R_B + R_0 + R_{l2}) + R_{l3}(2R_B + R_t + R_l + R_0 + R_{l2})}$$

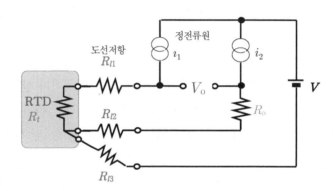

[그림 3-23] 정전류 브리지의 3선식 배선의 등가회로

[표 3-6] 측온 저항체 규격표시

항목	코드 표시	온도 특성	감도
- 저항치(Pt100Ω)	100	0[℃] 기준 Pt 100[Ω]	0.4[Ω/℃]
- 2선식 리드선	W		
- 3선식 리드선	X	Ni 508.4[Ω]	2.4[Ω/℃]
- 4선식 리드선	Y		
- 소선수(1선)	S	Pt 3000[Ω]	11.72[Ω/℃]
- 소선수(2선)	D		
- 정격 제한 전류(2mA)	02	Pt 1000[Ω]	3.8[Ω/℃] or 3.91[Ω/℃]
- 정격 제한 전류(5mA)	05		
- 정격 제한 전류(10mA)	10		

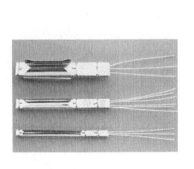
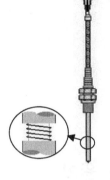

(a) 마이카형
　　측온저항체

(b) 3선식 일반형

(c) 트랜스듀서형

[그림 3-24] Pt100 측온 저항체의 여러 가지

제5절 IC 온도 센서

01. IC 온도 센서의 원리

IC 온도 센서는 온도 센서와 신호를 증폭 또는 변환할 수 있는 회로를 한 개의 칩으로 IC화한 것이다. 센서의 출력 형태에 따라 전압 출력형과 전류 출력형으로 구분된다.

[그림 3-25]는 IC 온도 센서의 기본 원리도이다. 트랜지스터 베이스-이미터 간의 바이어스 전압이 온도에 따라 변화하는 개념을 설명한다.

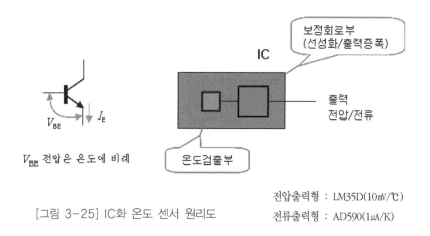

전압출력형 : LM35D(10mV/℃)
전류출력형 : AD590(1μA/K)

[그림 3-25] IC화 온도 센서 원리도

[그림 3-26]은 IC 온도 센서의 기본회로로서 PN 접합형 온도 센서라고 부른다. 원리는 일정한 컬렉터 전류비로 동작하는 2개의 트랜지스터를 생각한다. 이 때 트랜지스터의 베이스-이미터 전압을 V_{be}라 하면 V_{be}의 차 ΔV_{be}가 온도에 따라 변하는 것을 이용해 온도를 측정할 수 있다. 이는 트랜지스터 두 개를 다른 컬렉터 전류로 동작시켜 두 개의 트랜지스터 V_{be}차를 온도측정에 이용하면 한 개의 트랜지스터를 이용할 때보다도 소자 사이의 V_{be} 변동을 작게 할 수 있어 특성이 좋은 온도 센서를 얻을 수 있다.

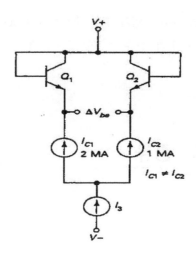

[그림 3-26] PN 접합 온도 센서

두 트랜지스터 Q_1, Q_2가 같은 특성일 때 바이어스 차 ΔV_{be}는 식 (3-12)로 나타낸다.

$$\Delta V_{be} = \frac{KT\ln(I_{c1}/I_{c2})}{q} \tag{3-12}$$

여기서, K : 볼츠만 상수 $(1.38 \times 10^{-23}$ J/K)

　　　　T : 켈빈 온도(절대온도)

　　　　q : 전자의 전하량 $(1.6 \times 10^{-19}$ C/electron)

K/q 비는 모든 상황에서 상수이다.

I_{c1}/I_{c2}비는 I_3를 정전류원으로 만들어 놓으면 인위적으로 일정하게 유지할 수 있다. 여기서 변하는 값은 온도와 같다. 이 원리를 적용한 것이 IC 온도 센서이다.

[그림 3-27] IC 온도 센서 실물 사진

[그림 3-27]은 전류 출력형 AD590 타입과 전압 출력형 LM35D 타입의 실물을 보여준다. 산업용으로 전압 출력형 LM335 타입과 전류 출력형 소자가 많이 활용되고 있다.

02. IC 온도 센서의 종류

가. 전류 출력형 IC 온도 센서

전류 출력형 IC 온도 센서는 절대온도에 비례하여 전류출력이 변하는 성질을 이용한 것으로 -55~150[℃]의 온도 범위에서 온도 계측이 가능하다.

[그림 3-28]은 전류 출력형 IC 온도 센서의 기본회로를 나타낸 것으로 트랜지스터 Q_1, Q_2의 베이스-이미터 간 전압 V_{be}는 같으므로 Q_3, Q_4의 컬렉터 전류와 같게 된다. Q_3의 이미터 면적을 Q_4의 8배 정도로 설정하면 Q_4의 이미터 전류 밀도는 Q_3의 8배로 된다. 즉 $r(I_{c1}/I_{c2})$이 8배로 되어 ΔV_{be}는 다음과 같이 주어진다.

$$\Delta V_{be} = \frac{KT}{q} ln\,8 = T \times 0.1792 [\text{mV}/K] \tag{3-13}$$

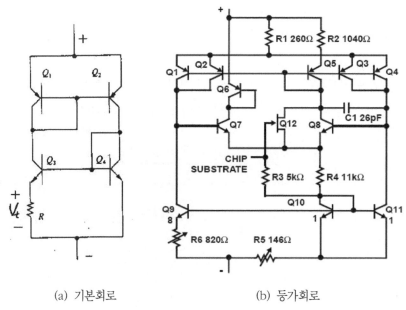

(a) 기본회로   (b) 등가회로

[그림 3-28] 전류 출력형 IC 온도 센서의 기본회로

따라서 ΔV_{be}는 컬렉터 전류에 관계없이 절대온도에만 비례하는 전압이 된다. [그림 3-28]에서 컬렉터 전류는 $\Delta V_{be}/R$에 의해 결정되므로 회로에 흐르는 전류는 R에 흐르는 전류의 2배로 된다. R=358[Ω]으로 선정하면 온도센싱 감도는 1[μA]가 된다.

[그림 3-28](b)는 전류 출력형 센서의 등가회로로 1[μA/K]가 얻어지도록 회로가 구성되어 있다.

(1) IC 온도 센서 AD590의 인터페이스 회로

AD590은 2단자의 IC 온도 센서이면서 절대온도에 비례하는 정전류 레규레이터(regulator)로 출력전류는 센서 온도의 정수배(1μA/K)와 같다.

주요 특징은 다음과 같다.
- 출력 전류: 1[μA/K]
- 측정 온도 범위: -55 ~ +150[℃]
- 교정 정도: ± 0.5[℃]
- 선형성: ± 0.3[℃]
- 동작 전압 범위: +4 ~ +30[V]

[그림 3-29]를 이용하여 AD590 IC 온도 센서의 실용화 회로를 설계한다.

그림은 옴의 법칙을 적용하여 온도 센서 전류 1[μA/K]를 저항 1[kΩ] 양단의 전압 변환 1[mV/K]로 바꾸어 주는 회로이다. 출력전압 식은 (3-14)으로 표현된다.

$$V_O = \frac{1\,\mathrm{mV}}{K}T \tag{3-14}$$

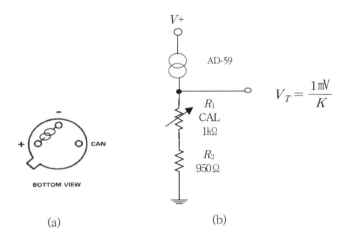

[그림 3-29] (a) AD-590 온도 센서, (b) AD-590 회로

- 섭씨 37[℃]에서 출력전압을 계산해보자. $T = 37 + 273 = 310K$이다.

출력전압 : $V_O = \dfrac{1\,\mathrm{mV}}{K} \times 310K = 310[\mathrm{mV}] = 0.31[V]$

- 실내 온도 25[℃]에서 출력전압은 얼마나 될까요?

$$T = 25 + 273 = 298K, \quad V_O = \dfrac{1\,\mathrm{mV}}{K} \times 298K = 298[\mathrm{mV}] = 0.298[V]$$

(2) 2점 온도 보상 인터페이스 회로 설계

- 측정 온도 범위의 2점에서의 보상법을 설계한다.
- 가변저항 R_1에 의해 온도 0[℃](또는 저온측의 임의 온도)로 두고 출력전압이 0[V](또는 임의전압)가 되도록 조정한다.
- 가변저항 R_2에 의해 온도 100[℃](또는 고온측의 임의 온도)에 두고 10[V](또는 임의 온도)가 되도록 조정한다.
- 오차곡선의 2점 P_1, P_2에서 보상한다.
- AD581는 10[V]정전압 IC이며 전류 조정 범위는 0~5[mA]이다.
- A_1은 CA3140 BiMOS OP-AMP IC(Analog Devices Inc.) 또는 LM301(National Semiconductor)은 30[pF]의 주파수 보상 커패시터가 필요하다.

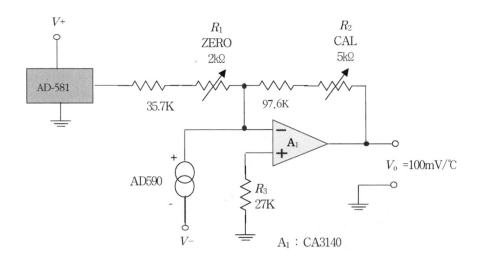

(a) AD590 온도 회로

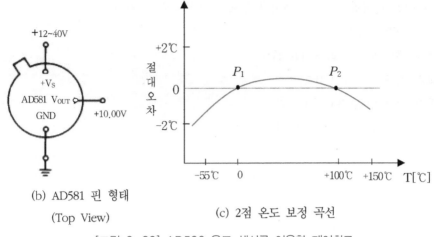

(b) AD581 핀 형태
(Top View)

(c) 2점 온도 보정 곡선

[그림 3-30] AD590 온도 센서를 이용한 제어회로

- [그림 3-30]의 동작은 온도 센서로 흐르는 전류가 0℃일 때 273.16[μA]이기 때문에 이것이 저항 (35.7K + R_1)을 통과하면서 10[V]의 전압 강하를 일으키면 출력전압 V_o의 전위는 0[V]가 되도록 조정한다.
- 만약 센서의 온도가 1℃ 증가하면 IC 온도 센서를 통과하는 정전류가 1[μA] 증가한다. 왼쪽의 정전류 회로로부터는 정류 공급이 더 이상 불가능하므로 OP-AMP 귀환저항 (97.6K + R_2)를 통하여 1[μA] 증가분이 공급된다. 이것을 귀환 전류 I_f라 한다.
- 귀환저항의 전압 강하는 1[μA]×100[㏀]=0.1[V]가 되게 R_2를 이용하여 교정한다.

나. 전압 출력형 IC 온도 센서

(1) LM335 디바이스(National Semiconductor Co.)

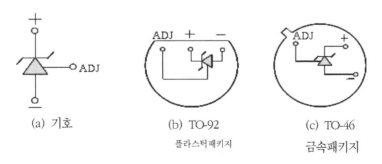

(a) 기호

(b) TO-92
플라스틱패키지

(c) TO-46
금속패키지

[그림 3-31] LM-335 반도체 온도 센서(기호와 패키이지)

LM335 전압 출력형 IC 온도 센서의 주요 특징은 다음과 같다.

- 출적 전압: 10[mV/K]
- 측정 온도 범위: -40 ~ +100[℃]
- 교정 정도: ±0.5 ~ 1[℃]
- 동작 전압 범위: +4 ~ +30[V]
- 좋은 조건의 정격 전류: 1[mA] 회로설계

(2) IC 온도 센서 LM335의 인터페이스 회로

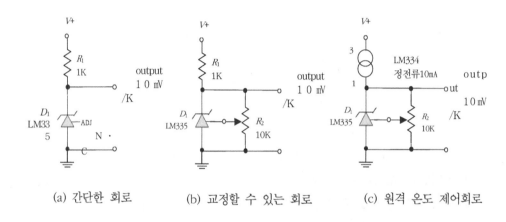

(a) 간단한 회로   (b) 교정할 수 있는 회로   (c) 원격 온도 제어회로

[그림 3-32] LM335 전압 출력 온도 제어회로

부하저항 R_1으로 정격전류 1[mA]로 유지할 수 있도록 한다. 부하저항 1[kΩ]에서 전원전압 5[V]가 적당하다. 저항값은 옴의 법칙에 의해 직류 전위가 더 높아지면 저항도 높게 설계한다.

$$R_1 = \frac{(V+)}{1\,[\text{mA}]} \tag{3-15}$$

- LM335 온도 센서로 전압 출력원리 식은 (3-16)으로 표현된다.

$$V_{out_T} = V_{out_{T_0}} \times \frac{T}{T_0} = 10\text{mV} \times \frac{T}{1K} \tag{3-16}$$

여기서, T[K]는 켈빈 온도이다.
   - 예를 들어 78[℃]에서 출력전압은 계산해 보자.

$$T = ℃ + 273.16$$

$$T = 78 + 273.16 = 351.16[K]$$

$$V_{out_T} = 10\text{mV} \times \frac{351K}{1K} = 3510\text{mV} = 3.15\,[V]$$

- 실내 온도 25[℃]에서 출력전압을 계산하시오.(상온 온도)

  $T = 25 + 273 = 298[K]$ 따라서 출력전압은 2.98[V]가 된다. 이와 같이 온도와 출력전압의 관계를 정확하게 계산할 수 있으므로 [그림 3-32](b)의 회로를 적용하여 전위차계에 의한 출력전압을 온도에 비례하게 출력할 수 있다. 이런 방법으로 실험을 한다면 빙점온도 0[℃] (273.16 K)에서 출력전압도 2.73[V]로 정확하게 조정할 수 있을 것이다.

(3) IC 온도 센서 LM335 이용한 원격 모니터링 온도계 응용

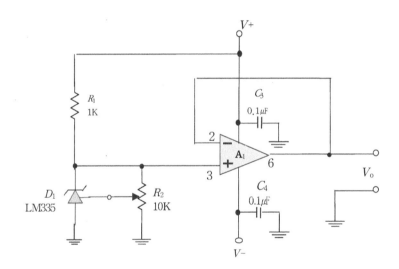

[그림 3-33] 원격 온도 측정회로

CHAPTER 04

자기 센서

자기 센서는 자기 에너지를 검출 대상으로 하는 센서류의 총칭이라 할 수 있다. 또한 자기 에너지는 초전도체를 제외한 모든 물질을 투과하므로 비접촉으로 계측이 가능하다. 우리는 일상생활에서 항상 자기 에너지를 받고 있다. 즉, 지구는 커다란 자석으로 남북 방향의 지자기 성분이 장소에 따라 차이는 있으나 약 50[μT] 정도이다. 또 도시에서 발생하는 자기 잡음은 0.1[μT] 정도가 된다. 사람의 뇌 등에서 나오는 자력선은 10×10^{-15}[T] 까지 매우 미약하여 이를 계측하는 데는 초전도 양자 간섭 소자(SQUID)가 사용된다. 가전제품, 자동차, 자동화기기 등에 사용되는 자기의 세기는 지자기의 백배 이상 큰 자기 에너지가 사용된다.

자기 센서를 분류하는 방식에는 여러 가지가 있으나, 자기 에너지와 자계의 세기에 따라 분류하면 [그림 4-1]과 같다.

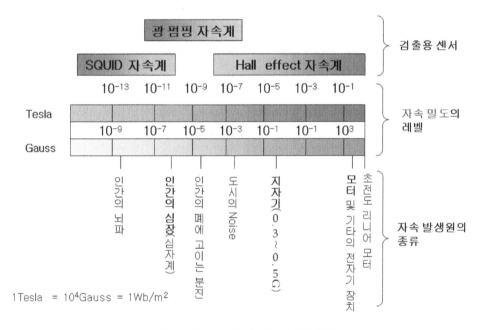

[그림 4-1] 자기 에너지와 자계의 강도

[표 4-1]에 자기 센서의 분류를 나타낸다. 현재 자기 센서의 주류는 반도체 자기 센서이다. 자기 흡입력에 의한 접점을 전환함으로 물체의 유무를 감지하는 리드 스위치를 비롯하여, 브러시리스 모터 등에 사용되는 홀(hall) 소자, 홀 IC, 자기 저항 소자, 인체에 발생하는 미소자계의 계측이 가능한 일종의 양자자속 모듈레이션이라고도 하는 SQUID 등이 있다.

[표 4-1] 자기 센서의 분류

분류		적용 소자
자기 기본 현상	직류 자계 효과	자기 포화 소자
	전자 유도	전자유량계, 차동변압기
	자계 작용	자기헤드, 서치코일
	자기 변조	자성 박막 자기저항(MR) 소자
자기 복합 현상	자기-전류(전계)	홀 소자
	자기-광	자이레이저(자기 버블드 메인)
	자기-열	서모 스타트, 온도 릴레이
	자기-음파	SAW
	자기-응력	변형게이지
양자 효과	양자 자속	SQUID
	초전도 효과	죠셉슨 소자

제1절 ▶ 홀 소자

01. 홀 효과

　홀 소자는 자기 감응 특성을 이용해 자기, 자장 등을 측정하는 대표적인 센서로 자동 제어회로 및 계측기 분야에 널리 이용되고 있다.

　홀 소자는 1879년 E.H.Hall에 의해 개발된 이후 다양한 특성을 갖는 센서가 개발되어 목적에 맞게 이용되고 있다.

　[]그림 4-2]에 나타낸 것과 같이 판상의 반도체 소자에 전류 I를 흐르게 하고 그것과 직각으로 자계 B를 인가하면 전류의 흐르는 방법에 편향이 발생하고 수직방향에 기전력 V_H가 발생한다. 이 현상을 홀 효과(hall effect)라고 한다. 즉, 홀 효과란 '자장에 비례하여 기전력이 발생하는 물리적 현상'으로 그 원리는 다음과 같다.

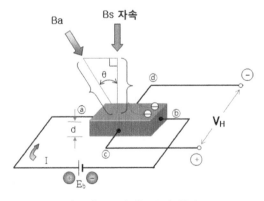

[그림 4-2] 홀 효과 원리

　[그림 4-2]와 같은 반도체 기판에 전류 I를 흘리면 전자 e(-)는 반대 방향으로 흐른다. 여기에 자장 B를 가하면 전도전자가 로렌츠 힘(Lorentz force) $F = ev \times B$와 쿨롱의 힘 eE에 의해 전

자의 궤적이 원형을 그리게 됨으로써 앞으로 나아가는 것을 방해하는 저항이 생긴다. 이는 플레밍의 왼손 법칙(fleming's left hand law)에 따라 전자 e(-)가 받는 힘 $F = ev \times B[N]$는 (-)방향으로 작용한다. [그림 4-2]에서 전자가 몰리는 오른편이 (-)극, 전자가 결핍된 쪽의 전극이(+)가 되는 전계가 생기게 된다. 이때 홀 기전력은 식 (4-1)과 같이 표현한다.

$$V_H = R_H \frac{I \cdot B}{d} cos\theta \, [V] = V_H = R_H \frac{I \cdot B}{d} fh \, [V] \tag{4-1}$$

여기서, R_H : 홀 계수, d : 홀 소자의 두께

식 (4-1)에서 출력전압을 크게 하기 위해서 홀 소자에 요구되는 것으로는 다음과 같다.

- 홀 소자에 수직으로 자속밀도를 가할 것.($cos\theta$)
- 자석을 가까이하여 자속밀도를 높일 것.(B)
- 소자의 두께를 얇게 할 것.(d)
- 소자에 큰 전류가 흐르게 할 것.(I)
- 소자 재료의 캐리어 농도를 낮게 할 것 등이다.

가. 홀 소자

홀 효과를 이용한 자기 센서로서 자장 세기에 비례한 전압을 출력한다. [그림 4-3]은 홀 소자의 기본 회로이다.

- 홀 소자의 예 :   HW200, THS-101(GaAs) : 제어 전류 5[mA]

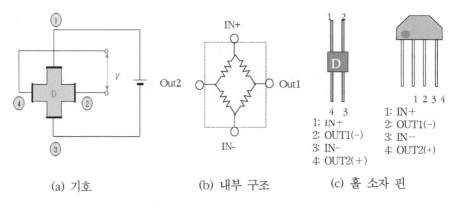

(a) 기호   (b) 내부 구조   (c) 홀 소자 핀

[그림 4-3] 홀 소자의 기본회로

나. 홀 소자 재료와 특성

홀 소자로 이용되고 있는 것은 인듐 안티몬(InSb), 인듐 비소(InAs), Ge, 갈륨 비소(GaAs) 등이 있다.

[표 4-2]에 홀 소자의 특성 예를 나타낸다. InAs 홀 소자에서는 I=100[mA]의 전류를 흐르게 하여 약 8.5[mV]의 전압이 얻어진다. 출력전압은 적지만 온도 특성이 좋다.

[표 4-2] 홀 소자의 특성

종 류	I [mA]	V_H [mV]	R_H [cm²/C]
InAs	100	8.5	-
InSb	10	80~300	380
GaAs	1	10~30	6250

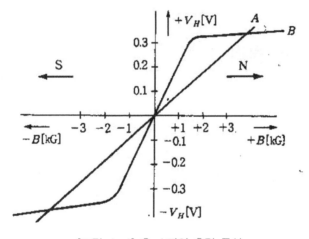

[그림 4-4] 홀 소자의 출력 특성

[그림 4-4]는 홀 소자의 전압 출력 V_H와 자속밀도 B 특성으로 자기 에너지의 자극에 따라서 출력전압의 극성이 반대로 바뀌면서 자속밀도의 세기에 비례한다. 그림에서 A는 넓은 범위에 걸친 선형적인 출력 특성으로 자속 센서와 같은 계측에 주로 사용된다. 그림의 B는 전자장에서 출력 감도가 높기 때문에 브러시리스모터의 자극 센서 등에 사용되고 있다. [그림 4-5]는 홀 소자의 실물 사진으로서 부품이 매우 작으므로 취급할 때 리드선의 파손에 주의를 기울여야 한다.

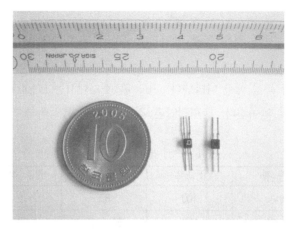

[그림 4-5] 홀 소자 실물 사진

02. 홀 IC 센서 원리

홀 IC는 그 출력 특성에 따라 스위칭형(자속밀도의 증감에 따라 출력이 ON·OFF)과 리니어형(자속밀도에 비례한 출력이 얻어진다)의 2종류로 나눠지며 스위칭형은 마이컴 등의 디지털적인 용도에, 리니어형은 아날로그적인 용도에 사용되나 일반적으로 홀 IC는 스위칭형을 주로 의미한다.

가. 스위칭형 홀 IC

자계의 크기를 검출하여 ON·OFF 동작을 하도록 슈미트(schmitt) 회로를 내장하여 히스테리시스(hysteresis) 특성을 부가하였다.

- 임계값 이상의 자계로 ON·OFF를 한다.
- 확실한 스위치 동작을 위해 히스테리시스를 갖고 있다.
- 제품에 따라서는 자속밀도에 따라 완전한 스위칭 파형이 나타나지만 동작점에 약간의 오차가 있는 것을 고려해야 한다.

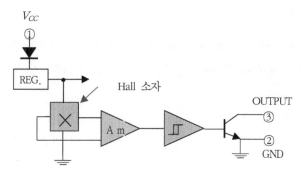

[그림 4-6] 홀 IC의 내부 회로 및 O · C 형태

[그림 4-6]과 [그림 4-7]은 많이 활용되는 홀 IC의 내부 회로와 핀 아웃을 보여주고 있다.(예 : A3144EU, A1101~4, DN6848)

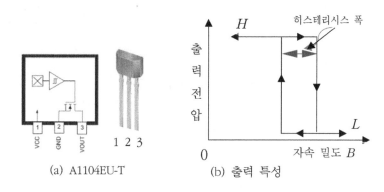

(a) A1104EU-T (b) 출력 특성

[그림 4-7] 홀 IC 핀 아웃과 특성

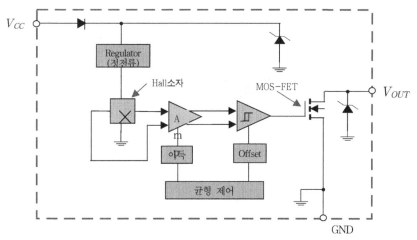

[그림 4-8] 홀 IC A1104EU-T의 내부 구성도

나. 리니어형 홀 IC

내부 회로 구성은 홀 소자, 레귤레이터, OP-AMP 및 차동 증폭기로 구성되며, 출력 특성에서 평형점을 기준으로 양쪽 출력이 교차하는점(N, S의 평형점)이 된다. [그림 4-9]는 리니어형 홀 IC의 구성과 특성이다.

- 출력이 자장의 세기에 비례한다.
- IC 내부에 정전압 전원 회로가 내장되어 있어 전원전압의 변화에 대한 감도의 변화는 약 12%로 낮다.
- 수백 가우스 정도의 오프셋 전압(홀 센서의 불평형 전압)이 있기 때문에 오프셋 전압 보상용 단자가 있다.
- 온도 드리프트가 문제가 된다.

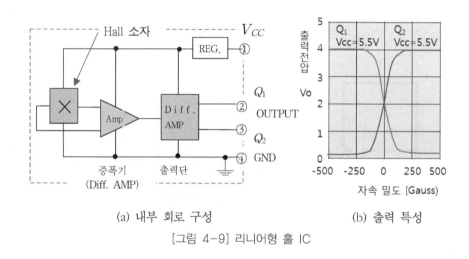

(a) 내부 회로 구성   (b) 출력 특성

[그림 4-9] 리니어형 홀 IC

03. 홀 소자 이용 구동회로

가. 홀 소자의 응용

- 전기적인 과도 특성이 우수하여 많은 회로에 이용
- 전기회로에서 절연 효과를 이용하여 전압, 전류, 전력 등을 검출(절연 저항이 높다)
- 교류, 직류에 관계없이 사용

- 인덕턴스가 작으므로 응답 속도가 빠르다.
- 응용 분야 : FDD 및 HDD, VTR 및 CD 플레이어의 실린더 모터나 브러시리스모터 및 자동차의 오토미러용 모터 등의 회전 검출 및 제어와 가우스 미터, 전위계, 회전계, 속도계, 전력계, 자속계, 전류계 등의 전류 검출 및 측정 등 여러 분야에 사용된다.

[그림 4-11]은 홀 소자에 의한 아날로그 연산기의 아이디어로 전력을 직접 측정하는 것이 가능한 적산형 전력계를 나타낸다. 부하에 흐르는 전류를 I, 전압을 V라 한다면, 홀 소자에 걸리는 자속밀도 B는 I에 홀 소자 전류 I_H는 V에 각각 비례하므로

$$V_H = R_H \cdot I \cdot V \qquad\qquad (4\text{-}3)$$

식 (4-3)이 성립하여, V_H를 측정함으로써 부하의 소비 전력을 계측하는 원리이다.

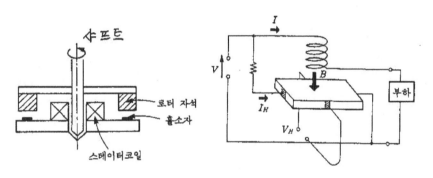

[그림 4-10] 홀 소자의 브러시리스 모터의 위치 검출

[그림 4-11] 홀 소자를 이용한 적산형 전력계의 원리

나. 홀 소자를 이용한 회로 설계

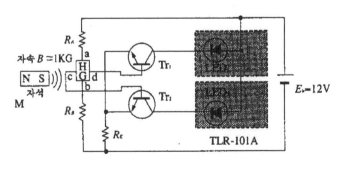

[그림 4-12] LED에 의한 점등 회로

홀 소자(5F-MS4 -19F : InSb형)를 이용한 LED 점등 회로를 구성하면 [그림 4-12]와 같다. 트랜지스터 회로를 ON, OFF 시키기 위해서는 0.2[V] 정도의 베이스 전압차가 필요함으로 바이어스 전류(홀 전류) 10[mA], 자계의 강도 1[kG]를 충족 조건으로 선정한다. [그림 4-13]은 [그림 4-12]의 부분적인 등가회로이다.

LED에 흐르는 전류를 5[mA]로 하면 홀 전류 I_H는 다음 식으로 주어진다.

$$I_H = \frac{E_b}{R_a + R_{in} + R_b} \tag{4-4}$$

여기서 베이스 전압은 $V_b = \frac{1}{3}E_b$이고, I_H=10[mA], $E_b = 12$[V]로 하면 전체의 저항 R_T는

$$R_T = \frac{E_b}{I_H} = \frac{12[V]}{10 \times 10^{-3}[A]} = 1.2[\text{k}\Omega]$$

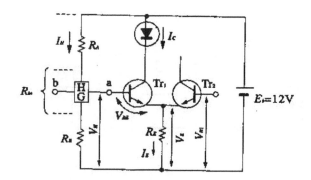

설계조건
홀소자 5F-MS4-19F
T_H : 10mA at 1kG
R_{in} : 40Ω
LED 점등전류 : 5mA
$V_B \approx 1/3 \cdot E_b$
$E_b = 12$V
Tr₁, Tr₂ : 2SC1815GR

[그림 4-13] LED에 의한 점등 회로의 등가회로

또 $V_b = \frac{1}{3}E_b = I_H(\frac{R_{in}}{2} + R_b)$ 에서

$$R_b = \frac{E_b/3 - I_H R_{in}/2}{I_H} = \frac{12/3 - (10 \times 10^{-3} \times 40)/2}{10 \times 10^{-3}[A]} = 380[\Omega]$$

이고 R_a는 다음과 같이 된다.

$$R_a = R_T - (R_b + R_{in}) = 1200 - (380 + 40) = 780[\Omega]$$

다. 홀 소자를 이용한 주파수 카운터

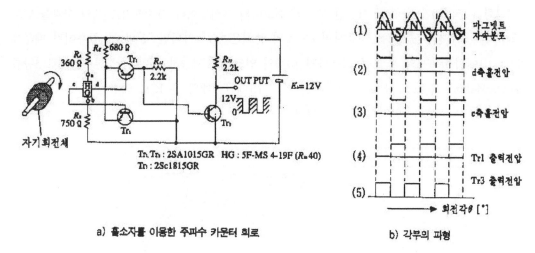

a) 홀소자를 이용한 주파수 카운터 회로   b) 각부의 파형

[그림 4-14] 홀 소자를 이용한 주파수 카운터

자화된 회전체의 속도를 홀 소자를 이용해 검출하는 것으로 [그림 4-14](a)와 같다. 홀 소자에서 검출한 자기 특성에 따라 ON · OFF 동작을 함으로서 출력은 [그림 4-14](b)와 같이 된다.

04. 홀 IC 이용 구동회로

홀 IC는 자기 인터럽터, 홀 모터, 무접점 분배기, 자속계, 전력계, 전위계, 변위계, 회전계, 키보드 스위치 등 다양하게 이용되고 있다.

가. 무접점 엔코더 이용

우리들이 사용하고 있는 수도 미터나 가스 미터에는 카운터가 붙어 있으며, 그 카운트 도수로 요금이 정해지는 구조로 되어 있다.

보통은 미터의 계량치를 사람이 하고 있는데 이것은 수고가 뒤따르기 때문에 이 작업을 네트워크를 연결하여 중앙에서 처리 시스템이 도입되고 있다. 이것을 집중 검침 시스템이라 하는데 이를 수행하기 위해서는 미터의 카운트 수를 전기신호로 변환하는 자기 엔코더가 필요하게 된다.

접촉부가 없는 무접점 자기 엔코더(홀 IC 이용)를 설명하고자 한다.

[그림 4-15] (b)가 홀 IC를 사용한 무접점 엔코더의 구성도이다. 0~9까지 10개의 숫자를 인코드하므로 스위칭형 홀 IC를 사용하면 홀 IC의 출력은 "H" 아니면 "L"의 두 종류이기 때문에 $2^n > 10$에서 n=4개의 홀 IC를 사용하면 10개의 인코드가 가능하게 된다. 물론 홀 IC로 3종류 (Low, Middle, High)의 신호를 꺼내려면 $2^3 > 10$에서 3개의 홀 IC로 해결된다.

영구자석은 자기 바이어스 역할을 한다.

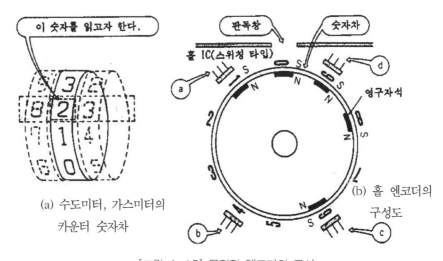

(a) 수도미터, 가스미터의 카운터 숫자차

(b) 홀 엔코더의 구성도

[그림 4-15] 무접점 엔코더의 구성

나. 기어 센서로 이용

NC(numerical control : 수치 제어)제어에 많이 사용된다. 이것은 수치와 부호로 구성되는 수치 정보에 의하여 기계의 운전을 자동으로 제어하는 것을 말한다.

NC는 NC 밀링 머신, NC 선반 이외에 NC 배선기, NC 측정기, NC 제도기, 로봇 등 각종 기계에 이용되고 있다. NC에서 중요한 것은 어떻게 좋은 정밀도로 위치 결정을 하느냐 하는 것이다.

[그림 4-16]은 기어를 이용한 간단한 위치 결정의 원리도에서 조작과 동작 순서를 간단하게 설명한다.

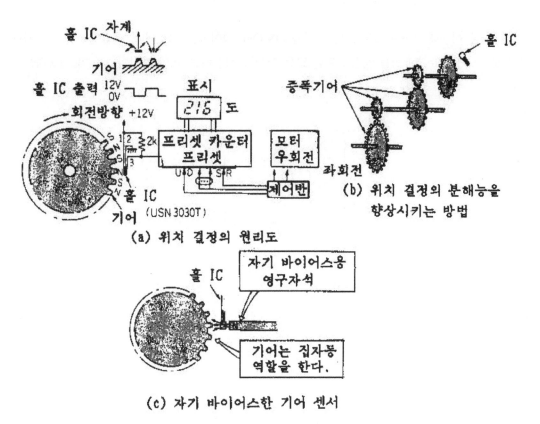

(a) 위치 결정의 원리도

(b) 위치 결정의 분해능을 향상시키는 방법

(c) 자기 바이어스한 기어 센서

[그림 4-16] 기어 센서의 구성

① 먼저 현재의 위치로부터 3도 우측 방향으로 회전시키려는 경우는 제어반에서 카운터로 3도의 정보를 프리셋한다.

② 모터에 우회전 정보를 보낸다.

③ 스타트시키면 모터는 우회전하고 홀 IC의 출력을 3펄스를(기어가 360개로 분활 : 1펄스/1도 회전) 카운트한다.

④ 카운터는 모터의 회전을 정지시키는 신호를 보내고 회전은 그 위치에서 끝나게 된다.

[그림 4-16]에서 명확히 알 수 있듯이 위치 결정의 정밀도(분해능)는 기어의 수에 비례한다. 보통 기어의 수는 그 크기에도 달렸지만 수백 개가 한도이기 때문에 각종 기어를 몇 단으로 조합해서 정밀도를 향상시키고 있다. 또, 영구자석은 작은 기어에 부착하는 작업은 아주 곤란하므로 홀 IC를 자기 바이어스시켜 사용하는 방법이 일반적이다.

다. 홀 IC에 의한 조명 장치 제어회로

홀 IC를 이용해 비접촉으로 조명 장치를 ON/OFF 제어하는 회로이다. 홀 IC의 출력 단자에는 SSR(solid state relay)를 사용함으로 교류 전원을 사용하는 조명 장치의 제어가 가능하도록 하였다.

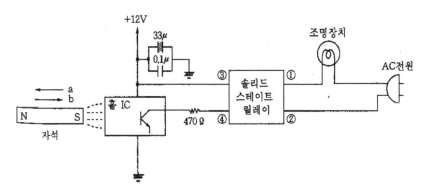

[그림 4-17] 홀 IC에 의한 조명 장치 제어회로

제2절 | 자기저항 소자

01. 자기저항 소자 개요

　자기저항(MR : magnetic resistor) 소자는 도체 또는 반도체의 자기 효과를 효율적으로 응용한 것으로, 그의 기본 원리는 자기 에너지에 의해 도체 안의 내부 저항이 변화하는 현상을 이용한 것이다. 자기저항 소자를 재료에 따라 분류하면 전자 이동도가 큰 화합물 반도체로서 InSb, GaAs 등이 쓰이고, 또 하나는 강자성체 자기저항 소자로서 투자율이 큰 금속이다. 여기에는 퍼멀로이(permalloy), Ni-Co 등이 각각 사용된다. 그러나 똑같이 MR 소자에도 그의 사용 소재에 따라 자기 특성이 크게 다르기 때문에 소자 자체로만은 사용할 수 없어 바이어스용 자석 또는 OP-AMP와 함께 사용한다.

　일반적으로 반도체 자기저항 소자에 자장을 가하면 그 내부 저항이 증가한다. 이러한 MR의 성질을 정(+)의 자기 특성이라고 한다. 이에 대하여 강자성체 MR은 자장을 가했을 때 그의 내부 저항이 감소한다. 이를 부(-)의 자기 특성이라 한다.

　강자성체 금속은 대부분 부(-)의 자기 특성으로서 자기저항의 변화율이 대략 2% 이상 되는 소재를 말한다. 특히, Fe-Ni은 매우 우수한 투자율을 나타내고 있으며 일반적으로 퍼멀로이라고 부른다. 강자성체 MR 소자는 반도체 MR 소자보다 주파수 특성이 우수하며, 수백 [MHz]의 주파수를 감지할 수 있다.

　구조는 [그림 4-18] (a)와 같이 반도체선을 빗살무늬처럼 한 방향 또는 양방향으로 배열하였는데 도선과 나란한 방향의 자장 변화에 반응한다. [그림 4-18] (b)의 단자 1-2는 수직 방향의 자장 변화를 검출하고, 단자 2-3은 수평 방향의 자장을 검출할 수 있다. [그림 4-18] (c)는 MR 소자의 기호를 나타낸다.

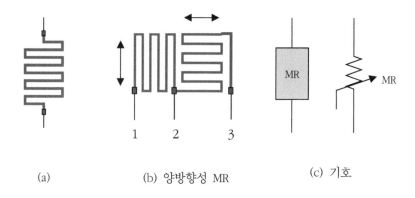

(a)   (b) 양방향성 MR   (c) 기호

[그림 4-18] MR 소자의 구조와 기호

[표 4-3] MR 소자의 종류와 특징

MR 소자	화합물 반도체 MR 소자	INAs, GaAs, InSb, NiSb			정(+)의 자기 특성
	강자성체 MR 소자	종류	합금 조성 비율	저항 변화율	부(-)의 자기 특성
		Ni	100%	2.66%	
		Ni-Co	80:20	6.48%	
		Ni-Fe	퍼멀로이	4.60%	

가. 자기저항 효과

자기저항 효과(magnetic resistive effect)란 전류가 흐르고 있는 금속 또는 반도체 소자에 자장을 작용시켰을 때 저항이 증가하는 현상이다. 이 현상은 자장을 적용시켰을 때 로렌츠 힘(Lorentz force)으로 인하여 캐리어의 드리프트 방향이 편향되어 인가하는 전기장과 같은 방향의 전류 성분이 감소하고 전기 저항이 증가하여 나타나는 것이다. 이 효과를 가진 재료로 반도체 중에서 InSb를 재료를 널리 사용하고 있다.

가. 반도체 MR 소자

소자에 일정한 전류 I를 흘렸을 때 소자 내의 전류는 [그림 4-19]와 같이 전류 분포로 되지만, 자계 B가 소자면에 직각으로 가해지면 홀 효과에 의해 전류는 자계와 홀 각도의 경사를 가지고 전류 경로가 길어지기 때문에 저항이 증가한다. 장방향의 소자인 경우 그림 (a), (b)와 같이 전류 경로가 변화하는데, (b)의 소자에서는 변화율이 심하지 않은 것은 소자의 형상에 의한 것이다. 즉, 전극 간의 거리가 짧을수록 저항 증가율이 커진다.

또 자기저항 효과가 가장 두드러진 것으로 원형 소자가 있는데 그 중심부와 외부 둘레에 전극을 가진 코르비노(corbino) 소자라 한다. 실용 소자에서는 저항값을 조정하여 외부 변화율을 높이기 위해 그림 (a) 형상의 소자를 직렬로 접속하고 있다.

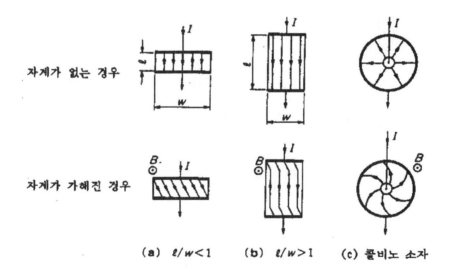

(a) $\ell/w < 1$ (b) $\ell/w > 1$ (c) 콜비노 소자

[그림 4-19] 반도체 MR 소자 내의 전류 분포

반도체 자기저항 소자의 특징은 다음과 같다.
- 2단자 소자로 자계의 강도에 따라 저항이 변화한다.
- 수백 [Ω] 정도의 낮은 임피던스이다.
- 저항 변화율이 크다.
- 저잡음이며 주파수 특성이 양호하다.

나. 강자성체 MR 소자

강자성체 자기저항 효과에는 자계가 커지면 저항이 직선적으로 감소하는 부(-)의 자기저항 효과와 자화 방향과 전류 방향이 이루는 각도에 따라 저항이 이방적으로 변화하는 이방성 자기저항 효과가 있다. 강자성체 자기저항 효과에 이용되는 것은 후자의 이방성 자기저항 효과이고 저자계 강도에서 우수하다. 소자는 소형화, 고저항화를 위해 박막화된 저항 패턴이 그려져 있고, 기본 소자는 3단자이지만 4~6단자인 것도 있다.

[그림 4-20]은 강자성체 자기저항의 구성도이다.

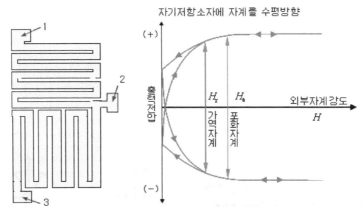

단자   1,3 : 전류단자
        2 : 전압단자

(a) 강자성체 자기저항   (b) 외부 자계 강도-출력전압 특성
    소자의 구조

[그림 4-20] 자기저항(MR) 소자의 구조와 특성

강자성체 MR 소자의 특징은 다음과 같다.

• 저자계 강도가 우수하다.
• 소형화 및 금속의 박막화로 고저항화가 가능하다.
• 자계는 홀 센서와 달리 소자면에 대해 평행으로 가해진다.
• 강자성체 금속에서는 전류와 가해진 자계가 평행일 때 저항이 최대가 되고 직교했을 때는 최소가 된다.
• 포화 자계 이상에서 사용하면 자계의 방향이 검출된다.
• 출력 레벨이 자계의 강도에 관계없이 안정하다.
• 금속으로 되어 있어 반도체에 비해 출력의 온도 변화가 적다.
• 동일 기판 상에 여러 개의 센서를 배열 집적화가 용이하다.

[그림 4-21]과 같이 자기저항 효과를 갖는 강자성체 금속 2개를 서로 직각으로 배치하고 자계 B의 회전각에 대해 출력을 얻도록 한 것이 강자성체 자기저항 효과 소자(SDME : sony divider magnetoresistance element)이다. 따라서 SDME는 자계의 회전을 검출할 수 있기 때문에 회전계, 위치 검출, 테이프의 종단 검출 및 내환경성이나 고저항이 중요시되고 있어서 타코 미터, 자기 엔코더, 수도 계량기 등의 용도로 사용된다.

SDME의 특징으로 체배 주파수 신호, 감도의 지향성, 전체 저항 불변 등을 들 수 있다. 체배 주파수 신호는 [그림 4-21]과 같이 자계가 360° 회전하는 동안 2사이클의 주파수를 반복한다. 그림에서는 90° 범위에서 출력 특성을 나타낸다. 감도의 지향성에 대해서는 소자면에 수직으로 가해지는 자계에 대하여 반응이 없다는 뜻이다. 항상 수평으로 놓고 회전한다.

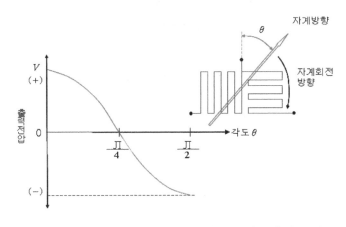

[그림 4-21] MR 소자의 회전자계 중의 각도 출력 특성

03. 자기저항 소자 회로

MR 소자의 기본 검출회로는 [그림 4-22]와 같다. 직렬저항은 MR의 저항과 비슷한 크기가 적당하다. 온도나 지자기의 영향을 고려하면 [그림 4-22](b)쪽이 더 신뢰성이 있다.

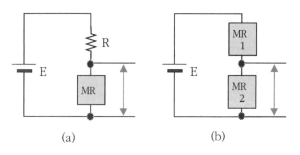

[그림 4-22] 자기저항 소자의 검출회로

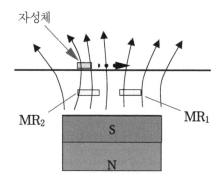

[그림 4-23] 자기저항 소자에 자성체 이동

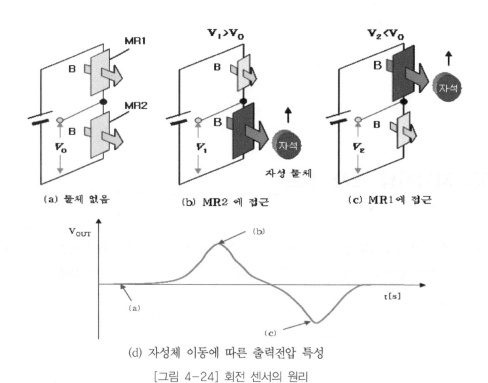

(a) 물체 없음　　　(b) MR2에 접근　　　(c) MR1에 접근

(d) 자성체 이동에 따른 출력전압 특성

[그림 4-24] 회전 센서의 원리

[그림 4-23]과 [그림 4-24]는 MR 소자 검출면에 자성체를 이동할 때 자기저항의 변화에 따른 동작 원리를 나타낸다. 그림에서 영구자석은 자기 바이어스 역할을 한다. [그림 4-24]의 회로에서 자성의 위치에서 자기저항이 증가하므로 소자는 반도체 MR 소자로서 직렬회로의 출력 전압의 변화를 유도할 수 있다.

[그림 4-25]는 자기저항 소자들은 자기잉크와 같은 자성체 검출(자동판매기 지폐의 패턴 인식), 회전 및 위치 검출용 엔코더에 적용된다.

실물 사진의 왼쪽은 지폐의 패턴 인식용(MRS-F21)이며 오른쪽은 회전체 인식용 MR 센서이다. 회전 센서에 사용되는 원리를 그림으로 설명하고 한다.

[그림 4-25] 자기저항 소자 실물 사진

회전 센서는 자성체 기어 또는 자석이 회전할 때 센서의 검출면을 통과한 톱니 수에 따른 신호를 출력하는 것으로 로터리 엔코더 등의 원리에 쓰인다.

[그림 4-26]은 차동 자기저항 센서(FP 212 L 100-22)를 이용한 회전 센서의 원리를 보여준다. 이 센서는 자석 내장형 MR 소자이며, 외부 자성체가 없을 때 센서 합성저항은 $2 \times 100[\Omega]$이다.

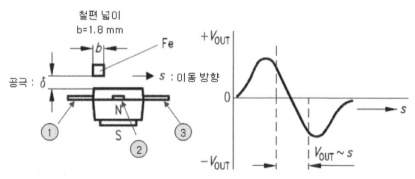

FP 212 L 100-22 : 차동 자기저항 센서

[그림 4-26] 자계 부착형 MR 소자의 출력신호 측정

[그림 4-27]과 [그림 4-28]은 자계형 회전 센서의 동작 원리를 나타다.

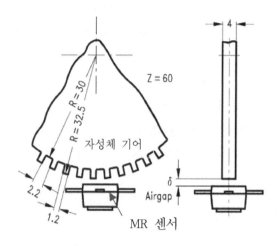

[그림 4-27] 회전 센서의 원리

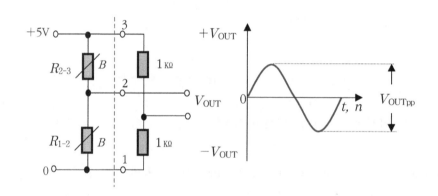

[그림 4-28] MR 소자와 브리지 회로 출력신호

CHAPTER 05

범용 센서

제1절 위치 검출 센서

01. 위치 검출 센서 개요

　위치 검출 센서는 우리들의 일상생활에서 점차 증가하는 추세이다. 이들은 우리들의 집이나, 자동차 실내에서, 그리고 직장에서 활용되고 있다. 센싱 기술이 개선됨에 따라, 위치 검출 소자는 더 소형이고 값싸고 응용하는 방법이 더욱 다양해졌다.

　위치 검출 센서란 이름의 의미처럼 위치 피드백을 제공한다. 그들은 정확한 운동을 제어하는데, 즉 동작, 속력, 방향 및 거리를 위치 검출 센서로 검출하고, 목표물의 존재 유·무를 결정하여 인코딩과 계수 기능을 수행할 수 있다. 자계와 전계의 방해를 검출하기도 하고 그리고 목표물의 위치가 가리키는 물리적 파라미터를 전기적 출력으로 변환하여 검출하기도 한다.

　물체의 위치 검출에는 여러 가지 방법이 있다. 리밋 스위치와 전위차계와 같이 그 물체에 접촉을 수행함으로서 감지되어지는 것이 있다. 이것은 접촉 위치 검출 센서라고 부른다. 접촉 위치 검출 센서는 그 물체에 접근하여 접촉되게 하므로 가장 간단하고 비용이 저렴한 위치 검출 센서라 할 수 있다.

　센서 제조업자는 목표물에 물리적인 접촉 없으면서 반복되는 접촉에 닿지도 않는 비접촉형 위치 검출 센서 개발에 연구와 기술이 더 많이 투자되고 있다. 이 장에서는 위치 검출에 적용할 수 있는 모든 기술을 다룰 수는 없다. 여기서 목적은 가장 일반적으로 사용할 수 있는 기술의 이해와 한 가지 기술로 특별한 부분까지 적용을 할 수 있도록 대비한다

02. 위치 검출 센서의 종류

일반적으로 위치를 감지하는 기술이 적용되는 것은 고유의 특징과 제한 규격을 갖고 있다. 좋은 위치 검출 센서의 선정은 응용성과 환경성이 특별히 중요하고 다양한 파라미터로 저가격이면서 효율적인 능률을 갖고 있어야 한다. 여기에 소개하는 위치 검출 센서의 종류는 이런 조건을 충족한다.

- 접촉 위치 검출 소자
  - 리밋 스위치
  - 마이크로 스위치
- 비접촉 위치 검출 소자
  - 근접 센서
  - 광전 센서
  - 자기 센서(자기 리드 스위치)
  - 초음파 센서

03. 리밋 스위치

리밋 스위치(LS : limit switch)란 전기 장치나 기계 장치 따위가 어떤 한계 위치나 상태에서 작동하도록 조립한 스위치. 스위치의 작동과 같이 전기 장치나 기계 장치는 작동 방식이 변화한다.

보통 레버(lever)가 달려서 기계적 동작의 한계점에 위치시켜 접점을 ON/OFF 시켜주는 방식으로 사용된다.

검출용 스위치 중에서 가장 많이 사용하는 스위치로서 사용이 편리하고 저렴하다. 물체가 닿으면 접촉자가 움직여 접점이 개폐되는 방식이다. 물체의 뾰족한 부분을 캠(cam) 또는 도그(dog)라 하며 캠은 정해진 위치보다 더 진행했는지를 검출하고, 도그는 정해진 위치에 있는지를 검출한다.

[그림 5-1]과 같이 컨베이어 위에 리밋 스위치의 액추에이터가 목표 물체에 접촉되었을 때 스위치가 동작한다.

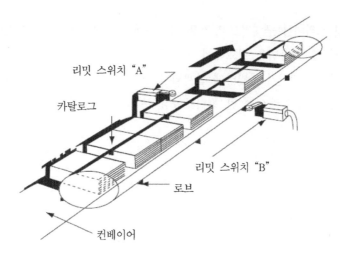

[그림 5-1] 컨베이어 위에 설치된 리밋 스위치 예

리밋 스위치를 올바르게 선택하기 위한 고려사항 :

• 액추에이터 형태
• 회로 설계
• 전류 정격
• 전원전압
• 하우징 재료
• 말단처리 형태

[그림 5-2]는 실물 리밋 스위치와 접점 기호 NO와 NC를 나타내고 있다.

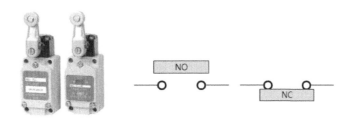

(a) 실물 리밋 스위치   (b) 접점 기호

[그림 5-2] 리밋 스위치의 모형과 접점 표시

04. 리밋 스위치에 대한 인터페이스

여기서는 리밋 스위치를 구체적으로 적용하는 사례를 그림으로 구성하였으며 적용하는 방법에서 나쁜 방법과 좋은 방법을 비교해서 설명한다.

[그림 5-3]은 리밋 스위치가 특별하게 설계되지 않았다면, 반대쪽의 극성 배치는 리밋 스위치 1개의 접촉으로 연결되게 해서는 안 된다. 항상 부하의 공통 접점을 갖도록 배치한다.

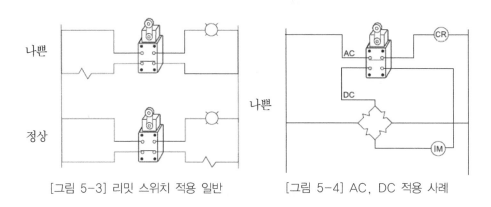

[그림 5-3] 리밋 스위치 적용 일반   [그림 5-4] AC, DC 적용 사례

[그림 5-4]는 리밋 스위치가 특별하게 설세되지 않았다면 서로 다른 전원이 1개의 스위치에 접속되어 연결해서는 안 된다.

[그림 5-5]의 구조 설치와 같이 상대적으로 느리게 조작하는 장소에서 리밋 스위치로 동작시키기 위해서는 순간 동작 스위치로 적용되기를 원한다.

[그림 5-6]의 구조 설치와 같이 상대적으로 빠르게 조작하는 장소에서는 스위치는 순간적 충격을 받지 않도록 캠(cam)을 준비한다. 캠 형태는 리밋 스위치가 동작될 동안 동작이 느린 릴레이, 밸브 등에 충분히 동작할 수 있는 여유를 갖게 한다.

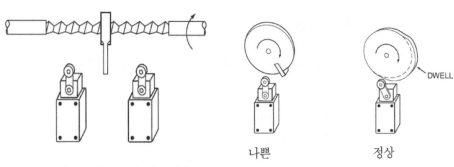

[그림 5-5] 스크롤에 적용하는 사례   [그림 5-6] 빠른 운동 적용하는 사례

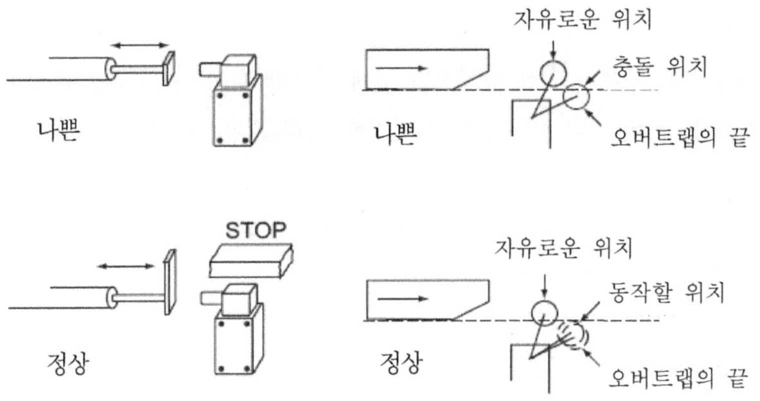

[그림 5-7] 동작 또는 비상 조건의 메카니즘 설계시 고려 사례

[그림 5-7]은 리밋 스위치에 대한 조작 메카니즘이 동작 또는 비상 조건 아래에서 설계되어 있어야하고, 오버트랩(overtravel) 한계 위치 쪽에서는 동작되지 않아야 한다. 리밋 스위치는 기계적인 정지에서 사용되어서는 안된다. 수평 이동 물체에서는 오버트랩이 걸리지 않도록 비상 정지 감시 보호 기능을 넣는다. 슬라이딩 물체와 같이 이동하는 곳에서는 충돌 또는 마찰이 발생하지 않도록 설계해야 한다.

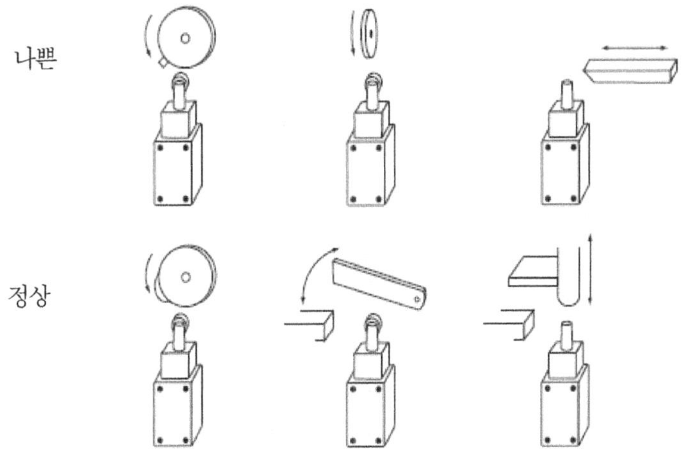

[그림 5-8] 여러 가지 액추에이터 적용 사례

[그림 5-8]은 막대형 액추에이터와 함께하는 리밋 스위치로서 움직이려는 힘은 밀기 막대 축을 가지는 라인에 가능한 적용되어야 한다. 다른 액추에이터에서도 같이 적용된다. 예를 들어

지렛대(lever) 액추에이터의 작용 힘을 지렛대가 회전하는 shaft 축에 맞춰 수직인 지렛대로 사용되어야 한다.

[그림 5-9]와 같은 구조 설치에 있어서는 쉽게 접근할 수 있는 위치에 배치하고 스위치를 견고하게 부착한다. 커버 판은 접촉점까지 일정한 거리를 유지해야 한다.

오버라이딩 보호 CAM

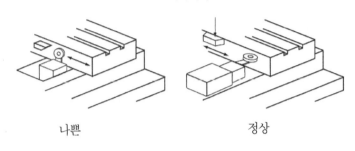

나쁜   정상

[그림 5-9] 수평 이동 기구에서 설치 방법 예시

제2절 근접 센서

01. 근접 센서란

근접 센서(proximity sensor)는 기계적으로 동작하는 마이크로 스위치, 리밋 스위치 대신 비접촉식으로 검출 대상물의 유·무를 판별하는 검출기(스위치)이다. 이는 근접 스위치라고도 불린다. 또한 근접 센서는 동작 원리에 따라 유도형(고주파 발진형), 정전 용량형, 자기형, 광전형 등으로 분류하는데 일반적으로 근접 센서라 하면 고주파 발진형과 정전 용량형을 의미하며, 자기형은 리드 스위치를 광전형은 광전 스위치로 구별하고 있다.

유도형 근접 센서는 모든 자성 금속(철성분 포함 금속)을 검출할 수 있으며, 유도형 근접 센서는 모든 물질을 검출한다.

근접 센서가 갖는 장점은 다음과 같다.

① 비접촉 감지 동작으로 기계적 마모가 없다.
② 비접촉 감지 동작으로 기계적 작동력이 필요 없다.
③ 수명이 길고, 신뢰성이 높다.
④ 접점부의 밀봉으로 내환경성(물, 먼지, 기름 등)이 우수하다.
⑤ 무접점 반도체 소자로 빠른 동작 특징을 갖는다.
⑥ 센서의 설치가 용이하며 가격이 싸다.
⑦ 산업 자동화에 적합하다.

[그림 5-10]은 여러 가지 근접 센서를 보여준다.

[그림 5-11]은 근접 센서로 병뚜껑 검출하는 사례를 나타내고, [그림 5-12]는 자기형 근접 센서를 사용하여 도어 침입자를 감시하는 장치로 설치되어 있다. 아래와 같이 근접 센서를 사용해 몇 가지 적용 사례를 살펴본다.

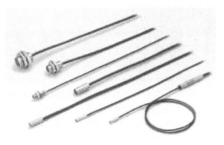

(a) 3선식 앰프 내장형 근접 센서　　　　　(b) 로봇 설치에 적합한 근접 센서

[그림 5-10] 여러 가지 형태의 근접 센서들

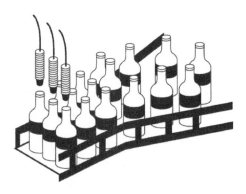

[그림 5-11] 근접 센서에 의한
병뚜껑 검출 사례

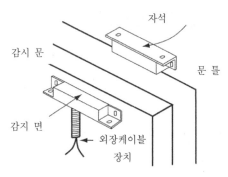

[그림 5-12] 자기형 근접 센서로 출
입문 감시 예.
출입문 감시 사례

■ **제어출력 회로도 및 부하동작**

◎ **DC 2선식**

■ **접속도**

◎ **DC 2선식**

◎ **DC 3선식**

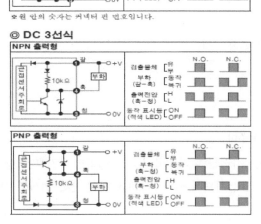

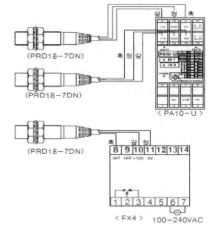

[그림 5-13] 제어회로도 및 접속도

02. 정전 용량형 근접 센서

정전 용량형 근접 센서는 철, 금속, 플라스틱, 돌, 분체 등 유전율을 갖고 있는 모든 물체를 검출할 수 있는 근접 센서로, 레벨 및 위치 제어에 다방면으로 쓰이는 센서이다.

이 센서는 물질에 민감하며, 물체가 감지되면 물체 표면에 분극(polarization)이 발생하여 전극면과 대지 간에 정전용량이 변화하는 원리를 이용하여 물체를 검출한다. 물체가 검출되면 정전용량이 증가하여 발진 신호는 지속적으로 발생한다.

유리, 고무, 기름과 같은 절연체 물질 그리고 금속, 소금물, 습기 있는 나무와 같은 전도성 물질 등 모든 물질을 검출한다.

가. 구조와 동작 원리

정전 용량형 근접 센서의 기본 원리는 커패시터의 개념으로 표현할 수 있다. [그림 5-14]는 기본 커패시터의 구조이며 정전용량은 다음과 같이 변화할 수 있다.

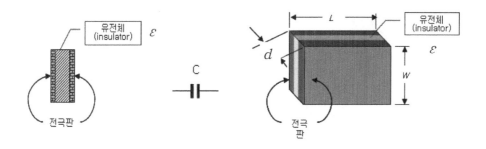

[그림 5-14] 커패시터의 구조

① 전극의 단면적 크기에 비례한다.(단면적 : A[㎡])
② 두 극판 간의 거리에 반비례한다.(극판 거리 : d[m])
③ 두 극판 간의 비유전율에 비례한다.(공기의 유전율은 1이다)(ε s)
④ 전극 사이의 극판수가 많이 쌓이면 정전 용량이 증가한다.

$$C = \frac{\varepsilon A}{d}[\text{pF}]$$

(5-1)

[표 5-1] 물질의 비유전율

물질	비유전율	물질	비유전율
물	81.0	폴리비닐 클로라이드	2.9
메틸 알콜	33.5	전선비닐	2.5
에틸 알콜	25.1	변압기 기름	2.2~2.5
슬레이트	6-10	벽돌	2.3
나무	6~8	폴리에틸렌	2.3
유리	5.0	파라핀	2.2
얼음	4.0	종이	1.2~3.0
뻬클라이트	3.6	스치로폴	1.2
폴리스티렌	3.0	공기	1.0

[표 5-1]과 같이 물과 같은 액체 성분이 비유전율이 가장 높기 때문에 정전 용량형 근접 센서는 액체 검출이 가장 유리하다. 물론 비유전율이 1 이상인 물체는 모두 검출이 가능하다.

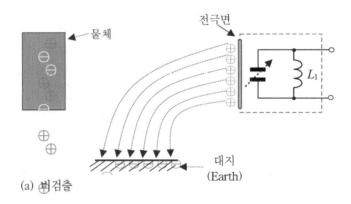

(a) 벽검출

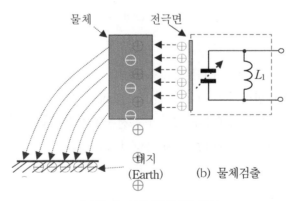

(b) 물체검출

[그림 5-15] 유전분극 현상

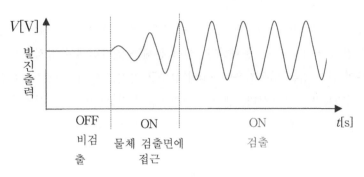

[그림 5-16] 발진회로 출력 신호

[그림 5-15] (a)(b)에서 극판에 +전압을 인가하면 극판면에는 +전하가 대지쪽에는 -전하가 발생하게 되어 극판과 대지 사이에 전계가 생긴다. 물체가 극판쪽으로 접근하면 정전유도를 받아서 물체 내부에 있는 전하들이 극판쪽으로는 -전하가, 반대쪽으로는 +전하가 이동하게 되는데 이것을 분극 현상이라 한다. 물체가 극판에서 멀어지면 분극 현상이 약해져서 정전용량이 적어지고, 반대로 극판쪽으로 접근하면 분극 현상이 커져 극판면의 +전하가 증가하여 정전용량이 커지는데 이 변화량을 검출하여 물체의 유·무를 판별한다.

[그림 5-16]과 같이 정전용량 근접센서는 전원을 투입하면 전압의 진동 폭이 0V에 가까우며, 검출 물체가 접근하면 정전용량이 증가하게 되어 전압의 진동폭이 커지게 된다. 이 진동폭을 증폭기로 증폭시켜 출력부를 동작시킨다.

[그림 5-17]은 정전용량형 근접 센서의 내부 구성도이며 출력회로는 오픈 컬렉터(O·C : open collector)형을 쓰고 있다.

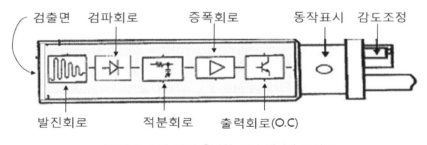

[그림 5-17] 정전 용량형 근접 센서의 구성도

나. 정전 용량형 근접 센서의 적용

[그림 5-18]은 간단한 정전용량 센서를 설명한다. 제일 좋은 전극은 그 센서의 얼굴이다. 검출체가 인장 링과 접지 전극 사이를 통과한다. 센서 본체는 전극면에서 접지까지 유전체로 절연되어 있다. 고무의 인장 링은 비유전율이 4.0의 상수를 가지고 있다. 그것이 그 전기장(전계)에 들어갈 때, 그 정전용량은 증가한다. 센서는 정전용량이 변화되어 출력 신호가 나오는 것을 검출한다. 정전용량형 근접 센서는 인장 링 검출체의 존재에 의해 정전용량이 변화되는 것을 검출한다.

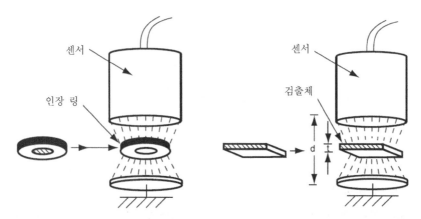

[그림 5-18] 전기장 분포와 용량 변화   [그림 5-19] 검출 거리와 용량 변화

[그림 5-19]는 금속체 또는 다른 종류의 도전 재료가 전기장 속으로 들어갈 때 설명이다. 정전 용량은 검출하고자 하는 금속체와 검출 전극(계수 t에 의해서) 사이 유효 거리가 감소하면 정전용량은 증가시킨다.

[그림 5-20](b)의 설명은 유리 병 안에 쏟아지는 전도성 액체의 레벨은 센서가 아래에 있다. 만약 접지 전극에 액체가 위치하고 있다면, 주유가 닫히고, 신호 출력을 얻는다. 즉, 주유 보급 시스템의 기본 응용 원리라고 생각할 수 있다. 정전 용량에서 어떤 변화가 함께하지 않으면, 어떤 출력도 있을 수 없다. 액체가 센서의 레벨에 도달하면 센서는 접지 전극을 제공한다. 이것은 종종 액체와 금속 테이블을 분리시키는 것은 유리병이 대신한다. 3가지 물질로 콘덴서를 형성한다. 교류(AC)를 접지로 통과시키기도 한다.

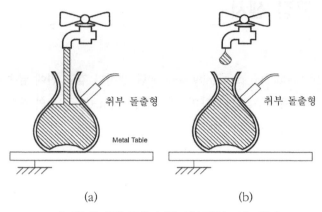

(a)   (b)

[그림 5-20] 주유 보급 시스템의 기초 원리

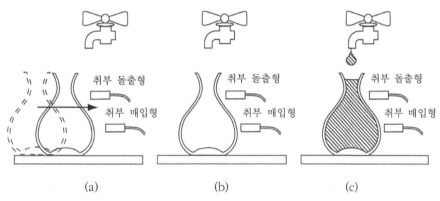

(a)   (b)   (c)

[그림 5-21] 2개의 정전 용량 근접 센서를 사용한 물류 시스템 적용 사례

[그림 5-21]은 차폐되지 않은(취부 돌출형) 센서와 차폐된(취부 매입형) 센서 작용을 동시에 보여주고 있다. 차폐형 센서는 액체를 가득 채우게 할 수 있는 유리병의 위치를 찾는 것이다. 차폐되지 않은 센서는 액체가 가득 채워진 레벨을 찾고, 작동을 정지할 수 있도록 표시한다. 차폐형 센서가 어떤 고체의 물질에서는 분출해서 넘칠 수 있다는 것을 주의해야 한다. 그림의 센서는 병의 접근으로서 동작이 바꾸지 않아야 한다. 차폐형 센서는 전기장 안으로 유리가 등장하면 검출이 되고 동작을 바꾼다. 차폐되지 않은 센서는 액체의 레벨을 찾았을 때 동작을 바꿀 수 있다.

03. 유도형 근접 센서

유도형 근접 센서란(inductive proximity sensor)란 센서의 검출 면에 금속체가 접근하여 전자유도 작용으로 물체의 유·무를 판별하며, 즉, 자계(magnetic field)의 에너지를 이용하여 기계적 접촉 없이 검출하는 센서를 말한다.

가. 구조와 동작 원리

[그림 5-22]에서 나타내는 것처럼 모든 유도형 근접 센서의 주요 구성 요소에는 발진기, 검파기, 트리거 회로 및 스위칭 증폭기로 구성되어 있다.

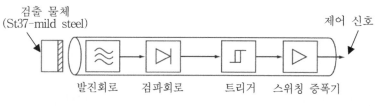

[그림 5-22] 유도형 근접 센서의 내부 구조

[그림 5-23]은 유도형 근접 센서의 발진부 구조를 나타낸 것이다. 검출 코일(주 전극)에서 발생하는 고주파 자계 내에 검출 물체(자성 금속)가 접근하면 전자유도 현상에 의해 근접 물체 표면에 유도전류(와전류 : eddy current)가 흘러 검출 물체 내에 열손실이 발생하게 된다. 이 유도전류에 의해 열손실이 발생하게 되면 검출 코일에서 발생하는 발진 진폭이 감쇠 또는 정지하게 되는데 이 진폭의 변화량을 이용하여 검출 물체의 유·무를 판별한다.

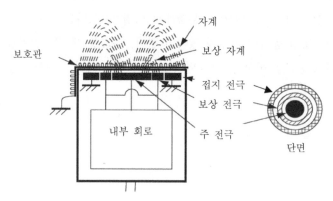

[그림 5-23] 유도형 근접 센서의 발진부 구조

[그림 5-24](a), (c)에서는 동작 신호로 유도형 근접센서의 물체 검출 원리를 설명하도록 한다.
유도형 근접 센서에 전원을 투입하면 80[ms] 이내에 전압의 진동 폭이 일정한 주파수대(일반
10~5[KHz])로 올라가며, 이 때 전기적인 자장이 형성된다(물체 없을 때 발진 지속). 이후 검출 물
체가 접근하면 검출 물체 표면에 유도전류(와전류)가 증가하여 전압의 진동폭이 작아지게 되고
완전히 검출된 상태가 되면 0[V]에 가깝게 된다. 이 미소한 전압의 진동폭을 증폭시켜 출력부를
동작시킨다. [그림 5-24] (b)는 금속체 표면에 와전류를 형성하는 모습을 보여주고 있다.

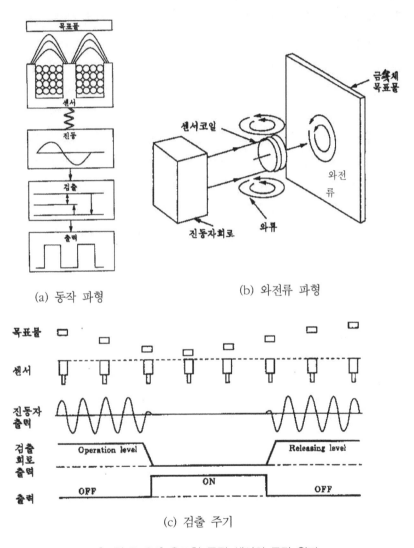

(a) 동작 파형

(b) 와전류 파형

(c) 검출 주기

[그림 5-24] 유도형 근접 센서의 동작 원리

특별한 응용을 위하여 유도형 근접 센서를 선택하고자 할 때, 여러 가지를 고려해야 한다. 첫 번째는 사용할 수 있는 검출 거리이다.

대부분의 안내 자료에서 출판된 검출 거리는 그 명목상의 거리이다. 검출 대상의 재질, 크기, 충돌작용, 제조공차, 온도공차를 고려해야 한다. 이들 파라미터 각각은 사용할 수 있는 검출 거리에 영향을 미친다.

[그림 5-25]는 검출 거리를 측정하는 방법을 설명하고자 한다. 근접 센서의 검출 거리에 관한 규정은 IEC 947.5.2로 제정되었다. 규정에 의하면 표준 검출체는 1[mm] 두께의 연철로 사각면의 길이는 센서 검출 면의 직경 또는 공칭 검출 거리 Sn의 3배 중 큰 것으로 하여야 한다. 공칭 검출 거리(Sn)는 검출 물체가 접근하여 출력이 동작할 때 검출 물체의 표면에서 검출면까지의 거리를 말한다. 응차 거리는 검출 물체가 검출면으로 접근하여 출력이 동작한 지점에서 검출 물체가 검출면에서 멀어져 출력이 복귀한 지점 사이의 거리를 말한다. 이 응차 거리가 존재함으로써 검출 물체가 진동하면서 접근하는 경우나 검출한 순간 물체가 정지할 경우, 검출 물체가 서서히 접근할 경우에 발생할 수 있는 채터링 현상을 방지한다.

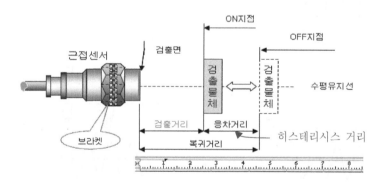

[그림 5-25] 근접 센서 검출거리 측정 방법

검출 대상 물체가 검출 거리에 접근함에 따라 대상 물체에는 와류가 발생하고 이때 와류가 완전히 센서에 검출되기 위해서는 대상 물체가 어느 정도의 크기와 재료를 가져야 한다.

따라서 일정한 재료로 구성된 것만 검출 가능하다. 보통 다음과 같이 구분한다.

① 철금속 재료: 철, 니켈, 코발트
② 비철금속 재료: 알루미늄, 동, 황동 등으로 철류가 비철류보다 강한 와류가 발생한다.

보통 재료에 따라 다르므로 [표 5-2]와 같은 보정계수를 이용해서 보정한다. 연한 강철(1623)의 보정계수는 보정이 필요 없이 표준 거리 검출용로 사용되고 있다. 나머지 재료는 보정계수를 감안해서 거리를 검출할 수 있다.

예를 들어 18[mm] 원통 확장형의 경우 검출 거리가 8[mm]이면 구리 재료인 경우는 0.35를 곱해 2.80[mm]가 유효 검출 거리(Su)가 된다.

$$\text{새로운 } Sn = \text{종전 } Sn \times T \qquad\qquad (5\text{-}3)$$

여기서 T : 목표물의 보정계수

[표 5-2] 재질에 따른 보정 계수

재 료	리밋 스위치형	팬 케이크형	원통형[mm]			
			8	12	18	30
강철(1623)(Mild steel)	1.00	1.00	1.00	1.00	1.00	1.00
강철(400)	1.15	0.90	0.90	0.90	1.00	1.00
강철(300)	0.85	0.70	0.60	0.70	0.70	0.65
황동(brass)(MS60F38)	0.40	0.45	0.35	0.45	0.45	0.45
알루미늄(ALMG3F23)	0.35	0.50	0.35	0.40	0.40	0.40
구리	0.30	0.46	0.30	0.35	0.35	0.30

용어정리

① 표준 검출 물체

기준 성능을 측정하기 위해 각 모델별로 표준이 되는 검출 물체의 형태, 치수, 재질을 정한 기준.

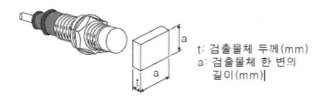

t: 검출물체 두께(mm)
a: 검출물체 한 변의
   길이(mm)

[그림 5-26] 표준 검출 물체

② 검출 거리(Sn)

근접 센서 검출면의 축을 기준으로 검출 물체가 접근하여 출력이 동작할 때 검출 물체의 표면에서 검출면까지의 거리를 말한다.

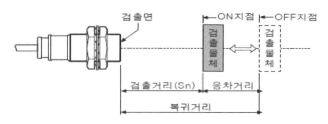

[그림 5-27] 근접 센서 검출거리

③ 응차 거리

검출 물체가 검출면으로 접근하여 출력이 동작한 지점에서 검출물체가 검출면에서 멀어
져 출력이 복귀한 지점 사이의 거리를 말한다.

④ 설정 거리

외부의 영향(온도, 전압, 기타 환경)에 의한 검출 거리의 변동 요인을 포함하여 안정하게
사용할 수 있는 검출면과 표준 검출 물체까지의 간격을 말하며, 통산 정격 검출 거리의
70%가 된다.

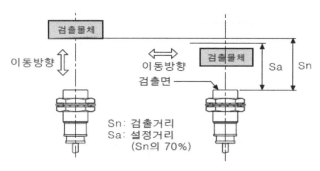

[그림 5-28] 검출 설정 거리

⑤ 비유전율

물질의 유전율(ε0)과 진공의 유전율(εs)과의 비를 말하며, 비유전율(ε0)의 값이 클수록
검출 거리가 길어집니다.

모든 물질은 고유의 비유전율을 가지고 있으며 고체 보다는 액체가 비유전율 값이 큽니다.

대표적인 물질의 비유전율

공기(1), 스티로폴(1.2), 종이(2.3), PVC(3), 나무(6 to 8), 유리(5), 알콜(25.8), 물(80)

⑥ 정전용량

절연된 도체 간에 전압을 공급하였을 때 축적된 전하(Q)의 양을 말하며, 축적된 전하(Q)의 양이 클수록 근접 센서의 검출 거리는 길어진다.

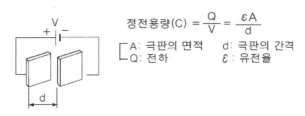

$$정전용량(C) = \frac{Q}{V} = \frac{\varepsilon A}{d}$$

- A: 극판의 면적   d: 극판의 간격
- Q: 전하 ε : 유전율

[그림 5-29] 정전용량

가. 근접 센서에 대한 인터페이스 설계

(1) 취부 매입형(shield 형)

근접 센서를 취부대에 장착하고자 할 때 검출면을 제외하고 근접 센서의 대부분이 금속으로 둘러 쌓여 측면에서 접근하는 금속의 영향을 덜 받도록 한 것으로서 검출 거리는 돌출형에 비해 짧으나 설치에서 검출면이 금속 외장과 동일하게 취부가 가능하다. 정전용량형 근접 센서를 플러쉬(flush) 형태로 설치하고자 할 때는 검출 전극 면적이 넓어지는 결과를 초래하여 표준 검출 거리 측정은 어렵다. 센서의 병렬로 나란히 취부할 경우 센서 지름의 2배 이상이 되어야 한다.

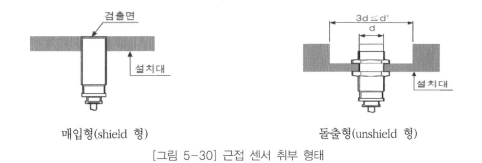

매입형(shield 형)   돌출형(unshield 형)

[그림 5-30] 근접 센서 취부 형태

(2) 취부 돌출형(unshield 형)

매입형과 달리 검출면의 측면을 금속으로 쉴드하지 않아 측면에서 접근하는 금속의 영향을 받기 쉬우므로 취부 시 주의가 요구된다. 이 형태는 전면과 측면에서 모두 자장의 영향을 받으

므로 매입형보다 검출 거리가 길다. 금속 요면(凹)부에 취부시켜 주고 근접 센서의 직경에 3배 이상의 절연 공간이 확보되어 있어야 한다.

(3) 최대 주파수 응답

근접 센서의 응답 주파수는 검출 물체를 반복하여 접근시켰을 때 오동작 없이 출력을 낼 수 있는 매초당 검출하는 최대 횟수를 의미한다. 일반적으로 센서의 검출면이 클수록 응답 주파수는 낮아지며, 교류 전원용 센서보다 직류 전원용 센서의 응답 주파수가 높다. 최대 응답 주파수는 식(5-2)로 표현한다.

응답 주파수 : $\quad f = \dfrac{1}{T} = \dfrac{1}{t_1 + t_2}$ (5-2)

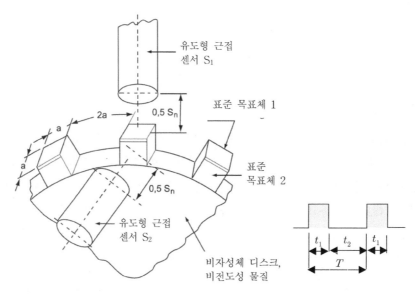

[그림 5-31] 주파수 응답 측정

(4) 센서의 접속 방법 :

① 부하의 접속 방법.

근접 센서의 분류 방법에는 검출 물체의 재질에 따라 유도형(고주파 발진형)과 정전용량형 근접 센서로 분류되며, 전원 및 결선 방식에 따라 DC 2선식, 3선식, 4선식 및 AC 2선식 등으로 종류가 세분화되고 DC 출력 구성 형식에 따라 NPN, PNP, NO/NC 타입을 선택할 수 있다. 특히 DC 트랜지스터 출력 형태를 오픈 컬렉터(O·C : open collector) 방식을 취하여 PLC와 같은 자동화 시스템의 입력 스위치로 많이 활용하고 있다.

[그림 5-32]는 트랜지스터 출력 방식을 나타낸다.

모든 근접 센서의 DC 출력 방식은 [그림 5-19]와 같이 NPN, PNP 두 가지 방식으로 사용되고 있다. 센서 모듈의 출력회로가 릴레이 접점일 경우는 사용 방법이 매우 간단하다. 그러나 트랜지스터 방식일 경우는 주의를 기울여야 한다. 트랜지스터의 극성에 따라 부하의 접속 방법이 완전히 달라지기 때문이다.

   ㉮ NPN TR 출력형 = 출력단자와 (+)전원 단자 간에 부하 연결.

   ㉯ PNP TR 출력형 = 출력단자와 (-)(접지) 단자 간에 부하 연결.

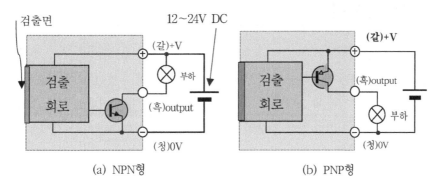

(a) NPN형   (b) PNP형

[그림 5-32] 트랜지스터의 출력 방식

② PLC(Programmable Logic Controller)와의 접속

직류 3선식 근접 센서를 PLC와 접속 시 COMMON 단자의 상태에 따라 적용 센서가 달라지므로 주의해야 한다.

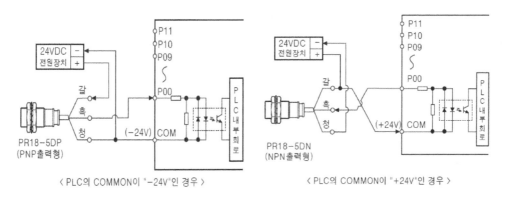

〈 PLC의 COMMON이 "-24V"인 경우 〉   〈 PLC의 COMMON이 "+24V"인 경우 〉

[그림 5-33] 센서와 PLC 접속

01. 광전 센서란

　　광전 센서란 빛을 내는 투광부와 수광부로 구성되어 있으며 투광된 빛이 검출 물체에 의해 차단되거나 반사되어 수광부에 도달하는 양이 변화한다. 이 광량의 변화로 수광 소자에서 물체의 유·무나 표면 상태의 변화 등을 검출하는 센서이며, 사용하는 빛으로는 가시광과 적외광이 대부분이다.

　　즉, 전기 에너지를 빛으로 변환시키는 발광 소자(GaAs, GaAsP, GaP 등의 PN 접합 소자)를 사용하여 빛을 발광하는 발광부에 의해 검출 대상에 빛을 조사하고, 검출 대상에 의해 변화된 빛을 수신하여 전기적 신호로 변환 및 증폭(포토다이오드, 포토트랜지스터 등의 소자)시키는 수광부를 갖춘 일명의 센서를 광전 스위치라 한다.

　　광전 센서는 투광부 없이 대상물이 방사하는 빛으로 동작하는 것, 출력이 ON/OFF 신호가 아닌 입광량에 따라 비례 출력하는 아날로그 출력인 것, 그리고 이미지 센서와 같이 여러 개의 센서 소자를 사용하여 치수 검사나 결점을 검출하는 것 등이 있으며, 물체의 유무나 통과 여부 검출에서부터 크기의 대소, 색상의 차이 판별 등 고도의 정밀 검출까지 할 수 있으므로 자동화 기계나 설비의 자동화, 계측, 안전 장치, 감시 장치, 검사 등의 여러 산업 분야에 광범위하게 이용되고 있다.

　　광전 센서의 일반적인 특징을 다음과 같이 설명할 수 있다.

장점 :
- 검출 거리가 길다(투과형으로 10[m], 반사형으로 1[m], 미러 반사형으로 50[m]의 검출 거리 획보)
- 검출 물체에 대한 제약이 적다(투명유리, 금속, 플라스틱, 나무, 액체 등)
- 응답 속도가 빠르다.: 빛 자체가 고속이고 센서 회로가 전자부품으로 구성되어 있기 때문에 기계적인 동작 시간을 포함하지 않아 응답 시간이 매우 짧음.(최고 20[μs], 즉 1/50000초의 고속 응답)

- 분해능이 높고, 비접촉 검출임.
- 검출 영역을 한정하기가 용이하다.
- 자계와 진동의 영향을 적게 받는다.

단점 :
- 렌즈가 물, 기름, 먼지 등의 오염에 약하다.

가. 동작 원리와 구성

[그림 5-34]와 같이 광전 센서의 기본적인 구성에는 발광부와 수광부가 있다. 여기서 필요에 따라 반사경과 광섬유 케이블을 추가할 수 도 있다. 발광부와 수광부의 구성에 따라 발광부와 수광부가 한 몸체로 구성된 직접 ① 반사형 광전 센서와 서로 다른 몸체로 분리 구성된 것을 ② 투과형 광전 센서 및 거울 반사경과 일체형 광전 센서로 구성된 ③ 미러 반사형 광전 센서로 종류가 구분된다.

[그림 5-34]는 광전 센서의 투광기와 수광기의 내부 구성을 나타내었다.

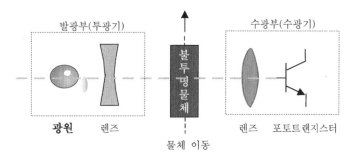

[그림 5-34] 광전 센서의 원리

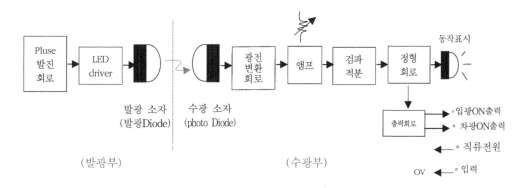

[그림 5-35] 투광기와 수광부의 구성도

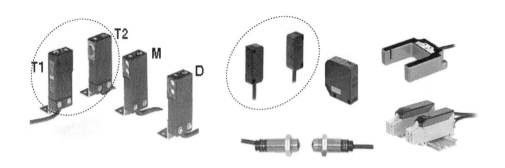

[그림 5-36] 광전 센서 모듈 제품의 예

[그림 5-36]은 여러 가지 광전 센서 모듈 제품으로서 외형별로 분류하고 간단하게 설명한다.
① Box형 모듈 : 사각형 구조물 속에 송수신 광소자, 렌즈, 증폭회로, 전원부 등을 갖추고 있다.
② 원형 모듈 : 내부 구성은 Box형 모듈과 같으나, 외형을 둥근 나사식으로 만든 것으로 설
　 치가 용이하다. 송수신 분리형에서 많이 쓰는 구조이다.
③ U자형 모듈 : U자형의 날개의 양쪽에 발광, 수광부를 각각 장착한 것으로 소형의 투과형
　 방식이다.
④ 광Fiber 센서 모듈 : 미세한 물체의 유무를 검출하기 위해 유리섬유로 집속시킨 빔을 사
　 용하는 방식이다.

02. 광전 센서의 종류

가. 투과형 (송신부-수신부 분리형)

(1) 검출 방식

① 투광기(송신부)와 수광기를 동일 광축 선상에 마주 보게 설치해 두고, 그 사이를 통과하는
　 검출 물체에 의한 광량의 변화를 검출하는 방식으로 주로 장거리 검출에 많이 사용된다.
② 검출 물체가 투광기와 수광기 사이에 들어와서 빛을 차단하면 수광기에 들어가는 빛의
　 양이 감소한다. 이것을 포착하여 물체의 유무를 검출한다.

(2) 특징

① 동작의 안정성이 높고 검출 거리가 길다(수 cm ~ 수십 m)
② 검출 물체의 통과 경로가 변화해도 검출 위치는 변하지 않는다.
③ 검출 물체의 광택, 색, 기울기 등의 영향이 적다.

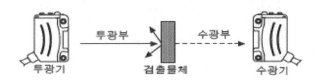

[그림 5-37] 투과형 포토 센서

나. 미러 반사형 (회귀 반사형, 송수신 일체형)

(1) 검출 방식

① 투, 수광부가 일체로 된 포토센서와 반사판 사이를 통과하는 검출 물체에 의해 반사광의 변화가 발생하는 것을 검출하는 방식으로 투명체나 공간 문제에 따른 투광부 전원 공급 등 취부 위치의 문제점을 해결하기 위해 많이 사용한다.
② 검출 물체가 빛을 차단하면 수광부에 입사되는 빛의 양이 감소하며 이 감소를 포착하여 검출한다.

(2) 특징

① 검출 거리는 수 cm ~ 수 nm.
② 공정 라인에 흐르는 투명 병의 유무를 검출할 수 있는데 이는 감도 조정을 통해 투명 병에 의해 굴절되는 광의 변화로 측정이 가능하다.
③ 검출 물체의 표면이 거울 면체인 경우, 물체의 표면 반사광에 의해 검출 물체를 검출하지 못하는 문제가 발생하는데 이것은 M.S.R(Mirrow Surface Rejection) 기능을 가진 광전 센서로 방지할 수 있다.
 - MSR 기능을 가진 센서는 회기 반사판에서의 반사광만을 수광하는 기능을 가춘 센서로 투광측의 편광 필터를 통과한 빛은 가로 방향의 편광이 된다.
   회귀 반사판의 코너 큐브에 반사한 빛은 편광 방향이 가로 방향에서 세로 방향으로 바꾸어, 이 반사광은 수광측의 편광 필터를 통과하여 수광 소자에 도달한다.

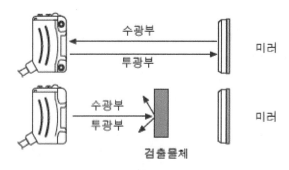

[그림 5-38] 회귀 반사형(밀러 반사형)

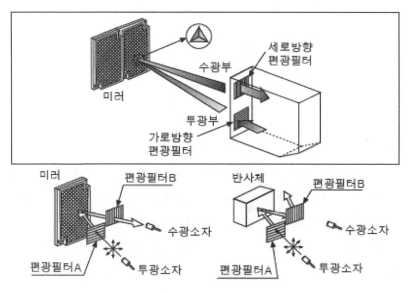

[그림 5-39] 회귀 반사형(밀러 반사형): 편광 필터 내장형

다. 직접 반사형 (확산 반사형, 송수신 일체형)

(1) 검출 방식

① 투·수광부가 일체로 되어 있으며 투사된 광이 검출 물체에 반사되어 수광부에서 직접
검출하는 방식으로 최근 고기능 제품과 초소형 제품 개발에 따라 설치가 쉬우며, 취부 공
간 활용 및 제품 측정 등 다양한 용도로 반도체 장비나 생산라인에 많이 사용되고 있다.

② 투광부에서 나온 빛이 검출 물체에 닿으면 검출에서 반사된 빛이 수광부에 들어가 수광량
이 증가하며, 그 증가를 포착하여 물체의 유무를 검출한다.

③ 확산 반사형, 협시계 반사형, 한정거리 반사형, 거리 설정형 등 많은 제품으로 구성되어 있다.

(2) 특징

① 검출 거리는 수 cm ~ 수 m.
② 검출 물체의 표면 상태에 의해 반사 광량이 변하여 검출 안정성이 변한다.

[그림 5-40] 확산 반사형

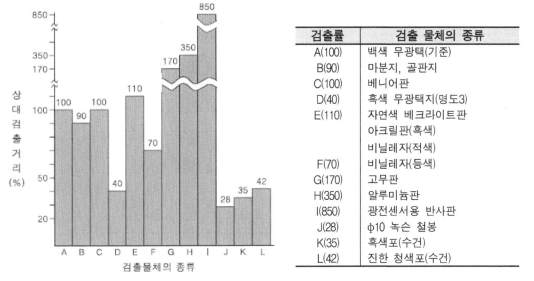

검출률	검출 물체의 종류
A(100)	백색 무광택(기준)
B(90)	마분지, 골판지
C(100)	베니어판
D(40)	흑색 무광택지(명도3)
E(110)	자연색 베크라이트판
	아크릴판(흑색)
	비닐레자(적색)
F(70)	비닐레자(등색)
G(170)	고무판
H(350)	알루미늄판
I(850)	광전센서용 반사판
J(28)	φ10 녹슨 철봉
K(35)	흑색포(수건)
L(42)	진한 청색포(수건)

그림 5-41 직접 반사형 광전 센서의 검출 거리 비교

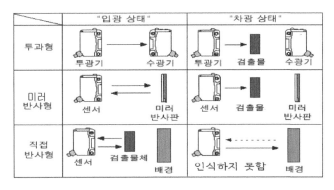

[그림 5-42] 광전 센서의 종류

03. 출력 방식과 판별법

가. 출력 형식

광전 센서의 출력 형태는 [그림 5-43]과 같이 유·무 접점에 따른 출력 형식으로 구분된다. 그림에서처럼 트랜지스터형과 릴레이형을 비교해서 나타내었다. 또한 물체를 검출한 상태에서 ON되는 노멀 오픈(normal open)형과 OFF되는 노멀 클로즈(normal close)형이 있으므로 제어 회로와 일치하는 것을 선정해야한다. 부하의 구동 방식에 따라서는 2선식과 3선식이 있으며, 2선식은 배선에는 편리하지만 반드시 부하를 직렬로 접속하여 사용하여야 한다.

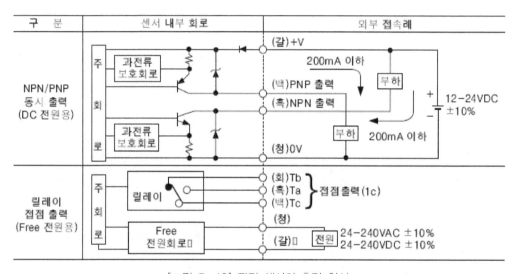

[그림 5-43] 광전 센서의 출력 형식

나. 제품 판별 방법

공업용 광전 센서 메이커들은 제품의 이름을 붙일 때 규격과 성능을 알 수 있도록 표시를 하고 있다. 예를 들면 광센서의 제품명이 'BMS5M-TDTP2'라고 표기되어 있다면 아래와 같은 방법으로 규격과 성능을 알아낼 수 있는 것이다.

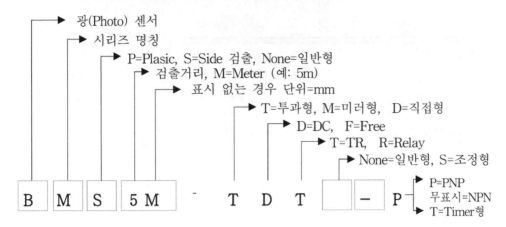

제품의 모델 명	BMS5M-TDTP2

광(Photo) 센서
시리즈 명칭
P=Plasic, S=Side 검출, None=일반형
검출거리, M=Meter (예: 5m)
표시 없는 경우 단위=mm
T=투과형, M=미러형, D=직접형
D=DC, F=Free
T=TR, R=Relay
None=일반형, S=조정형

| B | M | S | 5 M | - | T | D | T | | - | P |

P=PNP
무표시=NPN
T=Timer형

※ 끝 자리의 1=송신기, 2=수신기

	1) 제품 구분	광(빔)센서 (B=Photo Beam)
제품명으로 알아 낼 수 있는 정보들	2) 시리즈(제품 형태)	사각형 플라스틱 패키지
	3) 렌즈 위치	측면
	4) 검출 가능 거리	5미터
	5) 검출 방식	투과형(송-수광기 분리형)
	6) 전원	직류 12~24V
	7) 출력회로 구성	트랜지스터
	8) 출력 극성	NPN 방식
	9) 송수신기 구분	수광기(1/2 구분은 투과형에만 있음)

다. 광전 센서의 설치와 대책

투과형 광전 센서 모듈을 현장 용도에 맞게 고정 설치해야 한다.

[그림 5-44] (a)와 같이 취부를 하면 검출 물체의 하측을 통해서 굴절된 광이 취부대에 반사되기 때문에 물체가 광축을 차단하여도 입광 상태가 되는 경우가 있다. 이런 경우를 고려하여 그림 (b), (c)와 같은 조건으로 대책을 세워서 설치해야 한다.

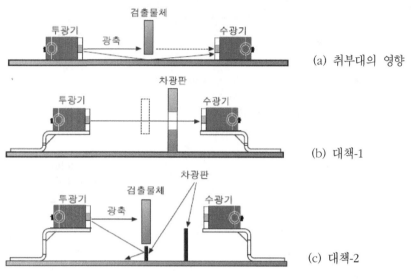

(a) 취부대의 영향

(b) 대책-1

(c) 대책-2

[그림 5-44] 투과형 광전 센서의 설치 방법

04. 광 화이버 센서

광 화이버 센서는 광 화이버식 광전 스위치 또는, 광 화이버 스위치라고 하는데, 광전 스위치와 광 화이버(optical fiber)를 조합시킨 것으로 사용 목적은 광전 스위치와 같다. 특징으로는 복잡하고 미세한 부분에 접근할 수 있기 때문에 공간적으로 제약을 받지 않고 검출할 수 있다. 광 화이버 센서의 구성은 [그림 5-45]와 같다.

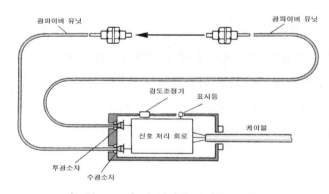

[그림 5-45] 광 화이버 센서의 구성도

가. 광 화이버의 구조와 원리

광 화이버는 [그림 5-46]과 같이 굴절율이 높은 코어(core), 굴절율이 낮은 클래딩(cladding) 및 클래딩 주위를 둘러싸고 있는 재킷(jacket)은 코어와 클래딩의 손상을 방지하기 위한 플라스틱 피복으로 구성되어 있다. 광 화이버의 한쪽 단면으로 입사된 광은 코어와 클래딩의 경계면에서 전반사를 반복하여 진행하면서 다른 쪽 단면으로 투사되며 투사광은 약 60° 각도의 원추형으로 확산된다. 이와 같은 광화이버를 묶어서 염화비닐이나 실리콘 고무 등으로 재킷을 씌운다.

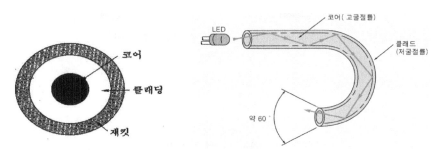

[그림 5-46] 광 화이버의 구조

광 화이버는 재질에 따라서 플라스틱형과 유리형으로 분류되는데, 플라스틱형 광 화이버의 코어는 아크릴계의 수지로 폴리에틸렌 계의 피복으로 쌓여 있어 가볍고 잘 부러지지 않으면 저가이므로 많이 사용되지만 광 투과율이 적고 열에 약한 단점이 있다. 유리형 광 화이버의 코어는 유리 화이버로 되어 있고 실리콘 고무나 스테인리스 피복으로 쌓여 있다. $30{\sim}50\mu$ 섬유 상태의 광 화이버 단선을 약 1~4[mm]로 결속하여 사용하는데 광 투과율이 좋고 높은 온도에서 사용할 수 있지만 무겁고 가격이 비싸다. 또한, 케이블의 단면 형상에 따라 [표 5-3]과 같이 분할형, 평행형, 동축형, 랜덤 확산형으로 분류된다.

[표 5-3] 광 화이버 케이블의 단면 형상

종 류	단 면 도	특 징
분할형		유리 화이버에 이용되는 수 10[㎛]의 수많은 유리 화이버가 들어 있고, 투과부와 수광부로 분할되어 있는 형태
평행형 (일반형)		플라스틱형 광 화이버만으로 이용되어 지고 있는 것으로 투광형과 수광형이 평행 또는 원형으로 된 구조로서 저가형이다.
동축형		중앙부(투광)와 바깥 둘레 부분(수광)으로 구분되어 있고 어느 방향에서 물체가 통과하여도 동작 위치가 같기 때문에 높은 검출 능력을 갖고 있다.
랜덤 확산형		투광용과 수광용으로 랜덤으로 분산시키거나, 무작위로 분할하는 것으로 주로 섬유량이 많은 유리형에 응용된다.

나. 검출 방식에 따른 분류

광 화이버 센서에는 검출 방식에 따라 [그림 5-47]과 같이 투·수광형과 직접 반사형으로 구분되고, 검출 원리는 광전 센서(스위치)의 원리와 같다.

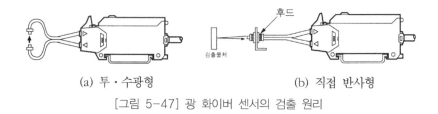

(a) 투·수광형   (b) 직접 반사형

[그림 5-47] 광 화이버 센서의 검출 원리

다. 허용 곡률 반경

광 화이버 케이블은 구부릴수록 광 전송률이 서서히 감쇠하다가 그 구부림 정도가 허용 곡률 반경 이하가 되면 광 전송률이 급격히 감쇠하고 부러지므로 [그림 5-48]과 같이 플라스틱 화이버 케이블의 경우는 케이블 반경의 30배, 유리 화이버 케이블의 경우는 케이블 반경의 50배 이하이다. 허용 곡률 반경은 통상 사용할 때는 허용 곡률 반경 이하로 구부리지 말아야 한다.

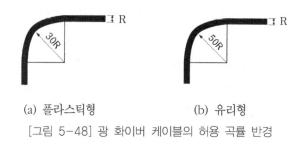

(a) 플라스틱형   (b) 유리형

[그림 5-48] 광 화이버 케이블의 허용 곡률 반경

라. 광 투과율

광 화이버 케이블의 광 투과율은 파장과 화이버의 재질과 사용 광원 등에 의해 결정된다. 특히 파장과 화이버 재질에 따라 투과율이 크게 달라지는데 플라스틱 광 화이버 케이블은 유리 광 화이버 케이블보다 파장에 따른 광 투과율의 차이가 크며, 광원에서는 적외선보다 적색 광이 효율이 높다. 또한, 화이버 케이블의 길이와 사용 광원에 의한 광 투과율은 광 화이버 케이블의 길이가 긴 경우 투과량이 감쇠하고 광원에 따라서는 감쇠율이 달라진다. [그림 5-49]는 화이버 재질과 광원에 따른 투과율 특성을 나타낸 것이다.

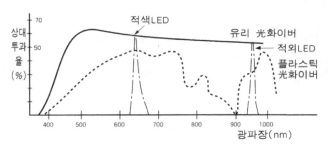

[그림 5-49] 재질과 광원에 의한 광 투과율

라. 광 화이버의 접속과 적용 사례

[그림 5-50]과 같이 직접 반사형과 투과형 광 화이버 센서의 모듈과 광 화이버를 각각의 지지대에 고정과 접속한다.

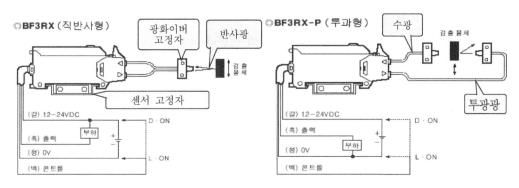

[그림 5-50] 광 화이버 센서의 종류 및 접속 예

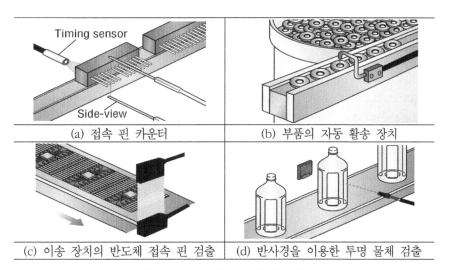

(a) 접속 핀 카운터	(b) 부품의 자동 활송 장치
(c) 이송 장치의 반도체 접속 핀 검출	(d) 반사경을 이용한 투명 물체 검출

[그림 5-51] 광 화이버 센서의 적용 예

제4절 자기 위치 센서

자기 위치 센서는 리드 스위치와 자석, 코일 등과 조합하여 위치를 유·무를 검출하는 센서의 일종이다. 이 단원에서는 리드 스위치의 이론과 실무 적용에 대해서 설명한다.

리드 스위치(reed switch)는 미국 벨(BELL) 연구소에서 개발되어 1940년대에는 항공기나 병기에, 1956년 전화 교환기용 리드 릴레이가 사용되었다. 이러한 리드 스위치는 응답 속도가 빠르고 유리에 봉입되어 접촉 신뢰성이 높은 장점으로, 현재 자동차, 가전기기, 기계 제어 장치 및 생산 공장 라인에서 응용되는 자동화 시스템의 실린더 본체에 직접 부착되어 사용하므로 공간적 제약을 줄이고 동작을 위한 별도의 전원을 필요로 하지 않으므로 손쉬운 회로 구성이 가능하여 매우 넓은 응용 범위를 가지며, 그 센서의 중심에는 리드 스위치가 있다.

[그림 5-52]에서 알 수 있는 바와 같이 리드 스위치 1개만으로는 아무런 의미가 없지만 자석 또는 코일과 같은 부품 또는 그 부품의 몇 개의 조합에 의해서 푸시 버튼 스위치, 근접 센서, 서멀(thermal) 센서 등과 같은 온도 제어에서 리드 릴레이까지 폭넓게 사용되고 있다.

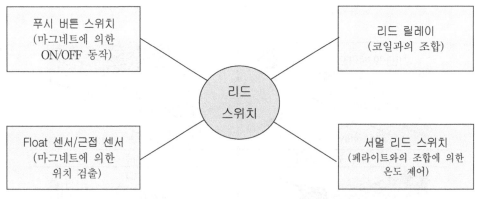

[그림 5-52] 리드 스위치의 응용

01. 자기 리드 스위치의 동작 원리

리드 스위치는 [그림 5-53]에 나타내는 바와 같이 자성 재료를 프레스 가공한 리드편에 적당한 오버랩과 갭을 가지게 하여 불활성 가스와 함께 유리 튜브 내에 봉입한 자기 구동형 스위치이다. 이때 사용되는 자성 재료는 높은 투자율의 자성체로서 52 합금(Ni 52%-Fe 합금)을 사용하고 있으며, 봉착용 유리는 52 합금과 열팽창 계수가 거의 일치하는 녹색의 것(그린 글래스)이 고려되고 있다. 그리고 리드의 선단부에는 전기 접점으로서 우수한 특성을 얻기 위해서 백금, 금, 로듐 등의 귀금속류가 도금되어 있으며, 내부 불활성 가스로서 질소와 수소의 혼합 가스가 상압에서 봉입되어 있다. 단, 특수한 경우에 가압 또는 진공으로 된 리드 스위치도 존재한다.

[그림 5-53] (b)에서 리드 스위치의 동작 원리는 막대자석을 리드 스위치에 접근시키면 연질 강자성 재료와 리드편이 자계의 방향에 따라 자화되어, 리드편이 N극, S극을 갖게 되어 접점부는 서로 잡아당기도록 다른 극이 유기되고, 이 자기적인 흡인력이 프레스 가공부의 기계적 탄성력을 웃도는 경우 접점이 닫히게 된다.

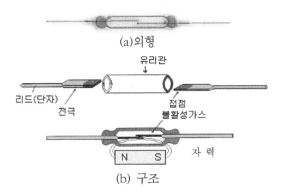

(a)외형

유리관

리드(단자)

전극

접점
불활성가스

N   S   자력

(b) 구조

[그림 5-53] 노멀 오픈형 리드 스위치의 구조와 동작 원리

리드 스위치의 특징은 다음과 같다.
① 접점부가 완전히 차단되어 있으므로 가스, 액체, 고온 다습 환경에서 안전하게 동작한다.
② ON/OFF 동작 시간이 비교적 빠르고(1[ms] 이하), 반복 정밀도가 우수하다(±0.2[mm]).
③ 사용 온도 범위가 넓다(-270~150[℃]).
④ 내 전압 특성이 우수하다(10[kV] 이내).
⑤ 동작 수명이 길다.
⑥ 소형 · 경량이며 가격이 저렴하다.

02. 자기 리드 스위치의 종류

리드 스위치는 접점 형식에 따라 [그림 5-54]의 (a)는 노멀 오픈(NO : normal open)형으로 접점이 탄성에 의해 항상 열린 상태를 유지하는 a접점(make contact) 형태의 리드 스위치이다. 그림 (b)와 같이 노멀 크로즈(NC : normal closed)형은 바이어스용 영구자석을 부가해서 정상 상태에서 접점을 닫혀 있는 b접점(break contact) 형태의 리드 스위치이다. (c)와 같이 트랜스퍼(transfer) C형은 봉착부의 한쪽에서 NO 접점과 NC 접점으로 되는 2개의 리드와 또 한쪽에서 COM 접점으로 되는 1개의 리드가 나온 형을 하고 있으며. 자계를 주면 COM 리드가 NC 접점에서 NO 접점으로 이동 접촉하지만 이때 일시적으로 3접점이 독립한다.

그리고 트랜스퍼형으로서 D형이 있는데 이것은 C형과 접점 동작은 같지만 반대 동작일 때 일시적으로 수은 브리지에 의해서 3접점이 동시에 도통 상태로 된다.

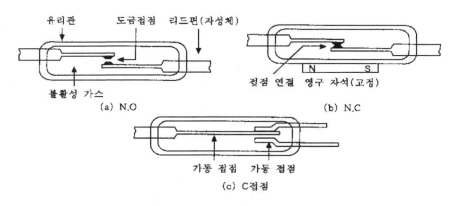

[그림 5-54] 리드 스위치의 구조와 종류

03. 자기 리드 스위치의 적용

리드 스위치는 출입문과 문틀에 자석과 스위치를 조합하여 방범용 제어기에 응용되거나 자동화 시스템의 실린더 전진과 후진 위치 감지에 응용될 뿐 아니라 자동차, 가정용 전기기기, 계측기기 등에 널리 사용되고 있다.

가. 실린더에 적용 사례

[그림 5-55]의 (a)는 실린더형 리드 스위치 구조이며, 그림 (b)는 내부 회로 구성이다. 실린더의 위치를 감지하기 위해 실린더 본체에 부착된 리드 스위치의 동작을 보여 준다.

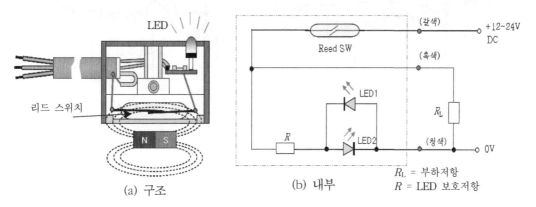

[그림 5-55] 실린더형 리드 스위치 원리

나. 시스템 회로에 적용 사례

[그림 5-56]과 같은 회로 구성은 산업 현장의 컨베이어 시스템에서 물체 이동에 자석이 부착되어 있을 때 리드 스위치에 자계가 유기되어 전기회로에 전류가 흘러 LED가 동작한다. 이 원리를 적용해서 다양한 사례를 만들어 볼 수 있다.

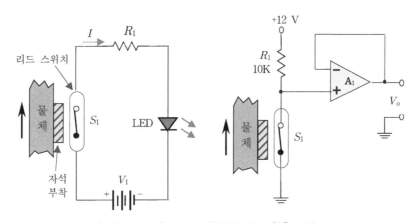

[그림 5-56] 리드 스위치의 회로 활용 기술

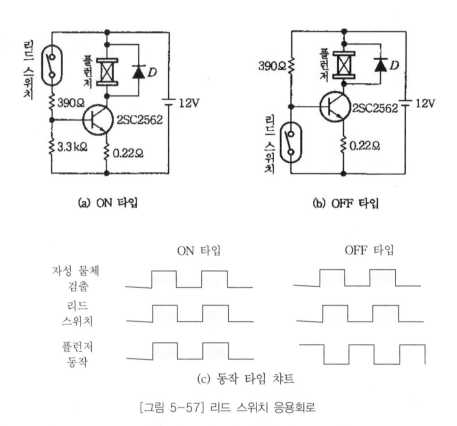

(a) ON 타입   (b) OFF 타입

	ON 타입	OFF 타입
자성 물체 검출		
리드 스위치		
플런저 동작		

(c) 동작 타임 챠트

[그림 5-57] 리드 스위치 응용회로

[그림 5-57]은 트랜지스터 구동회로를 리드 스위치로 제어하는 회로인데 그림 (a)는 ON 타입으로 리드 스위치가 ON일 때 플랜저가 여자되고, 그림 (b)는 리드 스위치가 OFF일 때 플런저가 여자되는 회로이다. 그림 (c)는 동작 타임 챠트이다.

제5절 초음파 센서

01. 초음파 센서란

　초음파(ultrasound)란 20 KHz 이상의 주파수를 갖는 음파를 말하며, 인간의 귀에 들리지 않을 만큼 높은 음이란 뜻이다.

즉 인간의 귀로 들을 수 있는 가청 주파수 범위인 20Hz ~ 20KHz보다 높은 주파수 대역의 음파이다. 음파라는 것은 어떤 공간적인 위치에서 발생한 진동 에너지가 매질에 전파되어 가는 현상으로서 전파 매질에 대응한 초음파 센서가 필요하다.

　초음파 센서란 음향 에너지를 전기 에너지로 변환하는 장치로서 20[KHz] 전후 이상의 음향 에너지의 검출 소자라고 한다. 초음파 센서는 압전 세라믹(티탄산바륨) 진동자의 비약적인 발달로 응용 대상 분야는 특수용도, 수중탐사용, 공업계측, 의료계측 및 자동차 등 활용도가 매우 넓어지고 있다.

[표 5-4] 초음파 이론

전파	전자기장 진동, 주파수가 높아야 공간으로 퍼져나간다(30㎒~300㎒).		
음파	초 장 파	진동수 20㎐ 이하	코끼리의 통신수단
	가청음파	진동수 : 20~20㎑	인간의 청각 범위
	초 음 파	진동수 20㎑ 이상 (전파속도 : 344m/s) 단, 20℃에서	돌고래, 박쥐의 통신수단 공기와 액체 진동을 공업적으로 활용한다. (세척기, 용착기, 어군 탐지)

　초음파는 높은 주파수가 가지는 지향성 반사율 등을 이용하여 전파가 할 수 없는 근거리의 레이더 역할, 특히 수중의 레이더로 각광받고 있다.

예를 들면 PPI라 불리는 잠수함 레이더와 어부들의 필수품인 어군 탐지기가 모두 초음파 응용 제품이다.

육상에서는 자동차의 후미 감시, 거리 측정기 등으로 사용되고 있으며, 공업적으로는 반도체 제조, 플라스틱 제품의 용착, 보석 가공, 정밀 제품의 세척 등 수많은 용도가 있다.

[표 5-5] 초음파 응용 사례

초음파의 응용 사례	
의학/화학 공업/어업	초음파 진단기, 초음파 수술, 화장품 희석, 성분 추출, 반응 촉진, 초음파 세척, 초음파 용접, 반도체 제조, 비닐/플라스틱 접착, 위험물의 액위 측정, 수심 측량, 수중 레이더, 어군 탐지 등

가. 초음파의 특성

(1) 초음파의 지향성

초음파를 통신 및 계측 분야에 이용할 수 있는 것은 지향성이 강한 특성을 갖고 있기 때문인데 초음파에는 종파와 횡파가 존재한다.

초음파는 횡파 및 종파로 구분되는데 진동자의 직경 φ와 파장 λ의 관계가 $\varphi > 3\lambda$ 이면 횡파로 되고 계측에서는 이 파를 이용한다.

평면파의 경우 매질에 대한 감쇄는

$$P = P_0 \exp(-\alpha \ell) \tag{5-3}$$

로 주어지고 여기서 P_o : 발진강도, α : 감쇄계수, ℓ : 거리이다.

(2) 초음파의 전달 속도

초음파의 전달 속도는 매질의 종류(공기, 액체, 고체)에 따라 다르고 그 속도는 다음과 같이 물질의 상태에 따라 각각 다르다.

- 기체 : $C_g = \sqrt{\dfrac{\mu_o P_o}{\rho_o}}$, μ : 비열, P_o : 압력, ρ : 밀도 $\tag{5-4}$

- 액체 : $C_L = \sqrt{\dfrac{K}{\rho}}$, K : 체적 탄성률, ρ : 밀도 (5-5)

- 고체 : $C_c = \sqrt{\dfrac{E(1-\sigma)}{\rho(1+\sigma)(1-2\sigma)}}$ (5-6)

여기서 E : 영율, σ : 포아송의 비이다.

일반적으로 공기 중에서는 340[m/s], 수중에서는 1500[m/s], 금속 중에서는 6000[m/s] 정도이다. 이때에 공기 중의 전파의 속도는 매질의 온도에 영향을 받으므로 일반적으로 식 (5-7)을 적용한다.

$$v = 331.5 + 0.60714 \times T[m/s]$$ (5-7)

여기서 T는 온도[℃]이다.

예를 들어 20[℃] 때의 전파 속도는 343.5[m/s]로 계산된다.

(3) 초음파와 전파의 비교

음파(초음파)는 음향 에너지이고 반드시 진동 매체가 존재한다. 즉 아무리 주파수(진동수)가 높게 되더라도 음향 에너지인 초음파는 진공 안을 전파할 수 없게 된다. 반면 전파(전자기파)는 전자기장 진동이고 그것에는 반드시 전기장과 자기장이 존재한다. 즉 전파에는 전자기장 에너지가 존재하고 이것은 진공 중에서도 전파할 수 있다.

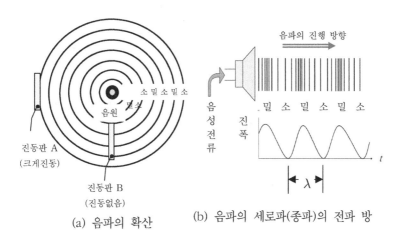

(a) 음파의 확산 (b) 음파의 세로파(종파)의 전파 방

[그림 5-58] 음파(초음파)의 생성 과정

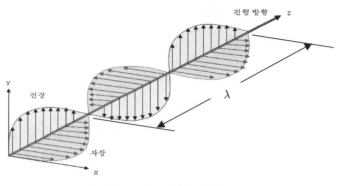

[그림 5-59] 전파의 성질

　음파와 전파의 차이로서 음파는 세로파이고 그 진행 방향으로 소밀파가 형성되며 음향 에너지를 전파한다. 단, 이것은 전파 매체가 기체 혹은 액체에서의 상황이다.

　전자파는 전기장과 자기장이 함께 존재하여 서로 교차한 전자장을 형성하고 일정한 속도로 전파하는 가로파이다.

[표 5-6] 초음파와 초단파의 비교

비교 항목		초 음 파	초 단 파
물리 현상		음향 진동(음파)	전자기장 진동(전파)
진동 주파수		일반적으로 20[kHz] 이상	30[MHz]～300[MHz]
파장		1.7[cm] 이하	1[m]～10[m]
전파속도	공기중	344[m/s](단, 20℃)	3×108[m/s] → 30만[km/s]
	수중	1,480[m/s]	공기 중보다 늦다.
	고체중(철)	5,180[m/s]	전파되지 않는다.(실드 된다)
	진공중	전파되지 않음	3×108[m/s]
기타 특징		반사되기 쉽다 전파 속도가 온도의 영향을 받기 쉽다. 전파매질이 다양하다 연삭, 용접가공, 세정작용, 가열살균작용	전파 거리가 길다 방송, 통신용

나. 초음파 진동자의 종류

　초음파의 발생이나 검출 장치를 크게 나누면 압전 진동자, 자왜 진동자, 전자 유도형 진동자로 구별할 수 있다. 이들은 어느 것이나 다음과 같은 압전 효과(piezoelectric effect)를 이용한다.

① 역학적(압력) 에너지를 전기적 에너지로 변환 : 압전 효과
② 전기적 에너지를 기계적 에너지로 변환 : 역 압전 효과

즉 높은 주파수의 교류 전압이 크리스털에 인가되면 크리스털은 이에 상응하는 기계적 진동을 나타내며, 특정의 주파수에서는 공진에 의해 그 진동에 더욱 강하게 된다. 이 진동은 10[MHz]까지도 가능하다.

(1) 압전 진동자

수정(quartz crystal), 로셸염(rochelle salt)의 결정 및 티탄산바륨($BaTiO_3$)이나 티탄산연계($PbTiO_3$)와 PZT(티탄산 지르콘산 연계 : $Pb(ZrTi)O_3$)같은 압전 소자의 압전 효과를 이용하여 초음파를 발생시키거나 검출하는 것이다. 최근에는 플라스틱계의 PVDF (polyvinylidene chloride) 필름 등이 이용되고 있다. [표 5-7]은 압전 효과를 이용한 센서에 사용되고 있는 여러 압전 재료의 특성을 나타낸다. 여기서, d는 물질의 압전계수, k는 전기기계적 변환효율이다.

대표적인 세라믹 압전 재료는 미국의 바나트론사의 PZT(lead zirconate titanate)가 있는데 압전 세라믹의 대명사처럼 되어 있다. 특징으로는 압전 정수가 크고 큐리점도 높다. 또 가격이 저렴하고 온도에 의한 특성 변화가 적다.

[표 5-7] 여러 가지 압전 재료의 특성

결 정	$d[mV^{-1}]$	k	특 성
수정(결정질 SiO_2)	2.3×10^{-12}	0.1	수정 진동자, 초음파 변환기 지연선, 필터
로셸염 ($NaKC_4H_4O_{64}H_2O$)	350×10^{-12}	0.78	
$BaTiO_3$	190×10^{-12}	0.49	가속도계
PZT($PbTi1-XZrXO_3$)	480×10^{-12}	0.72	이어폰, 마이크로폰, 불꽃 발생기(변위 트랜스듀서, 가속도계, 가스라이터, 자동차 점화)
PVDF	18.2×10^{-12}		대면적, 저가

압전 효과란 외부에서 압력이 가해지면 전압을 일으키는 것인데, 반대로 전압을 가하면 그 변화에 따라 일그러지고 진동을 일으킨다.

[그림 5-60]의 (a)는 압전 세라믹 결정체를 압축 또는 신장할 때 전하가 생겨 전압을 발생하는 현상으로 이것이 압전 효과의 원리이다.

반대로 압전 세라믹에 압축력을 가하면 상측의 전극에 ⊕의 전압이, 하측의 전극에 ⊖의 전압이 발생하고, 또한 인장력을 가하면 이번에는 상측의 전극에 ⊖, 하측의 전극에 ⊕의 전압이

발생한다. 즉 압전 세라믹은 전기 에너지와 기계 에너지(음향 진동 에너지)의 변환기로 초음파 센서에 이용되고 있다. 그림 (b)는 압전기 역효과라고 한다. 동작 원리 설명은 다음과 같다.

① 압전 소자에 외부 구동 전압이 인가되지 않으면 상태 변화는 전혀 변위가 없다.

② 압전 소자의 내부 분극 전하와 인가 전압이 같을 때는 압전 소자는 전극에 반발하여 압축된다.

③ 압전 소자에 내부 분극 전하와 인가 전압이 서로 다를 경우 끌어 당겨서 압전 소자는 신장한다.

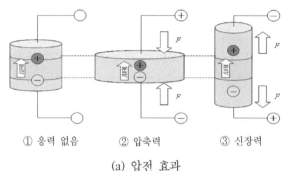

(a) 압전 효과

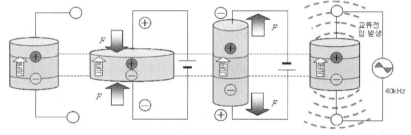

(b) 역 압전 효과

[그림 5-60] 압전기 효과

(2) 자왜 진동자

자왜 효과란 강자성체에 자장을 가하면 자계 방향에 왜곡이 발생하는 현상이다. 이와 반대로 자화된 재료에 기계적 힘을 가하면 자속 밀도가 변화하는데 이를 역자왜 효과라고 한다.

일반적으로 양자를 총칭하여 자왜 효과라 한다. [그림 5-61]은 자왜 진동자의 형상이다.

페라이트(Ni-Co-Cu-Fe 금속 분말 혼합물), 알루페로(Al-Fe 합금), 니켈 등을 가공하여 코일을 감은 것

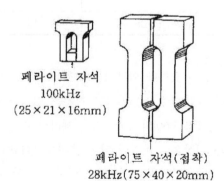

페라이트 자석
100kHz
(25 × 21 × 16mm)

페라이트 자석(접착)
28kHz(75 × 40 × 20mm)

[그림 5-61] 페라이트 진동자의 형상

이다. 코일에 전류를 흘리면 재료의 물리적 성질이나 구조에 따라 정해지는 고유 진동수에 공진해서 자계와 수직인 방향으로 신축, 진동하여 초음파를 발생시킨다.

페라이트는 절연물이므로 고주파 자장에 대해 와전류의 발생이 적고 에너지 변환율이 양호하기 때문에 에너지를 필요로 하는 공작 기구나 세척 분야 등에 사용된다.

(3) 전자 유도형 진동자

다이나믹형의 스피커와 구조가 같으며, 자계 중의 전자가 받는 힘(로렌츠의 힘)을 이용해서 초음파를 발생하거나 검출한다. 이것은 압전 진동자 또는 자왜형과 달리 비공진형이다. 따라서 주파수가 높아지면 변환 효율이 나빠진다. 또 주파수 선택성이 없어 노이즈 등을 타기 쉬운 결점이 있는 반면 공진 주파수에 좌우되지 않아 간단하다. 장점도 있지만 최근에는 거의 사용되지 않는다.

02. 초음파 센서의 종류와 원리

초음파 센서는 그 응용 방법에 따라 불리는 이름과 특성도 다르다. 레벨계측, 유량계측, 물체 인식, 거리 측정 등 공업용은 물론 모니터와 초음파 마이크로폰에 이용하여 음파의 검출에 이용되고 비파괴 검사용 탐상기에도 매우 유용한 소자이다.

가. 비파괴 초음파 탐촉자

[그림 5-62]는 초음파 탐촉자를 이용하여 물체의 결함을 검사하는 장치를 나타낸 것이다. 검사 대상 물체에 초음파를 발사하고 수신하면 금속의 결함에 따라 음이 변하는 성질을 이용해 각종 금속의 결함 또는 특성 분석에 이용 할 수 있다. 초음파의 검출에 이용되는 주파수로서 1~10[MHz] 정도의 것이 이용된다. 보통 이용되고 있는 음파 및 초음파는 이미 설명한 바와 같이 체적 탄성에 의한 종파(세로파)와 형상탄성에 의한 횡파(가로파)로 구분되어 진행하는데 진행 매질은 공중, 수중, 고체 중의 한 경우로 볼 수 있다. 그 목적에 따라 사용 주파수도 다르다.

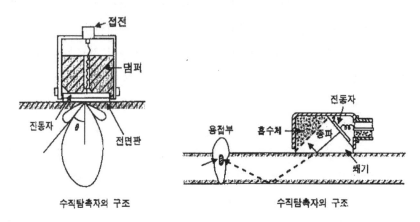

[그림 5-62] 비파괴 검사용 수직 탐촉자 구조

사각 탐촉자는 수직 탐촉자로는 불가능한 용접부, 환봉, 차축, 차륜, 곡면, 파이프 등에 발생하는 결함을 찾는데 사용되는 탐촉자로 고감도형, 고분해능형, 접근 한계 거리가 짧은형, 불감대가 적은형 등이 있다.

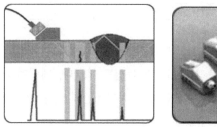 

[그림 5-63] 용접 부위 검사 사각 탐촉자

나. 공중용 초음파 센서

(1) 개방형 공중 초음파 센서

[그림 5-64]는 개방형 초음파 센서의 내부 구조와 외관 실물을 보여주고 있다.

공중 초음파 센서는 진동판의 압전 세라믹, 전극판이 샌드위치형으로 형성되고 이것에 콘형(로트형)의 공진자를 결합한 복합 진동체를 실리콘 접착제에 의하여 베이스에 탄성 있게 고정시킨 다음 케이스에 수납한 구조로 만들었다. 가격이 저렴하여 실험·실습에 많이 활용되고 있다.

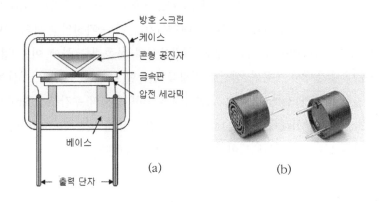

방호 스크린
케이스
콘형 공진자
금속판
압전 세라믹
베이스
출력 단자

(a)   (b)

[그림 5-64] 개방형 공중 초음파 센서; (a) 내부구조, (b) 외관

(2) 방적형 공중 초음파 센서

[그림 5-65]는 방적형 초음파 센서의 내부 구조와 외관 실물을 보여주고 있다.

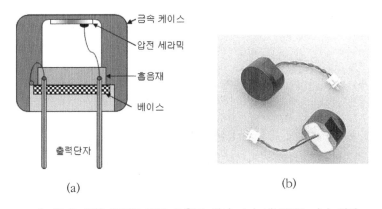

금속 케이스
압전 세라믹
흡음재
베이스
출력단자

(a)   (b)

[그림 5-65] 방적형 공중 초음파 센서; (a) 내부구조, (b) 외관

개방형 구조로는 옥외에서 비에 의한 물방울, 오염 물질이나 먼지의 부착 등에 문제가 있어 사용하기 곤란하다. 이 문제를 해결하기 위해 금속 케이스에 압전 세라믹을 부착하고, 베이스에는 흡음재를 붙여서 만든 것이다. 방적형 초음파 센서는 자동차의 범퍼에 내장한 거리계 등에 주로 사용되고 있다.

(3) 물체 검출용 초음파 센서

교통량을 측정하여 신호 시스템을 제어한다든가 사람의 침입 탐지 등을 목적으로 이용하는 센서로 감지 소자로는 세라믹 압전 소자를 사용한다. 주파수는 목적에 따라 조금 다르나 26[KHz] 정도의 주파수를 이용하고 송신기와 수신기를 대향시켜 물체 통과시의 음파의 차단 상태를 검출하면 물체 인식 및 차량대수의 계산, 생산 공장에서의 물품계수 등에 이용 될 수 있다.

톨게이트 교통량 검출에서 초음파 센서로 차량을 검출할 수 있는 시간을 계산해 보자. 공중에서의 음파의 진행 속도가 340[m/s]이고 노면상에 설치한 센서의 수감부가 5[m]일 때 이동 물체의 높이가 1.2[m]이면 반사해 돌아오는데 걸리는 시간은 없을 때는 10/344=29.1[ms]이나 물체 이동 시는 (5-1.2)×2/344=22[ms]가 되어 물체 감지가 가능하다.

(4) 거리 측정용

물체 검출용 초음파 센서와 사용 방법은 매우 유사하나 물체 검출용이 반사해서 돌아오는데까지의 시간차를 이용하는데 반해 물체 검출용은 반사 시간과 거리가 비례하는 것을 이용해 거리 H 를 다음과 같이 측정한다.

$$h = H - \frac{V_T(1+0.61)t}{2}$$

$$t = \frac{2(H-h)}{V_T(1+0.61)T}$$

(5-8)

여기서 V_T : 0[℃]에서의 음속, T : 측정 시의 기온, h : 측정 거리, t : 송파에서 수파까지의 도달 시간이다.

사용 주파수는 40[KHz]가 것이 많이 이용되나 20~100[kHz]의 것도 있다. 주파수를 높이면 지향성 및 분해능은 증가하나 감쇄도 커지므로 거리 및 정밀도 등에 따라 사용 주파수를 검토하여야 한다. 20[m]정도의 거리용에서는 20[KHz], 1~10[m] 정도에서는 30~40[kHz]를 이용한다. 카메라의 거리조절용, 적설량의 측정등에 이용될 수 있다.

(5) 속도 검출용

이것은 토플러 효과를 이용해 속도를 검출하는 것으로 차량의 속도, 유속 측정 등에 이용된다. 측정대상 차량의 속도가 V[m]이면 토플러 주파수가 f_d[Hz]는

$$f_d = \frac{2Cf_oV\cos\alpha}{(C+W\cos\alpha)(C-W\cos\alpha-V\cos\alpha)}$$

(5-9)

로 주어진다. 여기서 α 는 반사점과 초음파 센서가 이루는 각도, C 는 음속, $W[\text{m/s}]$는 풍속을 나타낸다.

다. 수중용 초음파 센서

수중에서 사용하는 초음파 센서는 그 응용이 매우 다양하여 자원 탐사, 어군 탐지, 수중거리 측정, 수심 측정은 물론 유량계 등 폭넓게 사용된다.

(1) 중·저주파용 초음파 센서

주로 수중의 어군 탐지, 자원 탐사, 수중 거리 측정 등에 이용되는 것이다. 수중에서의 음파는 주파수의 제곱에 비례하여 감쇠가 이루어지므로 계측 정밀도를 높이기 위해서는 주파수가 높은 것이 좋으나 원거리 측정에는 저주파가 유리하므로 목적에 따라 주파수를 잘 선정하여야 한다.

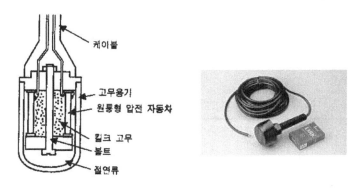

[그림 5-66] 원통형 하이드로폰의 구조와 실물

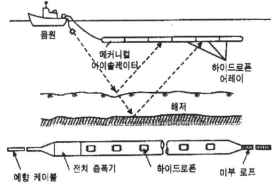

[그림 5-67] 초음파에 의한 해저 탐사의 원리

수 [kHz] 이하의 저주파용 수감 장치를 보통 하이드로폰(hydrophone)이라 하는데 수감부는 압전 소자이다. 광대역형은 100[Hz]~100[kHz], 고감도용은 100[Hz]~20[kHz] 정도이다. [그림 5-66]은 원통형 하이드로폰의 구조를 나타낸 것으로 감도를 높이기 위해 압전 소자를 병렬로 연결하여 이용하는 경우도 있다.

한편 해저의 자원 탐사나 지층 탐사에 이용되는 초음파 센서는 배에서의 잡음을 줄이기 위해 긴 하이드로폰을 케이블로 예인하면서 측정하는데 사용 주파수는 3[Hz]~2[kHz]의 음파를 사용한다. 이 경우 하이드로폰의 배열 길이가 수백 [m]에 이르는 경우도 있다.

(2) 고주파용 초음파 센서

이 경우는 파장이 짧아지므로 지향 폭은 좁아지고 분해능은 향상되나 감쇄가 증가하므로 주로 근거리용의 탐사 및 속도 측정에 이용된다.

이 분야에 가장 효과적으로 이용되고 있는 것은 유속계로 이 부분을 유량 센서라 부르기도 한다.

라. 고체용 초음파 센서

[표 5-8] 고체용 초음파 센서의 분류

압전 진동자를 사용한 탐촉자	종파용 (세로파)	수직방향 방사용	직접 접촉용	수직 탐촉자 진동자 탐촉자 광대역 탐촉자 접속 탐촉자 고온 탐촉자 배열 탐촉자
			수침용	수침 탐촉자
		경사방향 ·방사용	고정각도용	사각 탐촉자 종파 사각 탐촉자 표면파 사각 탐촉자
			가변각도용	가변각도 사각 탐촉자 타이어 탐촉자
전자 탐촉자	횡파용			

고체용 초음파 센서는 고체 중에 초음파를 발사하여 반사되는 주파수의 변화를 이용해 내부 결함 검출에 이용되는 것이 주를 이루고 있다. 원자력 발전소나 선박용의 철재 또는 용접 부위

의 결함 검사에는 필수적인 것으로 고도의 검사 기술이 요구된다.

[표 5-8]은 고체용 초음파 센서의 분류를 나타낸 것으로 사용 주파수는 목적에 따라 다르나 0.4[MHz]에서 10[MHz]까지 다양하게 이용된다. 자왜형 센서 등이 이에 속한다.

(1) 자분탐상법

자분탐상법은 표면이 균일한 강자성체를 자화한 경우 표면 자력선은 균일하나 결함이 있는 경우는 자속저항이 달라 자력선이 비틀어진다. 자분탐상법은 자화된 시제품에 자분을 산포(散布)하여 균일도가 다르게 되는 것을 이용해 결함을 검출하는 것으로 이때 미세 철분을 도료나 형광막을 착색하면 구분이 용이해진다.

[그림 5-68]은 자분탐상법에 의한 원리를 나타낸다.

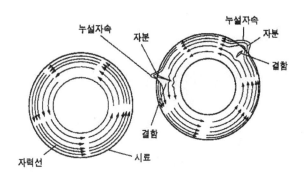

[그림 5-68] 자분탐상의 원리

(2) 와전류 탐상법(電磁形)

① 개요

주로 금속의 탐상에 이용되는 것으로 금속 표면의 코일에 전류를 흘리면 와전류와 자계의 상호작용에 의하여 금속 내에 초음파를 발생시킨다. 이 초음파에 의한 자속분포의 형상에 의해 금속 내의 결함을 찾아낸다. 전자형(電磁形)이라고도 하는데 [그림 5-69]는 와전류 탐상법의 원리도를 나타낸다.

② 동작 원리

금속 표면에 놓인 코일에 전류를 흘렸을 때 금속 내에 유기되는 와전류와 자계의 상호작용에 의하여 비접촉으로 금속 내에 초음파를 발생하는 것이다. 검출은 반대로 초음파와 자계와의 상호작용에 의하여 금속 내에 발생하는 와전류를 코일에 의하여 검출하는 것이다. 마그넷에 의하여 금속 중에는 표면에 평행하고 방사상으로 분포하는 자속밀도 B_r이 생긴다. 여기서 코일에 교류 전류를 주면 금속 표면층부에 발생하는 와전류 J는 원형으로 분포한다. 이 와전류 J와 자속밀도 B_r에 의하여 금속 표면에 수직한 성분인 로렌츠의 힘 $F_z = J \times B_r$이 생기고, 이것에 의하여 금속 중에 종파를 발생시킬 수가 있다. 이 형식의 초음파 센서로서는 다음의 점을 들 수 있다.

   ⑦ 피측정 재료에 접촉하는 일이 없이 초음파의 발생, 검출이 가능하다. 따라서 고온, 표면이 거친 재료 등의 두께 측정, 내부 결함의 검출에 사용할 수 있다.

   ⑭ 각종 모드의 초음파 발생, 검출이 가능하다. 예컨대 횡파도 재료에 수직으로 입사할 수 있다.

   ⑮ 종래의 탐촉자에 비하여 변환 효율이 나쁘다.

   ㉐ 수파용으로는 40[dB] 정도의 전치 증폭기를 필요로 한다.

   ㉑ 금속면과의 간격에 의하여 감도가 변화하므로, 간격을 일정하게 유지해야 한다.

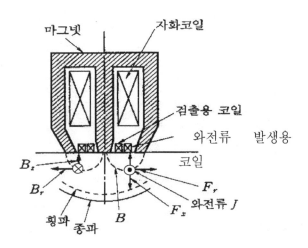

[그림 5-69] 와전류 탐상법의 원리도

03. 초음파 센서의 거리 검출 방법

가. 초음파에 물체 검출 및 거리 검출 원리

초음파를 이용한 계측기에 초음파 거리계가 있다. 이것은 초음파의 강한 반사성과 전파성의 지연을 효과적으로 응용한 일종의 측정기이다.

[표 5-9]는 초음파를 이용한 검출 방식을 설명하고 있다.

① 직접 전파 방식의 거리 측정

$$L = V \times T : \ V = 331.6 + 0.6t \, [m/s]$$

L : 송·수신 거리[m], V : 음파 속도[m/s], T: 음파 도달 시간[s],

t : 온도[℃]

② 분리형 반사 방식 거리 측정

$$L = V \times \frac{T}{2}$$ 송수신의 배치에 따른 각도는 오차 발생할 수 있음.

③ 통합형 반사 방식 거리 측정

$$L = V \times \frac{T}{2}$$

초음파를 이용한 검출 방식은 직접형과 반사형이 있다.

직접형 검출 방식은 송신기와 수신기를 마주보게 배치하고 직접파가 있을 때(신호전압이 있을 때)는 물체가 존재하지 않고, 신호전압이 없을 때는 물체가 존재한다.

[표 5-9] 초음파에 의한 물체 검출 방법

배치 방식	용도	특징
① [직접형]	리모컨용 물체 검출	• 감지거리는 자유롭게 설정할 수 있고, 설계가 쉽다. • 설치 장소 송·수신 별도 장소 요구
② [반사방식(분리형)]	물체 검출 거리 측정	• T로부터 R로 가는 직접 신호의 효율이 높아야한다. • T와 R의 개별 특성이 같아야 한다. • 근거리(10㎝이하) 측정에 적합하다.
③ [반사방식(통합형)]	물체 검출 거리 측정	• 송·수신 교환하는 회로가 필요 • 근거리 측정은 할 수 없다. 장거리 측정에 이용. • 이동 물체의 검출이 가능

반사형 검출 방식은 송신기와 수신기를 나란하게 배치하여 반사파가 있을 때 물체가 존재하는 동작을 한다.

반사형에는 송신기와 수신기를 2개 사용하는 독립형과 1개로 통합된 송수신 일체형 초음파 센서가 있다. 통합형은 1개의 센서로 거리 정밀 측정에 적합하나 송수신의 회로를 끊고 교환하는 회로가 필요하고, 가까운 거리에서는 송수신 간의 간섭이 있어 물체 검출이 곤란하다.

04. 초음파 센서의 구동회로

가. 송·수신기 센서의 구조와 전기적 특성

일반적으로 초음파 센서의 구조와 주파수 응답 특성 및 각종 파라미터는 [그림 5-70]과 [그림 5-71] 및 [그림 5-72]와 같이 나타낸다.

초음파 센서는 RLC 회로로 등가시켜 나타낼 수 있는데 그림은 MA40A3S의 경우 40[KHz]의 공칭 주파수는 직렬 공진 주파수를 나타내는 것으로 이때 최대의 송·수신 감도를 나타낸다. MA40A3R의 경우는 37.625[KHz]일 때 수신 감도가 최대가 된다.

이들 범용형은 대역폭은 좁으나 감도가 좋고 잡음에도 강하다. 그러나 주파수를 조금씩 옮겨 사용하는 다채널의 경우는 광대역형이 좋다.

센서의 대역폭을 넓히는 것은 인덕턴스 L을 연결하여 공진점을 f_r보다 낮게 만든다. 범용형의 경우 송신기와 수신기가 따로 있는데 송신감도와 수신감도가 최대로 되는 주파수가 직렬공진 또는 병렬공진 주파수만을 이용하게 되므로 하나는 희생되기 때문인데 광대역 형의 경우는 두개의 공진점을 가지므로 한개의 센서로 송수신을 병용할 수 있다.

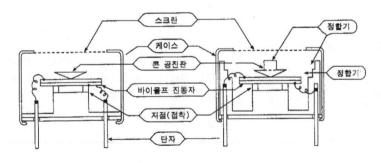

[그림 5-70] 송수신 초음파 센서의 구조

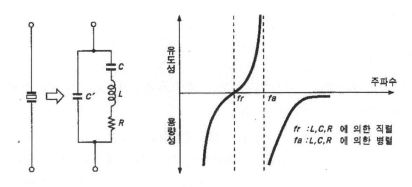

[그림 5-71] 초음파 센서의 등가회로

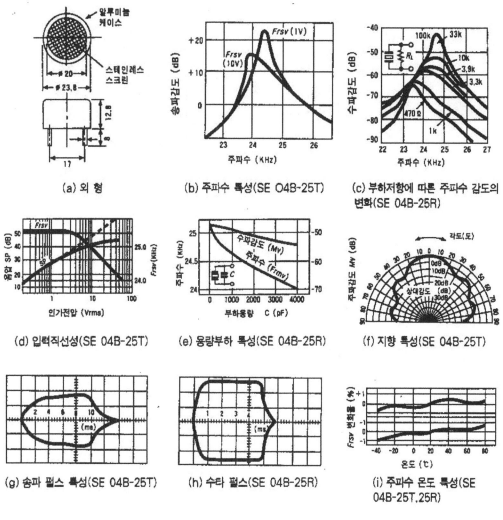

[그림 5-72] 공중형 초음파 센서의 특징

나. 초음파 센서의 송신기 구동회로

(1) 비안정 발진형 구동회로

비안정 발진형의 송신회로는 수정 진동자처럼, 센서 자체가 가지고 있는 공진 특성을 이용해서 공진 주파수 근처에서 발진하는 것이다.

[그림 7-73] (a)는 트랜지스터를 사용한 콜피츠 발진회로로서 초음파 센서는 유도성의 발진 주파수를 가지게 된다. 따라서 공진회로는 직렬공진 주파수를 갖게 되며 반공진 주파수를 취하게 된다. (C_1, C_2의 값을 조정하여 공진주파수 f_r를 맞출 수 있다.) 그러나 송신 감도는 최대 감도점을 벗어나 있기 때문에 효율이 좋지 않다는 것을 알 수 있다.

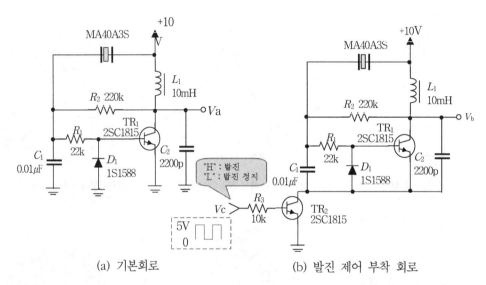

[그림 5-73] 트랜지스터를 이용한 비안정 발진회로

[그림 5-73] (b)는 발진 제어 단자를 가진 회로이다. 그림 (a)의 (-) 공통단자를 TR_2의 컬렉터에 접속하여 TR_2가 ON이 되어 있지 않으면 발진을 하지 않는다. 그림 (b)는 제어 단자를 사용하여 발진을 제어하고 있지만 발진이 안정될 때까지는 약간의 시간이 걸리는 것을 파형으로 관찰할 수 있다.

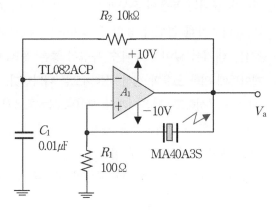

[그림 5-74] 초음파 센서를 이용한 비안정 멀티바이브레이터

[그림 5-74]에 OP-AMP를 사용한 회로를 나타낸다. 이 회로는 직렬공진 주파수 근처에서 발진할 수 있어서 효율은 훨씬 좋아진다. OP-AMP 2개를 가진 TL082ACP(모토롤라)를 사용하지만, 슬루율(slew rate)이 $10V/\mu s$ 정도 이상의 부품만 사용할 수 있다.(참조, TL082ACP : 13V/μs), 초음파 센서 MA40A3S는 40[kHz]에서의 공진 주파수를 가진다.

[그림 5-74]의 출력 V_a 신호는 주파수 40[kHz]인 18[V_{p-p}]의 구형파를 출력한다.

(2) 단안정 발진형 구동회로

[그림 5-75]는 타이머용 NE555 IC를 사용하여 발진회로를 응용하였다. 단안정 발진 구동회로로서 발진 주파수는 자유롭게 조정할 수 있으나 온도에 따른 주파수 안정도가 문제가 된다. NE555 IC는 주파수에 대한 온도계수는 50ppm/℃(10kHz이하)이지만 주파수가 높아지면 안정도가 떨어져서 40[kHz]에서 100~200ppm/℃ 정도이다. 따라서 10[℃]의 온도 변화에서 주파수 변화량은 약 100[Hz]이어서 큰 문제는 되지 않는다.

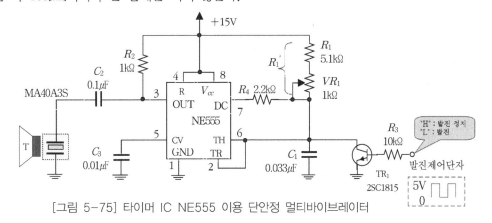

[그림 5-75] 타이머 IC NE555 이용 단안정 멀티바이브레이터

그러나 이 회로에서 외부에 붙이는 부품의 온도계수는 크지 않으며 R_1, R_2는 금속피막저항, C_1은 폴리에스테르 또는 폴리스치렌 콘덴서 등의 온도계수가 작은 부품을 사용해야 한다.

광대역형의 초음파 센서는 대역이 넓어서 주파수 특성이 좋은 폴리에스테르 콘덴서가 좋다.

[그림 5-76]에서는 IC 게이트에 의한 초음파 센서 구동회로를 나타낸다. 그림 (a)에서 MC14049B NOT 게이트 2개로 발진회로를 구성하고, 남은 4개의 게이트로는 초음파 센서를 구동하고 있다.

그림 (b)는 발진을 제어할 수 있는 입력단자를 가지고 있으며, 발진회로는 MC14011B로 구성해서 NAND 회로로 발진 제어를 할 수 있게 한다.

제어전압이 "H"일 때 발진을 시작한다. 초음파 센서의 구동은 MC14049B로 만들어졌다.

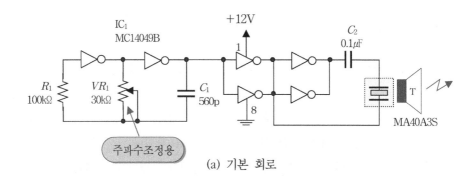

(a) 기본 회로

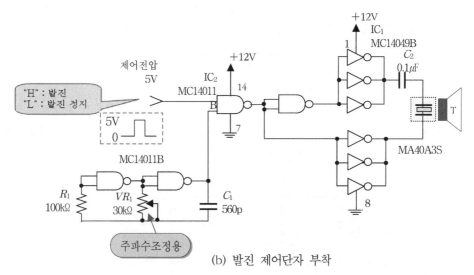

(b) 발진 제어단자 부착

[그림 5-76] IC 게이트를 이용한 발진회로

다. 초음파 센서의 수신기 회로

(1) OP-AMP를 이용한 수신기 회로

초음파 센서의 수신신호는 클 때는 1[V] 정도이지만 작을 때는 1[mV] 정도가 된다. 따라서 [그림 5-77]처럼 낮은 전압 레벨을 증폭하고자 할 때는 적어도 100배 이상의 이득이 필요하다. 회로에서는 주파수가 40[kHz]인 신호를 처리해야 하므로 고속형 OP-AMP가 필요할 것이다. 일반적으로 TL080 시리즈와 LF356, LF357, MC34080 시리즈를 사용해도 상관없다.

많은 이득이 필요한 경우는 OP-AMP를 1개 더 추가해서 사용한다. OP-AMP 1개의 이득은 100배 이하로 설계하는 것이 좋다.

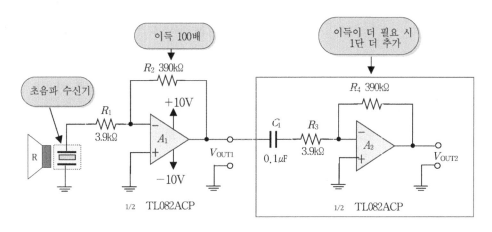

[그림 5-77] OP-AMP 이용한 수신기 회로(이득 100배)

(2) 전압 비교기 IC를 이용한 수신기 회로(LM393)

[그림 5-78]은 전압 비교기 IC LM393을 사용한 수신기 회로를 나타낸다. 비교기는 증폭회로처럼 위상 보상을 하지 않으므로 고속으로 동작이 가능하다. LM393의 출력전압은 TTL. DTL, ECL, MOS 및 CMOS 논리 시스템에 인터페이스로 적용하기 용이하다. 응용 분야는 A/D 변환기, 광대역 VCO, MOS 클럭 발진기 및 멀티바이브레이터 등에 활용되고 있다.

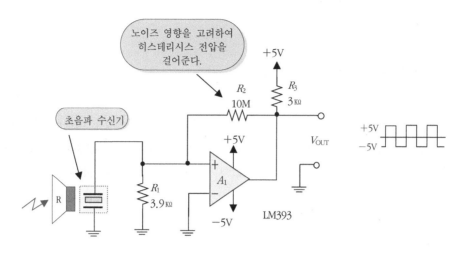

[그림 5-78] 비교기 IC를 이용한 증폭회로

그리고 신호전원 전압 범위는 DC 2[V]~36[V]로 광대역을 갖는다.(양전원으로 사용할 경우는 ±1[V]~±18[V]로 낮은 전원전압으로 구동이 가능한 장점이 있다.

출력신호는 ±5[V]의 포화 전압을 얻을 수 있으며 디지털 회로와 직접 연결하여 쓸 수 있다.

[그림 5-78]은 잡음을 줄이기 위해 정궤환(PFB) 저항 R_2에 의한 적은 히스테리시스 전압을 걸어 주고 있다.

05. 초음파 센서 응용

가. 초음파 센서를 이용한 물체 검출하기

(1) 직접형 물체 검출 방식

[그림 5-79]는 초음파 센서를 이용한 직접형 물체 검출 방식을 나타낸다. 이 회로는 광센서로도 만들 수 있다.

① 송신용 초음파 센서의 구동은 NE555 타이머 IC를 이용한 비안정 발진회로를 사용한다. 주파수 조정용 가변저항 VR_1으로 송신용 초음파 센서의 출력전압이 최대가 될 때까지 조절한다.(통상 40[KHz]에 맞춘다.)

② 수신회로는 LM393을 사용, 수신용 초음파 센서 MA40A3R의 출력을 비교기 IC LM393으로 증폭하여 구형파 신호를 나타낸다.

③ 구형파 신호는 LM2907N에서 F-V 변환한다.

　　LM393의 출력이 타코미터(tachometer)용 LM2907N(National Semi- conductor)에 접속된다. LM2907N은 내부에 F-V 변환기 역할로 타코미터를 내장하고 있어 입력 주파수 변화에 잘 대응한다.

　　[그림 5-78]은 LM2907의 내부 회로, [표 5-10]은 전기적 특성을 나타낸다.

④ LM2907N의 입력은 LM393의 출력전압으로는 "L" 레벨이 부족해 있어서 VIN-(11번 핀)을 다이오드의 순방향 전압(약 0.7V) 바이어스가 LM393의 전압 진폭에 합쳐서 들어간다.

⑤ LM2907N의 F-V 변환전압 VOUT 식은 (6-12)로 표현한다.

$$V_{OUT} = V_{CC} \cdot f_{IN} \cdot C_4 \cdot R_1 \qquad\qquad (5\text{-}10)$$

이 전압은 IC 내부 비교기 출력전압이 된다.

[그림 5-80]의 정수는 $f_{IN} = 40\,[\text{kHz}]$, 전원전압 $V_{cc} = 12\,[V]$로 되어 있다. 그리고 IC 내부 비교기의 OP-(10번 핀)에 $V_{cc}/2 = 6\,[V]$의 비교 전압을 입력하면 20[KHz] 이상으로 이면 비교기는 ON되어 LED가 점등된다. 즉 통상 물체가 초음파를 차단하지 않으면 40[KHz]의 입력 주파수가 인가된다.

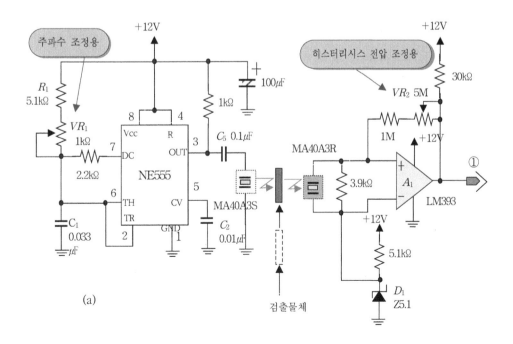

(a)

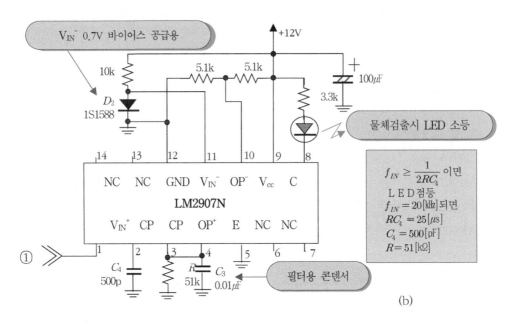

[그림 5-79] 초음파 센서를 이용한 물체 검출 회로(직접 검출 방식)

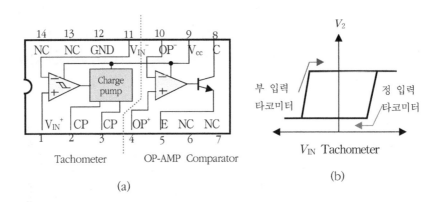

[그림 5-80] (a) LM2907N의 내부 회로; (b) 타코미터 입력의 드레시홀드 측정

⑥ 물체가 초음파를 차단하면 MA40A3R의 신호는 없어지고 LM2907N의 비교기는 OFF되어 LED는 소등된다.(NC 타입)

⑦ 만약 LED는 물체를 감지할 때 점등되고 평상 시는 소등하고 싶을 때는 [그림 5-80]처럼 LM2907N의 내부 비교기 입력을 역으로 연결하면 된다.(NO 타입)

[표 5-10] LM2907(V-F 변환기) 전기적 특성(Vcc=12[V], VA=25℃)

기호	특성	조건	Min.	Typ.	Max.	단위
타코미터(TACHOMETER)						
VTH	입력 드레쉬홀드 전압	VIN=250㎷p-p@1㎑	±10	±25	±40	㎷
VH	히스테리시스	VIN=250㎷p-p@1㎑		30		㎷
VBIAS	입력바이어스 전압	VIN=±50㎷DC		0.1	1	㎶
I2, I3	출력전류	V2=V3=6.0[V]	140	180	240	㎂
	직선성	fIN=1㎑,5㎑,10㎑	−1.0	0.3	+1.0	%
OP-AMP 비교기						
VOS	입력오프셋 전압	VIN=6.0V		3	10	㎷
IBIAS	입력바이어스 전류	VIN=6.0V		50	500	㎁
AV	전압이득		40	50		V/㎷
IO	출력전원전류	VE=Vcc-2.0		10		㎃

(2) 반사형 검출 방식에 의한 물체 검출 회로

[그림 5-81]은 반사형 물체 검출 방식의 구동회로를 나타낸다.

직접형과 다르게 반사형은 평상 시는 MA40A3R의 수신 신호는 없고, 물체가 초음파를 반사할 경우만 신호를 발생한다.

① 평상 시(물체가 없을 때)에는 LED는 점등되고 물체가 오면 LED가 소등한다.(NC 타입)

② 송신기와 수신기 간에는 1[㎝] 미만의 간격으로 같은 높이로 나란히 배치하여 물체를 감지하게 한다.

LM393 출력은 [그림 5-81] 회로의 입력에 연결하면 반사형 검출 방식으로 물체를 검출할 시에 LED OFF된다. 이는 부논리를 적용하여 반전 기능으로 전환해서 사용하면 된다.

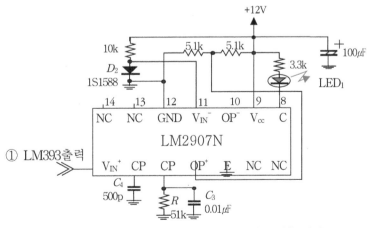

[그림 5-81] 물체 검출 시 LED 점등(직접 검출 방식)

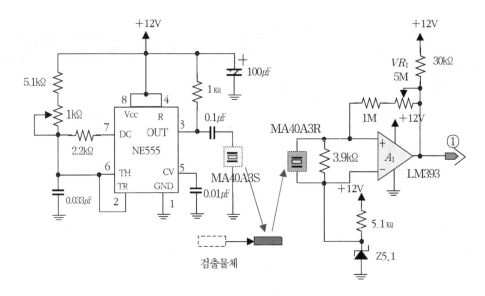

[그림 5-82] 물체 검출 시 LED 점등(반사형 검출 방식)

CHAPTER 06

변위 센서

변위는 위치, 길이, 각도, 변형 등을 측정할 때 기준 상태와 비교해서 나타나는 차이의 양이므로 이들을 측정하는 센서를 사용한다.

변위의 계측을 크게 구분하면 직선 변위와 회전 변위가 있다.

즉 변위 센서란 물체가 이동하는 거리, 위치, 각도 등의 역학량을 변위로 변화시키고 변위에 따른 전기량을 측정하는 것을 변위 센서라 한다. 변위를 전기량으로 변환하는데 정전용량 변화나 인덕턴스 변화, 전기저항 변화, 발생 기전력 변화 등의 수많은 변위 센서가 시판되고 있다. 변위 센서는 [표 6-1]과 같이 직선 변위 센서와 회전 변위 센서로 구분된다.

[표 6-1] 변위 센서의 주요 분류

센서명	변위 종류	검출 센서	종 류
변위 센서 (displacement sensor)	직선 변위	퍼텐쇼미터(potentiometer)	- 저항식
		LVDT	- 코일의 상호유도작용
		정전 용량형	- 미소변위 검출
	회전 변위	퍼텐쇼미터	- 저항식, 자기식, 광학식
		RVDT	- 회전(rotary) VDT
		싱크로	- 아날로형 각도 검출
		리졸버	- 아날로형 각도 검출
		정전용량형	- 액체의 레벨 측정
		엔코더	- 출력방식 : 증가형, 절대치형 (광학식, 자기식)

① 직선 변위 센서로서는 수십 mm 이상의 계측에는 스케일(scale)형이 많이 사용되며, 수 mm의 범위에서는 각종의 퍼텐쇼미터(potentiometer), 차동변압기(LVDT : linear variable differential transformer)가 많이 사용되고 있다.

② 회전 변위 센서로는 싱크로(synchro), 리졸버(resolver), 로터리 엔코더(rotary encoder), 펄스 제너레이터(pulse generator)가 많이 사용된다.

③ 기계적 변위량(길이, 각도)을 저항 변화로 검출하는 센서이며, 전위차계의 종류에는 접촉형과 비접촉형이 있다.

산업 현장에서는 회전형 퍼텐쇼미터도 많이 이용되고 큰 스트록의 위치를 결정하는 경우에는 직선형 리니어 모터를 이용하는 방법, 즉 모터의 회전 운동을 나사를 이용하여 변환하여 위치를 결정하는 방법이 있다. 이들 제품은 0.01[µm] 정도의 분해능이 있는데 위치 검출에 매우 정밀한 방법으로 이용된다. [그림 6-1]은 회전형과 리니어 퍼텐쇼미터의 실물을 보여주고 있다.

(a) 회전형

(b) 리니어형

[그림 6-1] 퍼텐쇼미터

저항 위치 센서

01. 저항 위치 센서의 개요

　전위차계(potentiometer) 또는 단순히 변환기(transducer)라 불리는 저항 위치 센서는 접촉형 전위차계로서 접촉자가 저항체 위를 접촉하면서 움직이는 형태로 권선형과 도전성 플라스틱형이 있다. 그것들은 푸시 버튼과 원격 제어 적용이 이루어지기 이전에 라디오와 텔레비전에 조정 손잡이로 폭넓게 사용되었다. 오늘날에는, 전위차계는 지게차 감속 조절에서부터 기계 움직임을 감지하는 범위까지 산업 전반에 응용되어 가장 보편적인 기초를 두고 있다.

　전위차계는 수동 소자이다. 선형 또는 회전 위치 감지 기능을 기초로 수행되는 전원 공급 또는 부가적인 회로도 요구되지 않는 다는 것을 의미한다. 그들은 일반적으로 두 가지 기본적인 방법 중의 1가지로 동작된다 : 가감 저항과 전압 분압기

　가변저항이 직선·회전 운동으로 값이 변화하는 것처럼 가감 저항기는 고정 단자와 가동 접촉 단자(와이퍼 단자) 사이에서 저항값이 변화되게 만들어서 사용한다.

　전위차계의 장점은 낮은 비용과 간단한 조작과 적용 방법이 쉬우며, 전원이 OFF된 상태에서 강한 EMI 방출/민감한 동작 상태에서도 충분히 고유의 저항 값을 측정할 수 있다. 단점은 최종적으로 슬라이딩 접촉 가동자가 닳아 없어지기 때문에 360°보다 작게 제한된다.

02. 저항 퍼텐쇼미터(전위차계)

　[그림 6-2]와 같이 퍼텐쇼미터는 저항비 분할형 변위 센서로서 저항체의 양단자에 전압을 인가하여 저항체 위를 피 측정 물체와 연결된 와이퍼(wiper)가 동작하여 직선적인 변위에 대한

출력을 전압으로 나타내는 원리이다.

저항 퍼텐쇼미터는 3단자를 가지는 가변 저항기이다. 2단자는 고정되고, 1단자는 가변한다. 저항은 긴 저항 소자에 와이퍼의 위치 선정에 따라 저항이 결정되는 선형 퍼텐쇼미터를 나타낸다. 저항체는 카본(carbon), 금속산화물 또는 권선형이 있다.

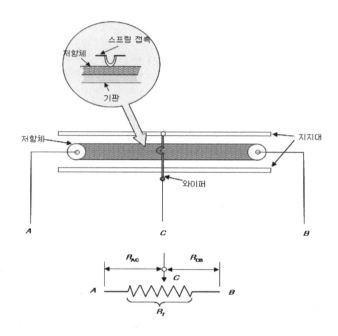

[그림 6-2] 퍼텐쇼미터 위치/변위 센서 원리

[그림 6-3]의 시스템은 움직임이 1사분면에 적용될 때 사용되며, [그림 6-4]의 경우는 움직이는 힘의 변위가 0(zero)점을 기준으로 $-V_{ref} \sim +V_{ref}$ 되는 경우에 적용된다. 출력 위치의 극성은 변위에 직접 적용된다. [그림 6-4] (b)는 출력전압에 대한 위치 특성을 보인 것이다.

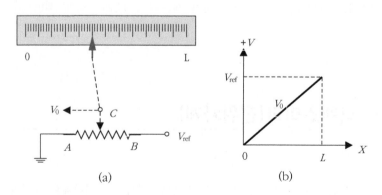

[그림 6-3] (a) 단일 사분면 위치/변위 센서, (b) 특성

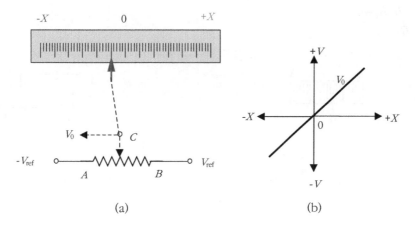

[그림 6-4] (a) 2 사분면 위치/변위 센서, (b) 특성

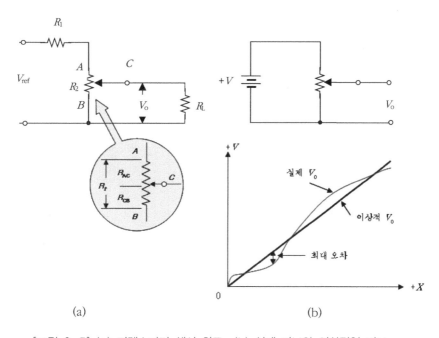

[그림 6-5] (a) 퍼텐쇼미터 센서 회로, (b) 실제 커브와 이상적인 커브

[그림 6-5] (a)는 실제 회로에서 퍼텐쇼미터 R_2 접속의 방법을 나타낸다. 부하저항 R_L을 무시한다면 출력전압 V_o는 식 (6-1)과 같다. 부하저항 R_L의 영향을 고려한 합성저항은 식 (6-2)이며 [그림 6-5] (b)는 특성 곡선의 실제 V_o 곡선을 나타난다.

$$V_o = \frac{V_{ref}R_{CB}{'}}{R_1 + R_{AC} + R_{CB}{'}} \qquad (6-1)$$

$$R_{CB}' = \frac{R_L R_{CB}}{R_L + R_{CB}} \tag{6-2}$$

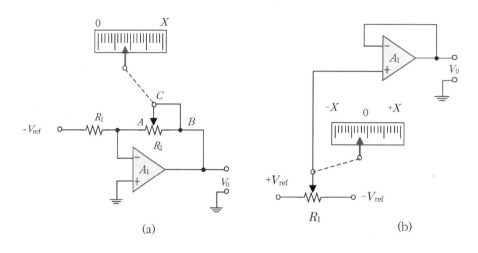

[그림 6-6] (a) 위치 센서에 대한 반전 증폭기; (b) 전압 폴로우어

[그림 6-6]의 (a) 비반전 증폭기와, (b) 전압 폴로우어는 퍼텐쇼미터의 비선형 특성을 선형회로에 부가함으로서 출력전압의 선형 특성이 개선된다.

선형 위치 센서

01. LVDT란

LVDT(linear variable differential transformer)란 기계적 변위를 교류전압으로 변환하는 기구를 선형 변위 차동변압기라 한다.

LVDT(선형 변위 차동변압기)는 RVDT(회전 변위 차동변압기)와 함께 변위 측정이나 제어용 센서로 널리 이용되고 있을 뿐만 아니라, 하중, 압력, 토크, 유량 등의 공업량은 쉽게 선형변위로 변화하고, 또한 차동변압기에 의해 변환된 교류전압을 직류로 바꾸어 전위차계식 자동 평형 계기등에 이용할 수 있다.

02. LVDT의 원리와 적용

가. 구조와 동작 원리

LVDT는 1개의 1차 권선, 2개의 2차 권선, 철심(core) 및 절연 보빈(bobbin)으로 구성되어 있으며, 속이 빈 원통 보빈 안에 있는 가동 철심의 위치를 변화시킴으로써 2차 권선의 인덕턴스 변화량을 감지하는 것이다.

[그림 6-7]과 [그림 6-8]에서 철심(core)은 각 코일의 리액턴스 결정에 도움을 준다. 철심이 두 코일 사이에 균등하게 분배하고 있을 때 각 리액턴스는 같다. [그림 6-7]은 유도형 휘트스톤 브리지 센서 회로를 보여준다. 센서가 안정될 때는 브리지 출력전압 V_o는 0[V]이다. 압력, 힘 등

이 작용하여 코일 철심이 움직일 때 각 인덕턴스 L_1, L_2 변화를 주게 되어 브리지회로의 불평형 전압을 출력한다.

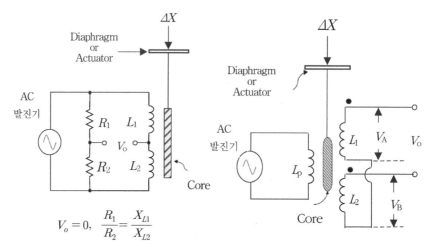

[그림 6-7] 유도형 브리지 △X 변위 센서

$$V_o = 0, \quad \frac{R_1}{R_2} = \frac{X_{L1}}{X_{L2}}$$

[그림 6-8] LVDT 회로

[그림 6-8]은 LVDT 센서 원리를 보여준다. LVDT의 동작은 철심의 변위 변화에 따른 각 인덕턴스 변화가 차동 결선 트랜스의 출력전압을 증가하게 만든다. 그러므로 인덕턴스 센서는 변위 센서로 사용할 수 있다. 그러나 매우 작은 영역에서는 코일 내부의 이동 영역에서 제한된다. 여기서 1차 코일을 여자하면, 2차 코일에는 유도기 전력이 발생하며 2개의 2차 코일의 극성이 반대로 접속되어 있으므로 중앙부로부터 코어 변위에 상당하는 출력전압이 검출된다. 2차 코일에 유도되는 기전력은 Faraday's Law에 의해 아래의 식 (6-3)으로 나타내어지고, 여기서 M은 상호유도이다.

$$V_o = -M\frac{di}{dt} \tag{6-3}$$

LVDT의 출력전압 V_o 는 두 코일전압 V_A, V_B의의 합으로 식 (6-4)로 표현된다.

$$V_o = V_A - V_B = M_1\frac{di}{dt} - M_2\frac{di}{dt} = (M_1 - M_2)\frac{di}{dt} \tag{6-4}$$

여기서 i는 1차 전류, M은 상호 인덕턴스, M_1, M_2는 코아의 위치 변화량이다. 출력전압은 상호 인덕턴스의 차 $(M_1 - M_2)$에 비례한다.

[그림 6-9]는 코어의 변위에 따른 LVDT의 출력전압의 특성을 나타낸다. 출력전압은 변위에 선형적으로 비례하는 것을 볼 수 있다.

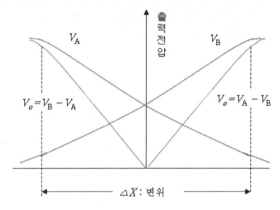

[그림 6-9] 코어의 변위와 차동출력전압의 관계

나. LVDT의 특징

선형 변위 차동 트랜스의 특징을 종합하면 다음과 같다.

① 내진, 내구성이 뛰어나고 피로 소모가 적다.

② 마찰 히스테리시스가 없다.

③ 출력이 코어의 변위에 비례하고, 분해능은 무한대이다.

④ 0.01[μm]에서 40[mm]까지 변위 측정이 가능하다.

⑤ 소형, 경량으로 구동이 쉽다.

⑥ 변위 1[mm]당 출력전압은 0.1~1[V]이다.

03. LVDT의 응용

LVDT는 기계량 변위량을 얻을 수 있는 곳이라면 사용 가능하다. [표 6-2]와 같이 치수측정, 자동 계측장치 등의 분야에 널리 이용된다.

[표 6-2] LVDT의 응용 분야

센서명	응용 분야
LVDT	길이, 두께, 각도의 특정 신축, 압축, 비틀림의 측정 치수 검사, 자동선별 유량, 압력, 레벨의 측정 장력, 중력, 토크, 응력, 하중 측정 진동, 속도, 가속도 측정

가. 치수 변위계측 응용

LVDT는 [그림 6-10]에 보인 것과 같은 구조로 되어 있는데 트랜스 코어에 직결한 측정자의 이동을 코일의 2차측에 검출한다.

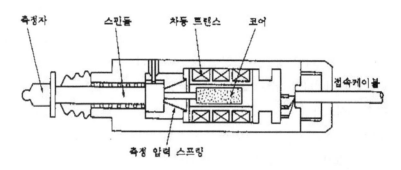

[그림 6-10] LVDT의 내부 구성

[그림 6-11]은 LVDT을 이용한 변위 검출에 적용하는 회로를 나타내고 있다.

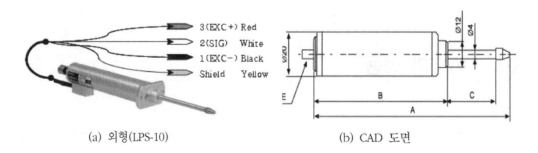

(a) 외형(LPS-10)   (b) CAD 도면

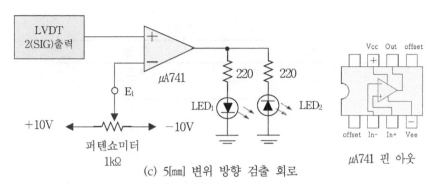

(c) 5[㎜] 변위 방향 검출 회로

[그림 6-11] LVDT에 의한 변위 검출 회로

검출회로를 이용하여 LVDT의 코어 위치를 감지하는 시스템을 작동시켜 LED1~2는 중앙으로부터의 코어가 왼쪽 또는 오른쪽에 위치하는 것을 표시한다.

나. LVDT 변위 센서를 이용한 증폭회로 설계

[그림 6-12]의 LVDT 센서(DP-S4 : 동도전자산업)를 이용하여 ±1[V/㎜]의 변화 비율로 DC 출력전압으로 변화시킬 수 있도록 설계한다.

(a) LVDT 외형

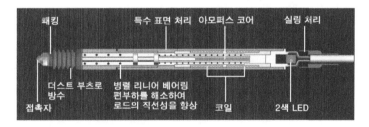

(b) LVDT 내부 구조

[그림 6-12] LVDT 변위 센서

[표 6-3]에서 LVDT의 특성은 4mm의 최대 변위, 5[V_{rms}](또는 14.14 V_{p-p})의 AC 여자전원과 적합한 응답 주파수 13[㎑]로 한다.

[표 6-3] LVDT의 특성

내 용	특 징
이동 스트록크 [mm]	4.95
측정 범위 [mm]	4
사용 온도 범위	0 ~40[℃]
응답 주파수	13[kHz]
지름	8[mm]
길이	111.3[mm]

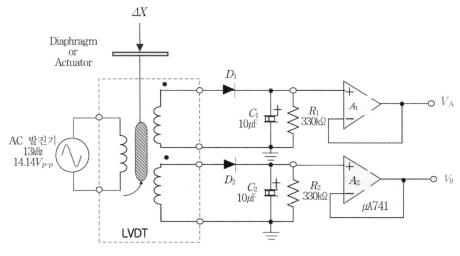

(a) LVDT 출력 DC화

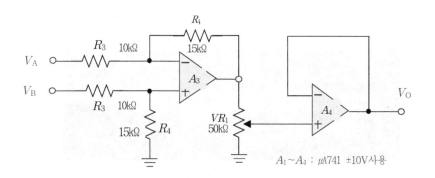

(b) 차동 출력 회로 및 출력 조정

[그림 6-13] LVDT 변위 증폭회로

LVDT 출력을 각각 정류와 필터회로를 거쳐 DC 전압으로 변환하고 OP-AMP A_1, A_2, A_4의 전압 폴로어는 완충기(buffer)로 사용된다. 그리고 차동증폭기 A_3의 출력전압은 식 (6-5)와 같다.

$$V_C = \left(\frac{R_4}{R_3} \right) \times (V_B - V_A)$$
(6-5)

여기서 변환회로의 출력전압 V_O는 전위차계 VR_1(50㏀)를 조정함으로써 ±1[V/mm]을 얻게 된다.

[그림 6-13]의 출력을 A/D 변환기 및 마이크로프로세서와 조합하면 스마트한 변위 검출 시스템이 된다.

다. LVDT의 응용과 용도

(1) 자동 현가 시스템(auto suspension system)

전자제어 현가 시스템이 자동차 산업에 도입되어 속도나 도로 사정에 관계없이 승차감을 지속적으로 자동 감시하면서 부드럽고 안정적인 승차감을 제공하는 첨단 기술의 중심에 LVDT를 응용하고 있다.

(2) 밸브의 변위 감지

유압밸브에 장착하여 스풀 위치의 피드백 신호를 제공하므로 스풀의 위치를 지속적으로 감시하는 제어 시스템을 구성한다. 높은 주파수 응답으로 밸브의 히스테리시스 영향을 감소시키므로 정밀제어가 가능하다.

(3) 롤 갭(roll gap) 측정

압연강판, 알루미늄 및 금속판의 압축에서부터 제지, 비닐제품, 식품에 이르기까지 각종 압축제품들의 두께 제어를 위해 롤의 갭을 측정하는 응용은 매우 많이 사용되고 있다. 열악한 제철환경이나 위생을 우선으로 하는 제과, 식품 환경 등 다양한 사용 조건에 대한 환경 적용성이 우수하다.

(4) 하중 센서

무게 계량 시스템의 스프링 변형량을 측정하거나 하중을 측정하는 로드 셀로 이용되고 있다.

(5) 현금 자동 인출기(ATM)

정밀도가 높은 소형 LVDT는 코어의 무게도 가벼워서 구동력이 적거나 빠른 가속력으로 동작하는 시스템에 이상적이다. 이송 롤러 위에 지폐 규격의 간격으로 2개의 메탈 롤러가 스프링으로 눌러져 있다. 롤러 사이로 지폐가 이송되면 눌려진 롤러가 지폐의 두께만큼 위로 들리고 LVDT 전압의 변화로 출력된다.

(6) 비중 센서

PCB soldering 시스템의 플럭스 제어기기의 플럭스 용액에 담겨 있는 비중계와 온도 탐침으로 얻은 입력 정보를 통하여 플럭스의 밀도를 자동으로 측정한다.

비중계로 이용하는 LVDT의 하우징에는 스프링으로 매어 달린 플로터(float)가 있다. 이것은 플럭스의 정해진 밀도에서 일정한 부력이 있으므로 밀도가 변하여 부력이 변하면 스프링에 변위가 발생한다.

(7) 로봇 조종

고열, 먼지, 진동 등의 가혹 환경에서 로봇 팔을 이용하여 작업에 다루는 것은 쉬운 일이 절대 아니다. 산업용 로봇을 제작하는 4가지 제어 수준은 단순한 레버 조작, 조이스틱, Master-Slave 팬터 그래프, 완전한 로봇 제어 등이 있다. 어떤 제어 방식이든 팔 끝에 붙어있는 레버를 3축 방으로(Yaw, Pitch, Roll) 움직일 수 있어야 한다. 유압 제어와 같은 가시적인 작업은 단순 레버 조작과 조이스틱 제어에 준하는 자동 제어 시스템인데 3개의 LVDT를 이용하여 조정자의 팔 동작을 감지하는 Master-Slave 팬터 그래프를 개발하여 매뉴얼로 제어하기도 하고 작업자의 팔 동작을 로봇 팔이 그대로 따르도록 지휘한다. 3개의 LVDT 출력신호는 로봇 팔을 제어하는 연속적인 귀환 루프의 주요소가 된다.

(8) 유압 실린더의 위치 감지

실린더의 외부에 LVDT를 장착하는 일은 너무나 용이한 일이다. LVDT 하우징과 실린더가 평행이 유지되도록 받침 블록을 고이거나 클램프로 고정한 후, 코어 어셈블리가 피스톤 로드와 연동하여 하우징 내부에 접촉 없이 이동하도록 하여 피스톤의 변위에 따른 출력의 변화를 얻는다.

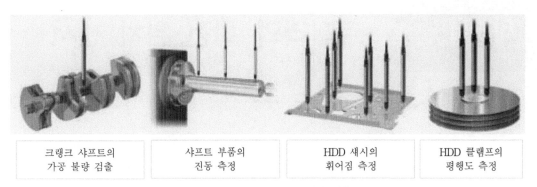

| 크랭크 샤프트의
가공 불량 검출 | 샤프트 부품의
진동 측정 | HDD 섀시의
휘어짐 측정 | HDD 클램프의
평행도 측정 |

[그림 6-14] 차동 변압기의 적용

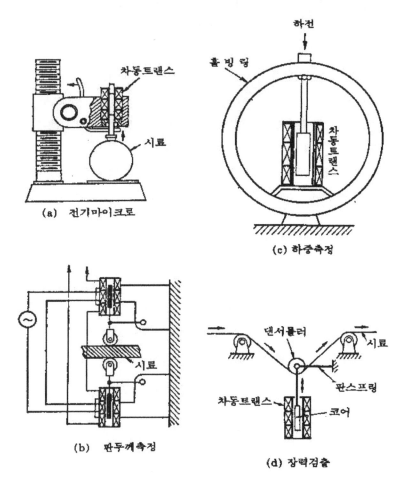

(a) 전기마이크로

(c) 하중측정

(b) 판두께측정

(d) 장력검출

[그림 6-15] 차동 변압기의 여러 가지 적용 원리

제3절 로터리와 회전 위치 센서

01. 광학식 로터리 엔코더

로터리 엔코더란 회전체의 회전량을 펄스 수로 변환하는 장치, 즉 회전수를 디지털적으로 검출할 수 있도록 만든 장치를 로터리(rotary : 회전체의) 엔코더(encoder: 부호기)라고 부른다.

로터리 엔코더는 디지털 부호를 발생시키는 방법에 따라서 인크리멘털형과 압솔루트형의 두가지 종류가 있다.

로터리 엔코더는 기계적인 아날로그 변환을 디지털량으로 변환하는 것인데 그 변환 방식으로 광학식, 브러시식, 자기식 등이 있다.

가. 인크리멘털(incremental)형 로터리 엔코더

인크리멘털 로터리 엔코더는 발광 소자와 수광 소자 사이에 흑색 패턴이 그려져 있는 회전 슬릿과 고정 슬릿을 설치한 후 회전축(shaft)을 회전시키면 빛이 투과 또는 차단된다. 투과된 빛은 수광 소자에 의해 전류로 변환되며 이때 전기신호가 파형 정형회로와 출력회로를 거쳐 구형파 펄스로 출력된다. 인크리멘털형의 출력상은 90°의 위상차를 가진 A상과 B상 그리고 원점인 Z상으로 구성되어 있다.

[그림 6-16]은 인크리멘털형 로터리 엔코더의 기본 구조와 출력 펄스 신호를 나타낸다. 엔코더는 회전 방향에 따라 출력되는 펄스의 위상이 달라진다. 엔코더의 회전축에서 보아서 시계 방향일 때는 정회전(CW: clock wise), 반시계 방향일 때는 역회전(CCW: counter clock wise)이라한다. 정회전일 때는 A상이 B상보다 90° 앞선 출력을 낸다.

A상 펄스와 B상 펄스가 1회전당 1,024개의 펄스가 발생한다면 Z상 펄스는 단 1개의 펄스가 발생하게 된다.

Z상은 1회전에 1펄스의 원점 신호를 출력하고, 주로 카운터의 리셋 또는 기계적 원점 위치 검출에 이용된다.

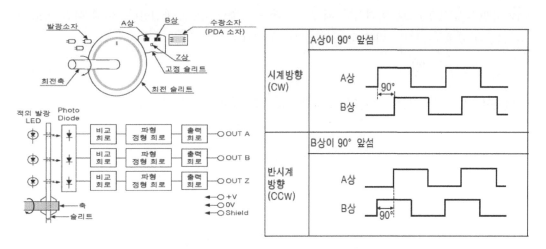

(a) 로터리 엔코드의 기본구조   (b) 출력 펄스 파형

[그림 6-16] 인클리멘털형 로터리 엔코드의 검출 방식

(1) 속도 검출의 원리

[그림 6-17]과 같이 로터리 엔코더를 이용한 자동화 시스템에서는 DC 모터가 회전하게 되면 동일한 회전축에 연결된 엔코더에서 펄스가 출력된다. DC 모터의 회전 속도가 빠를수록 단위 시간에 발생하는 펄스 수가 많아진다. 이러한 펄스 수와 회전 속도의 관계를 이용하여 회전 속도를 검출한다.

인크리멘털형 로터리 엔코더에서 발생하는 펄스로부터 회전 속도(rpm)를 검출하는 방식에는 일반적으로 주파수-전압(F-V) 변환방식, 펄스 카운터 방식, 주기 측정 방식의 3가지 방식을 이용한다.

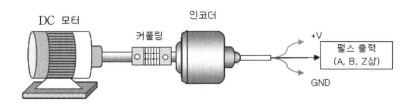

[그림 6-17] 로터리 엔코더를 이용한 속도 검출 시스템

(2) 제어 시스템의 설정법

회전 속도와 축각도의 구체적인 설정법에 관해서 설명한다. 먼저 축을 CCW(counter clock wise : 반시계 방향)으로 회전시킬 때 $F \cdot P$ 단자의 출력신호를 확인한다. 이때 회전 속도 N 과 회전량 θ에 대해서는 다음과 같은 식이 성립한다.

$$N[rpm] = f_p \times \frac{60}{A} \tag{6-6}$$

여기서 f_p : 지시 신호 주파수, A : 인크리멘털 엔코더 펄스수[P/R]

$$\theta[°] = P_\theta \times \frac{360}{A} \tag{6-7}$$

여기서 P_θ : 총 펄스수

여기에는 $A = 500[P/R]$의 엔코더를 사용하여 $f_p = 1[\text{kHz}]$, $P_\theta = 10^4$ 펄스의 펄스열을 출력했을 경우

$$N[rpm] = f_p \times \frac{60}{A} = 10^3 \times \frac{60}{500} = 120$$

$$\theta[°] = P_\theta \times \frac{360}{A} = 10^4 \times \frac{360}{500} = 7200°(20회전)$$

로 된다.

모터축을 CW(clock wise : 시계 방향)으로 회전시킬 경우에는 reverse 펄스에 상기와 같은 방법으로 출력하게 된다.

(3) 로터리 엔코더의 모델 구성 및 정격

● 축형 인크리멘털

| E30S | 4 | 1024 | — | 3 | — | T | — | 24 | — | |

시리즈명	축 외경	회전당 펄스 수	각 출력상	출력형 태	전원전압	배선 사양
외경 $\Phi 30mm$ 축형	$\Phi 4mm$	분해능 참조	2: A, B 3: A, B, Z 4: $A, \overline{A}, B, \overline{B}$ 6: $A, \overline{A}, B, \overline{B}, Z, \overline{Z}$	T: 토템풀출력 N: NPN 오픈 컬렉터 출력 V: 전압출력 L: Line Driver 출력	5: 5V DC ±5% 24: 12~24V DC±5%	무표시:일반형 C: 배선인출 컨넥터형

나. 업솔루트형 로터리 엔코더

절대(absolute)란 절대값이라는 의미로 회전축의 0° 지점을 기준으로 360°를 일정한 비율로 분할하고, 그 분할된 각도마다 인식 가능한 전기적인 디지털 코드(BCD, Binary, Gray 코드 등)를 지정하여 회전축(shift)의 회전 위치(각도)에 따라 지정된 디지털 코드로 출력되도록 한 절대 회전 각도 검출용 센서이다. 따라서 회전축의 회전 각도에 대한 출력값은 어떠한 전기적인 요소에 의해서도 변화되지 않으므로 정전에 대한 원점 보상이 필요가 없을 뿐만 아니라 전기적인 노이즈에도 강한 것이 특징이다.

[그림 6-18]은 업솔루트형 로터리 엔코더의 원리이다.

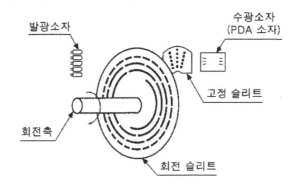

[그림 6-18] 업솔루트형 로터리 엔코더 원리

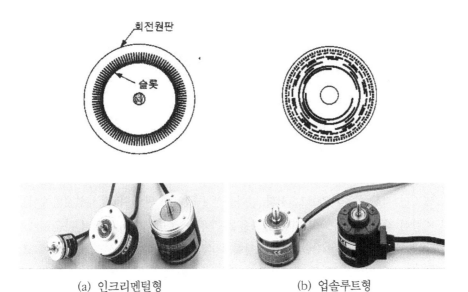

(a) 인크리멘털형   (b) 업솔루트형

[그림 6-19] 로터리 엔코더의 실물

02. 자기식 로터리 엔코더

마그네틱 로터리 엔코드는 회전하는 작석에 의해 발생하는 자기장의 변화를 신호처리하여 동작한다.

회전축을 0°~360°를 일정한 비율로 분할하고, 그 분할된 각도마다 인식 가능한 전기적인 디지털 코드(BCD Code, Binary Code, Gray Code)를 지정하여 회전축의 회전 위치(각도)에 따라 지정된 디지털 코드로 출력되도록 한 절대 회전 각도 검출용(센서) 장치이다.

마그네틱 로터리 엔코드는 슬리트가 없으므로 진동, 충격에 강하고 수명이 긴 것 이 특징이다.

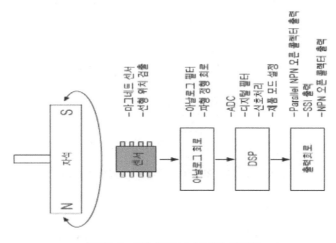

[그림 6-20] 자기식 로터리 엔코드

자기를 이용한 엔코더를 동작 원리에 따라서 여러 종류의 방식으로 분류되지만 주로 실용되고 있는 것은 자기 변조형, 홀 소자형, 반도체 자기저항 효과형, 강자성체 자기저항 효과형이 있다. 반도체 자기저항 효과형은 낮은 펄스에 적합하고, 강자성체 자기저항 효과형은 저자계에서 저항 변화가 크고 감도가 높기 때문에 높은 펄스의 엔코더에 적합하다. 또, 반도체형에서는 자계가 가해지면 저항이 증가하므로 저항 변화율은 (+)임에 반하여, 강자성체형에서는 자계가 가해지면 저항이 감소하는 (−)의 저항 변화율을 가진다. 이들 자기 엔코더 가운데에서 강자성체 자기저항 효과형은 구조가 간단하고, 소형화가 쉬우며, 주파수 특성도 우수하여 고분해능화로 되기 때문에 OA기기, FA기기, 가전기기에 널리 사용되고 있다. 이미 제5장에서 언급한 자기 센서가 회전 센서로서 적용되는 예를 살펴보았다.

03. 싱크로와 리졸버

센서 기술을 응용한 회전체로서 각도 검출 센서는 엔코더(encoder), 싱크로(synchro), 리졸버(resolver) 등을 이용하여 OA, FA 및 우주산업 분야로 응용 분야가 넓다.

① 회전 각도 센서: 싱크로, 리졸버, 엔코더

② 아날로그형의 회전 각도의 검출, 전송에 사용되는 센서로 코일 사이의 전자유도 현상을 이용한다.(싱크로, 리졸버), 회전각도 변위량을 디지털량으로 변환하는 센서는 엔코더이다.

③ 싱크로는 서보 제어계 등에서 회전 각도 검출하는 소자, 상호 회전자에 회전각 차에 비례하는 유도전압 발생.

④ 싱크로는 3상 권선인 데 비해 리졸버는 2상 권선으로 간단하다.

가. 싱크로(synchro)

싱크로란 각도 변위를 전기신호로 변환하여 원격 데이터 전송을 할 수 있는 센서이며 크게는 토크 싱크로 타입과 제어 싱크로 타입으로 분류할 수 있다. 토크 싱크로 타입은 발신기와 수신기가 쌍으로 되어 발신기의 각도 변위를 수신기에 토크 값으로 전달한다. 제어 싱크로 타입은 발신기의 각도 변위를 수신기의 제어 변압기에서 편차 신호로 변환하여 앰프의 신호로 하고 서보모터로 서보계를 구성하여 토크 싱크로 타입에 비해 보다 큰 부하를 고정밀도로 각도 전송하는 것을 목적으로 한다. 즉 회전각도 센서의 일종이라 할 수 있다.

(1) 제어 싱크로계의 동작 원리

[그림 6-21]은 싱크로의 각도 검출 원리를 나타낸다.

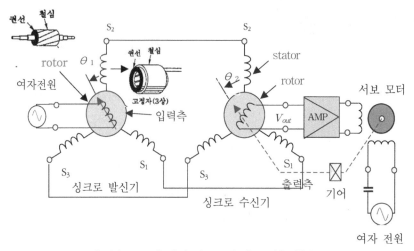

[그림 6-21] 제어 싱크로의 각도 검출 원리

① 발신기 회전축의 기계적인 각도 변위를 전기신호로 변환하여 수신기에 보내고 수신기의
회전축의 기계적인 각도 변위로 변환하는 센서이다.

② 로터는 교류전압으로 여자하고 각 3상 스테이터에 로터의 여자 권선 회전 위치에 의존한
교류전압을 유기한다.

③ 발신기와 수신기의 양쪽 로터 사이에 각도의 변위차가 있으면 각 3상 권선 간에 전압차가
생겨 전류가 흘러 회전력이 발생하고, 수신기의 로터는 발신기의 로터와 같은 각도로 될
때까지 회전하며, 항상 발신기의 로터 각도 변위에 수신기의 로터가 따른다.

④ 정리하면 발신기와 수신기가 있고 발신기 회전축의 기계적인 각도 변위를 전기신호로 변
환하여 수신기로 보내고, 수신기에서는 기계적인 각도 변위로 변환하는 센서이다.

(2) 검출 대상

싱크로의 검출 대상은 회전 각도 변위에 한하지 않고 모든 위치 변위의 센서로서 사용할 수
있다. 특히 원격 전송이라든가 환경이 나쁜 장소 등에 많이 사용되고 있다.

철강 프레스 관계(압연강 프레스의 롤러 위치 제어, 반송용 롤러의 속도 제어), 선박 관계
(PPI) 장치, 키의 지시 및 속도 제어), 항공 관계(항공 계기류, 관성 항법 장치용 센서) 및 댐
수위의 원격 지시, 원격 시퀀스 제어, 동기화 제어 등에 사용되고 있다.

나. 리졸버(resolver)

리졸버는 원통형의 소형 AC 모터와 비슷하다.

[그림 6-22]에 리졸버의 구조를, [그림 6-23]에 외관을 나타낸다.

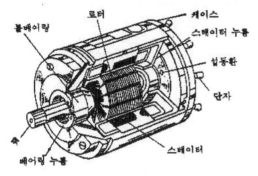

[그림 6-22] 리졸버의 구조

[그림 6-23] 리졸버의 외관 사진

리졸버에서 고정자와 회전자에서 권선이 90° 각도로 되어 있으며, 각도를 나타내는 방식도 다르고, 3상 대신 2개의 전압을 사용한다. 리졸버의 구조는 표준적인 모터와 같은 구조이다. 리졸버의 권선과 비(ratio)는 매우 다양하다.

이와 같은 원리가 아주 간단하기 때문에 다음과 같은 장점이 있다.

- 장기간의 신뢰성이 우수하다.
- 절대 각의 검출이 가능하다.(전원 ON/OFF시에 위치 신호를 바로 검출)
- 고정밀도화가 가능하다.(리졸버 1회전의 약 1/3,500 정도까지 분할 정밀도를 갖는다)
- 소형이다.
- 높은 CMPR을 갖고 있다.

절대 각 검출에 대해서는 인크리멘털형 엔코더에는 없는 것이다. 이것은 전원의 ON/OFF시에 위치 신호를 바로 얻을 수 있다는 것을 뜻하며 시스템 구성 시 중요한 포인트가 된다. 반대로 다음과 같은 단점도 있다.

- 직접 디지털 회로와 인터페이스 할 수 없다.(R/D 변환기를 사용)

(1) 리졸버의 동작

리졸버는 1상 여자 2상 출력(1입력 2출력)과 2상 여자 1상 출력(2입력 1출력) 타입의 리졸버가 있다. 현재는 슬립링이 없는 브러시리스 리졸버가 많이 사용되고 있다.

[그림 6-24]는 2상 입력 여자 1상 출력의 브러시리스 리졸버 방식의 구조를 나타낸다. 고정도의 위치 결정을 위한 아날로그 방식의 각도 검출 센서의 하나이다.

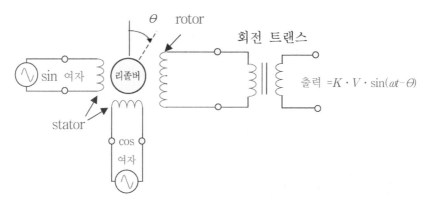

[그림 6-24] 2상 입력 1상 출력 리졸버

① 브러시리스 리졸버는 회전 트랜스를 사용하며 스테이터(stator), 로터(rotor) 및 브러시, 회전 트랜스의 3요소로 구성된다.
② 스테이터와 로터의 권선은 자속분포가 각도에 대하여 정현파가 되도록 분포한다.
③ 여자권선에 있는 스테이터 권선은 전기적으로 $90°$ 위상차가 나고, 2상 구조로 되어 있다.

(2) 검출 대상

모든 장비류에 대해서 그 회전하는 부분의 회전량을 검출하는데 적용할 수 있다. 따라서 생산 기계 설비(NC 기계, 로봇 등)를 비롯하여 항공기, 선박, 시뮬레이터 사무기기 등 광범위한 용도에 사용되고 있다. 리졸버의 가장 사용 대수가 많은 분야는 생산 기계 설비이고, 기계의 움직임을 정확하게 잡고 최적의 제어를 하기 위한 위치 센서로서 또는 피드백 소자로서 사용되고 있다.

제4절 기울기 센서

기울기(tilt) 센서는 중력을 이용한 센서로서 일명 경사각(inclination) 센서라고 한다. 지구의 중력 중심에 대해 기울어진 방향의 각도를 측정하는 센서이다. 크게 나누면 기울기 스위치와 경사각 센서로 분류할 수 있다. 경사각 센서에서도 기기 장치와 산업용으로 분류해서 제작하고 있다.

응용 사례를 들어보면 기울기 스위치 같은 경우에 10° 이상 주문 제작으로 안전장치나, 전열기구 및 완구의 쓰러짐 등을 감지하는 용도로 활용되고 있으며, 특히 경사각 센서는 응용 범위가 자동차 휠 얼라인먼트 측정, 건설장비, 기계장치, 안테나 위치 보정 시스템, 로봇, 무선 헬리콥터의 수평, 엘리베이터, 크레인, 의료장비 및 각종 모션 제어가 필요한 첨단 장비 등등에 적용된다.

01. 수은 스위치

[그림 6-25]는 고전 방식이지만 아직도 위치 검출에 널리 사용되고 있는 수은 스위치(mercury switch)이다. 유리관 속에는 두개의 접점과 수은이 들어 있다. 현재에 생산 제품에는 수은 대신 금볼 방식으로 대체하여 사용하고 있다.

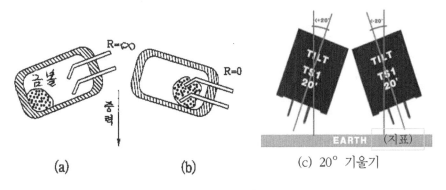

(a)   (b)   (c) 20° 기울기

[그림 6-25] 수은 스위치

센서가 중력에 대해서 기울어지면 그림 (a)와 같이 수은이 접점으로부터 멀어져 스위치가 개방되어 접점 저항 $R = \infty$가 되거나, 또는 그림 (b)와 같이 접점으로 이동해서 스위치는 닫혀 접점 저항 $R = 0$으로 되게 된다.

수은 스위치는 단순히 개폐 동작(ON-OFF)만 가능한 것이 단점이다. 즉 회전각이 사전에 설정된 값을 초과하는 경우에만 동작한다.

가. 수은 스위치 응용

기울기 각도는 $10°$, $20°$, $30°$, $40°$, $50°$, $60°$, $70°$, $80°$, $90°$, $180°$ 주문형으로 금볼 방식으로 좌 · 우 쓰러짐을 감지하는 센서이다. 기존 수은 방식 스위치의 대체용으로 사용되며, 설치가 쉽다.

- 전열기구의 쓰러짐 감지, 보일러의 쓰러짐 감지, 리모컨 잠 깨우기, 완구 등 안전장치에 많이 활용된다.

[표 6-4] TS_1 기울기 수위치의 규격

특 성	내 용	비 고
동작 영역	$10°$, $20°$, $30°$, $40°$, $50°$, $60°$, $70°$, $80°$, $90°$, $180°$	주문 제작
최대 입력 전압	12V	
허용 전류	2mA	
동작 시간	2ms	
동작 저항	10Ω 이하	
허용 온도	$100℃$ 이하	

02. 전해질 경사각 센서

[그림 6-26]의 전해질 경사각 센서(electrolytic tilt sensor)는 수은 스위치보다 더 높은 분해능으로 경사각을 측정할 수 있다. 약간 휘어진 유리관 속은 부분적으로 도전성(conductivity) 전해질로 채워진다. 유리관 속에는 관 양단에 각각 하나씩, 그리고 관을 따라 긴 전극 등 3개의

전극이 설치되어 있다. 관속에 남아 있는 공기방울은 관이 기울어지면 관을 따라 이동한다. 따라서, 중심 전극과 두 양단 전극 사이의 전기저항 R_1과 R_2는 공기방울 위치에 의해서 결정된다. 즉, 유리관이 그 평형 위치로부터 기울어지면, 그것에 비례해서 저항 하나는 증가하고 다른 하나는 감소한다.

그림에서 공기방울이 있는 쪽보다 없는 쪽이 전해질의 부피가 증가하여 전도성이 높아진다. 즉 용량 리액턴스(R_2 성분)가 작아진다.

저항 R_1과 R_2를 교류 브리지 회로에 삽입해서 저항 변화를 전기신호로 변환한다.

전해질 경사각 센서의 검출각 범위는 ±1° ~ ±90°로 넓다.

- 센서방식 : 정전 용량 방식
- 교류 브리지를 활용한다.
- 출력방식 : DC 출력 전압으로 경사각에 비례한다.(0 ~ 5V)

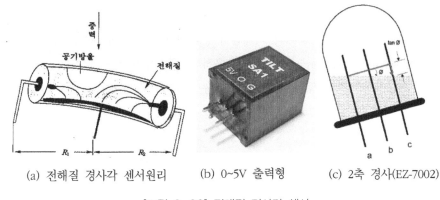

(a) 전해질 경사각 센서원리   (b) 0~5V 출력형   (c) 2축 경사(EZ-7002)

[그림 6-26] 전해질 경사각 센서

03. 광전식 경사각 센서

광전식 경사각 센서는 포토다이오드의 어레이를 이용한다. [그림 6-27]은 광전식 경사 센서의 일례를 나타낸 것으로, LED, P-N 접합 다이오드 어레이, 그 위에 장착된 반구형 기포 수준기(spirit level)로 구성된다. 액체 속에 있는 기포의 그림자는 포토다이오드 어레이(PD)의 표면에 조사된다.

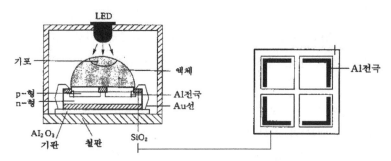

[그림 6-27] 광전식 경사각 센서 구조

센서가 수평을 유지하면, 그림자 면적은 [그림 6-28] (a)와 같이 원형으로되어 각 PD 표면에서 그림자의 모양도 모두 동일하다. 그러나 그림 (b)와 같이 센서가 기울어지면, 그림자는 약간 타원형으로 변하고, 각 PD에서 그림자의 모양도 달라져 출력이 발생한다. 다이오드 출력은 디지털 형태로 변환되어 출력된다.

광전식 경사각 센서는 토목공학이나 기계공학 분야에서 높은 분해능으로 복잡한 물체의 형상을 측정하는 데(shape measurement) 매우 유용하다. 예를 들어 바닥 또는 도로 형태의 측정, 강판의 평탄도(flatness) 측정 등 종래의 방법으로는 측정이 불가능한 경우에 사용된다.

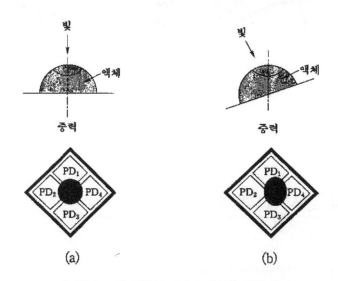

[그림 6-28] 광전식 경사각 센서의 동작 원리

제5절 | 자이로스코프

자이로스코프(gyroscope)는 물체의 방위 변화를 측정하는 관성 센서(inertial sensor)의 일종으로 지구의 회전과 관계없이 높은 정확도로 항상 처음에 설정한 일정 방향을 유지하는 성질이 있어 로켓의 관성유도장치, 선박이나 비행기의 항법장치, 정밀한 기계의 평형을 유지하는 곳 등에 사용되고 있다.

자이로스코프는 기계식(mechanical gyroscope)와 광학식(optical gyroscope)으로 분류할 수 있다. 기계식 자이로스코프는 각운동량 보존의 법칙에 기초를 두고 있다. 한편, 광학식은 뉴톤의 운동법칙 대신에 빛의 관성특성을 이용한다.

최근에는 대량 생산에 적합한 저가의 관성계기(자이로와 가속도 센서)를 개발하기 위해서, MEMS 기술을 이용한 자이로스코프 연구가 활발히 진행되고 있다. 마이크로머시닝 기술을 이용한 실리콘 자이로스코프는 코리올리스 효과(Corioils effect)를 이용해서 회전각를 측정한다. 엄격히 말해서 이러한 센서들은 각 속도를 측정하는 각변화율 센서(angular rate sensor)이지만, 자이로스코프로 부르고 있다.

01. 기계식 자이로스코프

모든 기계식 자이로스코프는 각운동량 보존의 법칙에 기초를 두고 있다. 모든 물체는 외부의 힘이 작용하지 않으면 정지 또는 운동하고 있는 현재의 상태를 지속하려는 관성을 갖는다. 마찬가지로 회전축을 중심으로 회전하는 물체도 외부의 힘이 작용하지 않는다면 회전을 계속 유지하려 하고, 물체의 회전운동을 변화시키려는 힘에 저항하려는 성질을 회전관성이라고 한다. 또한 회전관성은 물체가 회전하는데 중심이 되는 회전축(spin axis)을 일정하게 유지하려는 성질이 있다. 이렇게 회전축을 유지하려는 성질 때문에 외부에서 힘이 작용하여 회전축에 변화가 생기면, 힘이 작용한 직각 방향으로 새로운 힘이 나타난다.

[그림 6-29]와 같이, 각속도 ω로 회전하고 있는 회전체(wheel or rotor)와 그 축의 한 쪽 끝을 실로 매단 경우를 생각해 보자. 각운동량은 기준 축을 제공하기 때문에 중요하다. [그림 6-29]에서, 각운동량(angular momentum) L은

$$L = 관성 모멘트 \times 각속도 = I\omega \tag{6-8}$$

여기서, I는 스핀축(spin axis)에 관한 관성 모멘트이다. 지지점에서 회전체의 중량 mg에 기인해서 발생하는 토크는

$$\tau = mgl \tag{6-9}$$

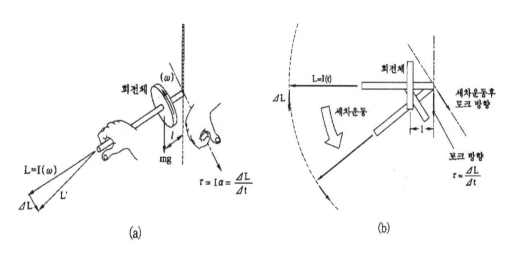

[그림 6-29] 세차운동(precession)

으로 되며, 그 방향은 그림에 나타낸 바와 같이 각운동량에 수직한 방향이다. 이 토크는 시간 후 각운동량 L에 수직한 방향으로 L을 Δt만큼 변화시킨다. 그와 같은 변화는 L의 크기는 그대로 유지하면서 방향만 변화시키기 때문에 그림 (b)와 같이 된다. 이와 같은 운동량을 세차운동(precession) 또는 각운동이라고 부른다.

이상의 설명을 정리하면 [그림 6-30]과 같다.

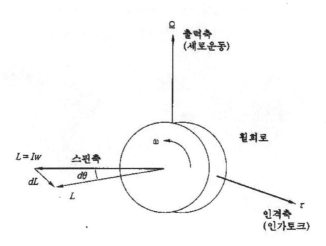

[그림 6-30] 자이로스코프는 각운동량 보존의 법칙의 원리

- 각속도 ω로 회전하고 있는 회전체의 각운동량(L)의 시간적 변화율은 인가된 토크와 같다.

$$\tau = \frac{dL}{dt} \tag{6-10}$$

- 토크가 회전축에 수직한 방향으로 작용한다고 가정하면, 각속도 벡터는 변화시킬 수 없지만, 그러나 방향은 토크 τ와 같은 방향으로 변화시킬 수 있다. θ는 회전각이다.

$$dL = L\,d\theta \tag{6-11}$$

식 (6-10)과 (6-11)로부터 토크는 식 (6-12)로 정리된다.

$$\tau = \frac{dL}{dt} = L\frac{d\theta}{dt} = L\Omega = I\omega\Omega \tag{6-12}$$

여기서, Ω는 스핀축 입력 토크 축으로 구성되는 평면에 수직한 축(그림에서 출력축)에 관한 회전체의 세차율(procession rate) 또는 각속도(anguler velocity)이다. 세차운동의 방향을 결정하기 위해서, 다음과 같은 법칙이 사용될 수 있다. 즉, 세차운동은 항상 회전체의 회전 방향을 인가 토크의 회전 방향에 일치시키려는 방향으로 일어난다.

[그림 6-31] (a)는 종래의 기계식 자이로스코프(flywheel gyroscope)를 나타낸 것이다. 가운데 있는 회전체가 어느 방향으로든 자유롭게 회전할 수 있도록 짐벌(gimbals)이라고 부르는 3개의 고리(ring)에 매달려 있다.

만약 자이로스코프가 기울어지면, 빠르게 회전하는 회전체의 스핀 축을 동일한 방향으로 유지하기 위해서 짐벌은 방향을 바꿀 것이고, 자이로스코프에 작용하는 중력에 의한 토크 때문에 자이로스코프는 그림 (b)에 지시된 방향으로 세차운동을 할 것이다. 이와 같이 지지대가 기울어지더라도 항상 처음에 설정한 회전축의 방향으로 일정하게 유지한다.

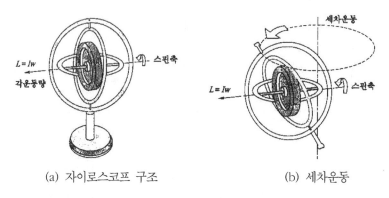

(a) 자이로스코프 구조   (b) 세차운동

[그림 6-31] 기계식 자이로스코프

02. 진동 링 자이로스코프

최근에는 MEMS 기술을 이용해서 다양한 형태의 초소형 실리콘 자이로스코프가 개발되고 있다. 여기서는 실리콘 자이로스코프의 일례로 진동 링 자이로스코프(vibrating ring gyroscope)에 대해서 설명한다.

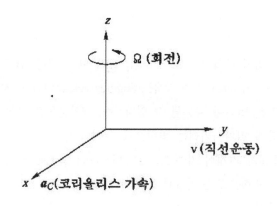

[그림 6-32] 콜리올리스 가속 현상

링 자이로 코리올리스 가속(Corilis acceleration) 현상을 이용한다. [그림 6-32]과 같이 xy-평면에서 입자가 y-방향으로 속도 v의 직선운동을 하고 있다고 가정한다. 지금 이 평면이 z-축에 관해 각속도 Ω로 회전한다면, 직선운동을 하는 입자는 [그림 6-32]와 같은 방향으로 코리올리스 가속을 받게 된다. 이 각속도는

$$a_c = 2v \times \Omega \tag{6-13}$$

[그림 6-33]는 진동 링 자이로의 기본 구조를 나타낸다. 진동 링은 원형 링, 반원 모양의 지지 스프링, 구동전극(drive electrode), 검출전극(sense electrode), 제어전극으로 구성된다.

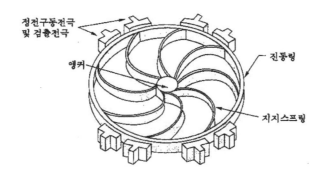

[그림 6-33] 진동 링 자이로스코프 구조

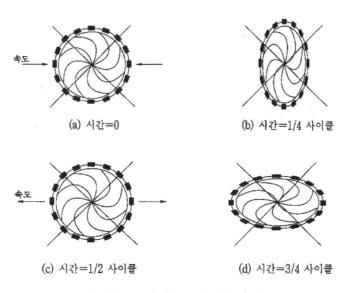

(a) 시간=0

(b) 시간=1/4 사이클

(c) 시간=1/2 사이클

(d) 시간=3/4 사이클

[그림 6-34] 원형 링의 진동 원리

정전기적 구동에 의해서 링이 진동하면 링은 [그림 6-34]와 같이 (a)원 → (b)타원 → (c)원 → (d) (b)의 90°인 타원의 순으로 변경된다. 링 상에서 정지해 있는 점들을 노드(node)라고 부르고, 최대로 변형되는 점들을 안티노드(antinode)라고 부른다. 링의 이와 같은 변형은 링 주위에 45° 간격(노드와 안티노드)으로 배치한 8개의 전극에 의해서 정전용량적으로 검출된다.

CHAPTER 07

역학량 센서

제1절 힘의 검출

01. 힘의 정의

우리는 물체를 밀거나 당길 때 힘(force)을 사용한다. 모터가 엘리베이터를 끌어올리고, 사람이 던진 공이 날아가고, 엔진의 출력에 따른 자동차가 가속된다. 이와 같이 직관적으로 힘은 밀고 (push) 당김(pull)이라고 정의할 수 있다. 물체에 힘이 작용하면 물체의 크기, 모양, 또는 운동을 변화시킬 수 있다. 힘은 방향과 크기를 모두 갖는 벡터량이며, 국제 단위계에서 N(newton)으로 측정된다. 중량(weight)은 중력에 기인하는 힘이다. 질량(mass)은 물체에서 물질 양(quantity)에 대한 척도이다.

뉴턴에 의한 힘의 정의는 다음과 같다.

$$F = m a [\text{N}] \tag{7-1}$$

여기서, m은 물체의 질량, a는 가속도이다. 위식에 따라 질량 1[kg]의 물체를 1초 동안에 1[m/s]의 속도에 도달하도록 하는 힘을 1[N]=[kg・m/s²]이라고 정의한다. 힘과 다른 물리량과의 관계를 보면

가속도(acceleration) : $a = \dfrac{F}{m}$ $\tag{7-2}$

압력(pressure) : $P = \dfrac{F}{A}$ (A : 힘이 작용하는 면적) $\tag{7-3}$

이와 같이 가속도, 압력 등의 측정은 힘의 측정과 관련된다. 이 단원에서는 힘, 중량(weight), 압력 측정에 대해서 설명한다.

일반적으로 힘을 검출하는 센서는 탄성체(spring element)를 이용하여 작용한 힘의 크기를 미소한 변형으로 변환하고, 그 변형을 전기적 양으로 변환하는 방식이 사용되고 있다. 이때 사

용하는 탄성체를 1차 변환기, 그 변환을 검출하는 센서를 2차 변환기라고 부른다. 여기서는 힘 관련 센서에 가장 널리 사용되고 있는 ① 스트레인 게이지(strain gauge)와 이를 이용해서 물체의 하중을 검출하는 ② 로드 셀(load cell) 및 압력 센서를 중심으로 설명한다.

02. 응력과 변형

[그림 7-1]에 나타낸 것과 같이 단면이 일정한 평행부를 갖는 원통 모양의 시료 양단에 크기 P의 인장하중을 가하면, 축방향에 수직인 단면에 인장력에 저항하는 내력(internal resisting force)이 발생한다. 내력이 단면에 균일하게 분포하면, 그 총합은 인장하중 P와 같다. 이 경우 단위면적당 내력을 응력(stress)이라고 부른다. 일반적으로 응력은 σ의 기호로 표시하며, 단면의 면적을 A라 하면

$$\sigma = \pm \frac{P}{A} \ [Pa] \text{ or } [N/m^2] \tag{7-4}$$

의 관계가 성립한다. 여기서, P가 인장 하중이면 응력 σ(시그마)는 인장 응력(tensile stress)이라 부르고 (+)부호로 나타내며, P가 압축 하중이면 압축 응력(compressive stress)이라 하고 (−)부호로 구별하여 나타낸다. 또 응력은 단면에 수직으로 생기므로 총칭하여 수직 응력(normal stress)이라고 부른다. [그림 7-1]과 같이 외부 응력과 내부 반발력이 물체의 단면적 A [m²]에서 받는 힘의 비율을 압력이라 한다.

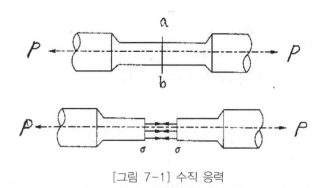

[그림 7-1] 수직 응력

응력의 단위로는, SI 단위계에서는 Pa(pascal : 파스칼), EGS(english gravitational system) 단위계에서는 psi(pounds per square inch = pound/inch²)가 흔히 사용된다.

$$1[\text{Pa}] = 1[\text{N/m}^2]$$

$$1[\text{psi}] = 6.89 \times 10^3 [\text{Pa}]$$

구조물이나 기계를 구성하는 재료는 하중에 대응해서 응력에 의해서 변형된다. 이 변형의 크기는 응력의 크기가 동일하더라도 물체의 크기에 따라 다르며, 응력이 클수록 큰 변형이 생긴다.

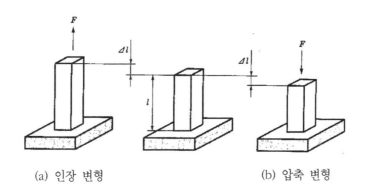

(a) 인장 변형   (b) 압축 변형

[그림 7-2] 인장과 압축 변형

[그림 7-2]와 같이 길이 l인 시료에 하중 F를 가할 때 시료 길이가 축방향으로 Δl만큼 늘어나거나 줄어든다고 가정하면, 이때 축방향의 변형(strain)은 다음과 같이 정의한다.

$$\varepsilon = \pm \frac{\Delta l}{l} \tag{7-5}$$

변형 ε는 무차원의 양이다. 그러나 물리적 의미를 강조하기 위해 [cm/mm]와 같은 측정 단위를 이용하기도 한다.

예로 1[%]의 변형을 다음과 같이 나타낼 수 있다.

$$\varepsilon = 0.01 \, [\text{m/m}] = 1 \, [\text{cm/m}]$$

변형이 [그림 7-2] (a)와 같이 인장 응력에 의해서 발생하면 인장 변형(tensile strain)이라 부르고, 그림 (b)와 같이 압축 응력에 의해 Δl만큼 압축된 경우는 압축 변형(compressive strain)이라 한다. 통상 인장 변형을 정(+)으로, 압축 변형을 부(−)로 표현한다. 이들을 구별하지 않고 응력이라고도 한다.

하중이 작은 범위에서는 응력 σ와 변형 ε은 비례한다는 사실을 Robert Hooke(1635~1703)에 의해 실험적으로 증명되었으며, 이를 후크의 법칙(Hooke's law)이라 하며, 다음과 같다.

$$\sigma = E \ \varepsilon \tag{7-6}$$

여기서, E는 물체의 탄성률을 나타낸다.

[그림 7-3]은 인장과 응력 사이의 선형적 관계를 나타내는 것이다. 특별한 경우를 제외한 대부분의 경우 주어진 물체의 탄성률 E는 상수 값을 갖는다. Hooke의 법칙은 탄성의 한계 내에서만 적용된다.

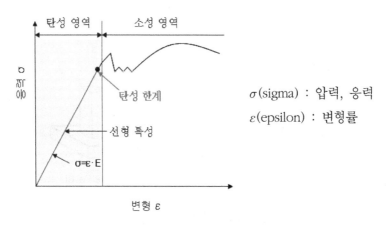

σ(sigma) : 압력, 응력
ε(epsilon) : 변형률

[그림 7-3] 금속의 변형과 응력 특성

초기의 직선적 팽창 이후에는 불규칙함이 나타난다. 이는 강철에 극단적인 변형이 일어남을 의미한다. 즉 최대로 팽창한 이후에도 응력이 계속 가해지면 강철이 끊어짐을 의미한다.

스트레인 게이지(strain gauge)는 금속 또는 반도체에 응력을 가할 때 발생하는 변형으로 인해 그 저항값이 변화하는 성질을 이용한다. 금속체를 잡아당기면 가늘게 늘어남으로 전기저항이 증가하며, 반대로 압축하면 줄어들어 전기저항이 감소하게 된다. 스트레인 게이지의 분류는 가해진 변형에 의해 전기저항 값이 변화하는 원리를 이용한 금속 저항선 게이지, 박(薄 : foil) 게이지, 박막(thin film) 게이지, 반도체 게이지의 종류가 있다.

01. 금속 스트레인 게이지

가. 저항선 게이지

저항선 게이지(wire strain gauge)는 최초의 스트레인 게이지로서 [그림 7-4]와 같이 가는 금속 저항선을 가공하여 변형에 민감하게 반응하도록 베이스에 부착한 것이다. 베이스에는 종이, 에폭시, 베이클라이트, 폴리이미드 등을 사용한다. 저항선 게이지는 여러 가지 결점이 있어 현재는 용도가 제한되어 있다.

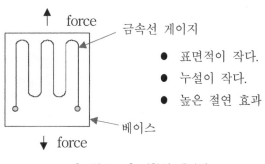

- 표면적이 작다.
- 누설이 작다.
- 높은 절연 효과

[그림 7-4] 저항선 게이지

나. 박 게이지

[그림 7-5]는 대표적인 금속박 게이지(metal foil strain gauge)의 구조를 나타낸 것이다. 약 30~70[μm] 두께의 베이스에 3~10[μm] 두께의 금속 박을 코팅한 후 포토리소그래픽 기술을 이용해 원하는 패턴으로 에칭하여 만든다. 금속 박(薄)에는 Ni-Cu 합금 및 Ni-Cr 합금 등이 사용된다. 베이스에는 선 게이지와 같다.

박 게이지는 선 게이지와 비교했을 때 다음과 같은 특징이 있다.

- 게이지 치수가 정확하고 균일성이 좋다.
- 아주 소형으로 가능하여 최적의 형상 제작 가능(0.2[mm]까지)
- 집중 응력 측정 등에 유용
- 박 게이지 저항 소자는 장방형 단면 내에 표면적이 크고 방열 효율이 우수하여 허용 전류가 높다.
- 베이스 두께가 얇고, 저항소자 자체도 얇은 금속 박이므로 유연성이 좋다.
- 격자가 구부러지는 부분의 단면적이 크므로 이 부분의 저항값이 작다.
- 선 게이지에 비해 횡감도 계수가 작아진다.

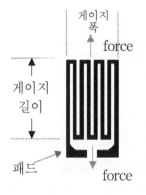

- 광학 에칭 기술 이용
- 표면적이 크다.
- 급변하는 온도에 안정하다.
- 구부러지는 부분의 단면적이 크다.

[그림 7-5] 금속 박 게이지

[표 7-1] 금속 박 게이지의 사양

모델명	FLA-5-11-1L	1통/10개입
게이지 저항	119.8±0.5Ω	119.3~120.3Ω
게이지 상수	K=2.11	
게이지 길이	5 mm	

금속 박 게이지(FLA-5-11-1L)

스트레인 게이지는 통상 접착제로 피측정물에 부착하지만 고온 게이지 등 베이스에 금속을 사용한 경우에는 점용접으로 부착하여 사용한다.

다. 박막 게이지

금속 박막 게이지(thin film strain gauge)의 패턴은 [그림 7-6]과 같다. 금속 다이어프램(diaphragm) 위에 절연층 (SiO₂)을 만들고, 그 위에 금속 저항 재료를 증착한 포토리소그래피 기술에 의해 임의 형태로 패터닝하여 게이지를 형성한다.

박막 게이지는 박 게이지와 달리 접착제를 필요로 하지 않기 때문에 박 게이지의 장점 이외에도 크리프 현상이 적고 안정성이 우수하며, 동작온도 범위가 넓은 장점을 갖는다.

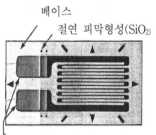

[그림 7-6] 금속 박막 게이지

02. 반도체 스트레인 게이지

반도체 스트레인 게이지는 금속 게이지에 비해 수십 배 더 큰 게이지 율을 갖고 있어 감도가 좋다. 그 이유는 반도체가 압전 저항 효과(piezo - resistive effect)를 나타내기 때문이다. 반도체에서 저항률의 변화는 다음 식으로 된다. (압전 저항 효과: 실리콘 등의 결정에 외력이 작용하면 결정격자에 변형이 생겨 캐리어의 이동도가 변화되기 때문에 결정의 전기저항이 변화하는 현상)

$$\frac{\Delta \rho}{\rho} = \pi \sigma \tag{7-7}$$

단, π는 압전저항 계수이며, σ는 응력이다. 식 (7-13)로부터 저항 변환율은 다음 식으로 표시된다.

$$\frac{\Delta R}{R} = \frac{\Delta \rho}{\rho} + (1 + 2\nu)\varepsilon = \pi \sigma + (1 + 2\nu)\varepsilon = (1 + 2\nu + Y\pi)\varepsilon \tag{7-8}$$

따라서, 반도체 스트레인 게이지의 게이지 율은 $K = 1 + 2\nu + Y\pi$로 되고, 압전 저항계수에 비례하고, 큰 값을 가지고 있다. 반도체 변형 게이지는 금속 변형 게이지와 비교해서 저항의 온도계수가 크고, 직선성은 떨어지지만 큰 게이지 율을 가지고 있다.

[그림 7-7]은 반도체 스트레인 게이지의 구조를 나타낸 것으로 에폭시와 같은 접착제를 사용해 실리콘 반도체 게이지를 피측정물에 부착한다. 실리콘 스트레인 게이지의 정격 K는 100이상이다. 미세한 변형의 측정이나 여러 종류를 동시에 측정할 때 사용된다. 미소한 응력 분석, 압력, 힘, 토크, 변위 센서, 의료용 계측기 등에 사용된다.

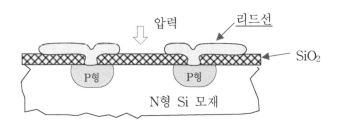

[그림 7-7] 확산형 반도체 스트레인 게이지 구조

반도체 스트레인 게이지의 특징을 다음과 같다.
- 반도체에 외부로부터 힘을 가하여 변형을 일으키는 압전 저항 효과
- P형 반도체는 인장 시 저항값이 증가, 압축하면 저항값 감소
  (게이지율 : +100 ~ +200)
- N형 반도체는 인장하면 저항값 감소, 압축하면 저항값 증가
  (게이지율 : -100 ~ -150)
- 금속 게이지보다 감도가 더 큰 장점
- 반도체 게이지는 온도 변화에 민감한 단점이 있으므로 온도 보상이 중요하다.

03. 스트레인 게이지에 의한 중량 측정 원리

실제로 스트레인 게이지를 이용하여 중량을 측정하는 경우 휘트스톤 브리지(Wheatstone bridge)로 결선한다.

가. 휘트스톤 브리지 원리

(1) 스트레인 게이지는 전기적 신호를 만들지 않는 수동 센서이다. 스트레인 게이지에 의한 중량 측정에서 게이지의 미세한 저항변화에 대한 전압 변화로 검출하기 위해서는 [그림 7-8]과 같이 휘트스톤 브리지 회로를 주로 이용한다.

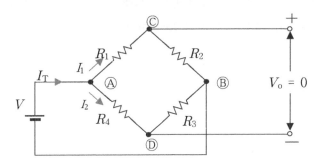

[그림 7-8] 휘트스톤 브리지 회로 원리

(2) 휘트스톤 브리지 회로의 동작 특성으로 평형 브리지 회로가 되면 출력전압 $V_o = 0$을 출력하기 위해서 $R_1 \times R_3 = R_2 \times R_4$이 되어야 한다. 일반적으로 센서회로에 적용될 경우 다음 조건 $R_1 = R_2 = R_3 = R_4 = R$를 맞춘다.

(3) 이와 같은 평형 특성을 갖는 휘트스톤 브리지를 이용하여 중량 변화를 측정하기 위한 방법에는 휘트스톤 브리지에 스트레인 게이지를 어디에 몇 개를 부착할 것인가에 따라 중량 측정방법이 구분될 수 있다. 스트레인 게이지의 저항 변화를 휘트스톤 브리지의 불평형 전압 ΔV의 발생으로 전압이 측정된다.

$$\Delta V = V_o = \left(\frac{R_2}{R_1 + R_2} - \frac{R_3}{R_3 + R_4} \right) V$$
$$=. \left(\frac{R_2}{R_1 + R_2} - \frac{R_3}{R + \Delta R + R_3} \right) V \tag{7-9}$$

여기서, $R_4 = R + \Delta R$이다. 또한 $R_1 = R_2 = R_3 = R$, $R \gg \Delta R$라고 하면으로 식 (7-10)과 같이 된다.

$$V_o = \left(\frac{1}{2} - \frac{R}{2R + \Delta R} \right) V = \frac{1}{2} \left\{ 1 - \left(1 + \frac{\Delta R}{2R} \right)^{-1} \right\} V \tag{7-11}$$
$$\fallingdotseq \frac{1}{2} \left\{ 1 - \left(1 - \frac{\Delta R}{2R} \right) \right\} V = \frac{\Delta R}{4R} \cdot V = \frac{1}{4} K \cdot \varepsilon \cdot V$$

여기서, 출력전압 V_o는 변형 ε에 비례한다.

나. 스트레인 게이지 접속 방법에 따른 전압 측정 원리

(1) 단일 게이지에 대한 출력전압 측정

[그림 7-9]의 브리지회로에서 R_1을 측정용 스트레인 게이지, R_2, R_3, R_4를 고정저항으로 하여 그 값을 전부 $R[\Omega]$로 한다. 지금 R_1 게이지가 스트레인을 받아 저항 변화값 ΔR만큼 저항이 증가했다고 하면 출력전압 ΔV는 식 (7-18)로부터 식 (7-19)를 표현할 수 있다.

$$\Delta V = \frac{V}{2} \times \frac{\Delta R}{2R + \Delta R} \fallingdotseq \frac{1}{4} \times \frac{\Delta R}{R} \times V \tag{7-12}$$
$$= \frac{1}{4} \cdot K \cdot \varepsilon \cdot V$$

여기서, V는 브리지 전원, 따라서 출력전압 ΔV는 게이지의 변형률 ε에 비례하는 것을 알 수 있다.

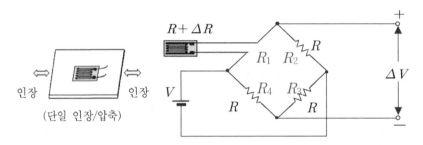

[그림 7-9] 단일 능동 게이지 2선식 전압 측정회로

(2) 2 게이지 출력전압 측정

[그림 7-10]에서 스트레인 게이지를 2개 직렬로 연결하여 게이지 저항을 2배로 된다. 그러나 출력전압은 1개를 사용하는 경우와 같다. 벤딩을 가하면 소멸된다.

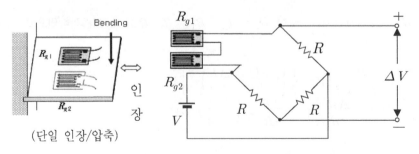

[그림 7-10] 능동 게이지 직렬 전압 측정회로

[그림 7-11]은 강판에 게이지를 반대로 부착하여 상하로 힘을 가하면 변형이 반대로 되어 출력전압을 게이지 1개를 사용한 경우의 2배를 얻을 수 있다. [그림 7-12]는 더미(dummy) 게이지를 활용하여 출력을 전압을 측정하고 [그림 7-13]은 게이지 2개를 서로 직교(orthogonal)하게 부착하여 장력을 인가하면 포아손 비(Poisson's ratio)에 비례하는 출력을 얻는다.

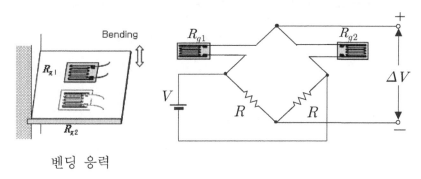

[그림 7-11] 2 능동 게이지 벤딩 전압 측정회로

[그림7-12]는 대표적인 2개의 능동 게이지를 사용한 스트레인 게이지 브리지회로이다. 출력전압식은 (7-20)으로 표현한다. 기타 스트레인 게이지 회로에 따서 출력전압을 [표 7-2]에 정리한다.

$$\Delta V = \frac{1}{2} \frac{\Delta R}{R} V = \frac{1}{2} \cdot K \cdot \varepsilon \cdot V \tag{7-13}$$

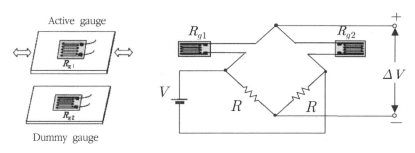

[그림 7-12] 2 능동-더미 게이지 전압 측정회로

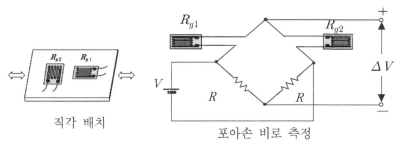

[그림 7-13] 직교 2 능동 게이지 전압 측정회로

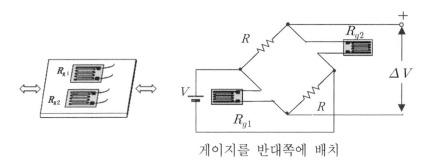

게이지를 반대쪽에 배치

[그림 7-14] 반대측 2 능동 게이지 전압 측정회로

(3) 4개의 게이지를 사용한 출력전압 측정

[그림 7-15]는 대표적인 4개의 능동 게이지 사용하는 브리지회로 스트레인 게이이다. 출력전압 식은 (7-21)로 표현한다.

$$\Delta V = \frac{\Delta R}{R} V = K \cdot \varepsilon \cdot V \tag{7-14}$$

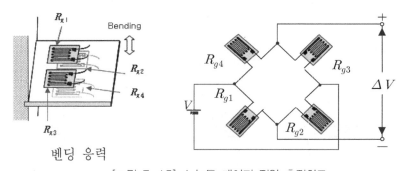

벤딩 응력

[그림 7-15] 4 능동 게이지 전압 측정회로

이 회로의 특징은 단일 게이지회로보다 4배의 출력을 얻을 수 있다.

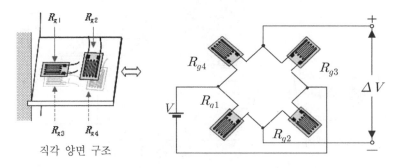

직각 양면 구조

[그림 7-16] 직교 4 능동 게이지 전압 측정회로

[그림 7-17]과 같이 4개의 스트레인 게이지를 직각으로 배치했을 때 2.6배의 출력전압을 더 얻을 수 있다. 수축과 신장에 대한 단면 변화의 비는(금속에서 포아손 비) 약 0.3이다.

(4) 4개의 환봉 게이지 출력전압 측정

[그림 7-17]과 [그림 7-18]는 4개의 스트레인 게이지를 이용한 출력전압 측정회로로서 단일의 게이지보다 4배의 더 큰 출력을 얻을 수 있다. 이는 로드 셀(load cell)의 원리로 사용되고 있다.

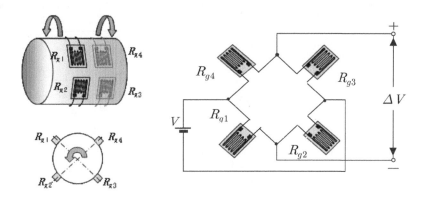

[그림 7-17] 환봉 4 능동 게이지 전압 측정회로

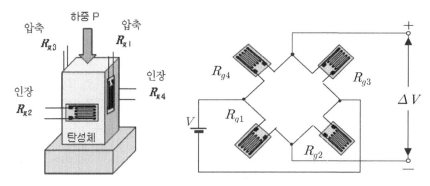

[그림 7-18] 사각봉 4 능동 게이지 전압 측정회로

다. 스트레인 게이지 정리

- 저항선의 저항값은 120, 350, 600[Ω]을 많이 사용한다.
- 스트레인 게이지 상수(K), 포아손 비(가로 변형률/세로 변형률: ν) 는 각각 $K = 2$, $\nu = 0.3$의 비율을 갖는다.

- 가격은 저항값이 높을수록 정밀도가 높아지기 때문에 비싸다.
- 항공기 부품 및 동체의 비행 시험, 자동차 구조물 시험, 기계의 비틀림 시험 등에 이용한다.
- [표 7-2]은 스트레인 게이지를 사용하여 브리지형 전압 측정회로의 특성을 정리하였다.

[표 7-2] 브리지형 스트레인 게이지

번호	회로 이름	적용 그림	출력 전압	특징
1	단일 능동 게이지 2선식	[그림 8-10]	$\Delta V = \dfrac{V}{4} K \cdot \varepsilon_0$	온도 변화 없는 곳에 사용 R_{g1} 변화 : $\varepsilon_0 = \varepsilon_1$
2	2 능동 게이지 직렬	[그림 8-11]	$\Delta V = \dfrac{V}{4} K \cdot \varepsilon_0$	$\varepsilon_0 = \dfrac{\varepsilon_1 + \varepsilon_2}{2}$ $R = R_{g1} + R_{g2}$
3	2 능동 게이지식 (벤딩 변형 측정)	[그림 8-12]	$\Delta V = \dfrac{V}{4} K(\varepsilon_1 - \varepsilon_2)$ $= \dfrac{V}{2} K \cdot \varepsilon_0$	R_{g1} 변화 : $\varepsilon_0 = \varepsilon_1$ R_{g2} 변화 : $-\varepsilon_0 = \varepsilon_2$ 출력 2배
4	2 능동-더미 게이지식	[그림 8-13]	$\Delta V = \dfrac{V}{4} K \cdot \varepsilon_0$	R_{g1} 변화 : ε_0 R_{g2} 변화 : 0
5	직교 2 능동 게이지식	[그림 8-14]	$\Delta V = \dfrac{(1+\nu)V}{4} K \cdot \varepsilon_0$ 금속의 경우 $\nu = 0.3$	ν : Poisson's ratio R_{g1} 변화 : ε_0 R_{g2} 변화 : $-\nu\varepsilon_0$ 출력 1.3배(30% 증가)
6	반대측 2 능동 게이지식	[그림 8-15]	$\Delta V = \dfrac{V}{4} K(\varepsilon_1 + \varepsilon_2)$ $= \dfrac{V}{2} K \cdot \varepsilon_0$	R_{g1} 변화 : $\varepsilon_0 = \varepsilon_1$ R_{g2} 변화 : $\varepsilon_0 = \varepsilon_2$ 출력 2배
7	4 능동 게이지식 (벤딩 변형 측정)	[그림 8-16]	$\Delta V = \dfrac{V}{4} K(\varepsilon_1 - \varepsilon_2 + \varepsilon_3 - \varepsilon_4)$ $= V \cdot K \cdot \varepsilon_0$	R_{g1}, R_{g3} : 벤딩변형 : ε_0 R_{g2}, R_{g4} : 벤딩변형 : $-\varepsilon_0$ 출력 4배
8	직교 4 능동 게이지식	[그림 8-17]	$\Delta V = \dfrac{(1+\nu)V}{2} K \cdot \varepsilon_0$ 금속의 경우 $\nu = 0.3$	R_{g1}, R_{g3} : 변형 : ε_0 R_{g2}, R_{g4} : 변형 : $-\nu\varepsilon_0$ 출력 $(1+\nu) \times 2$배=2.6배
9	환봉 4 능동 게이지식 (벤딩 변형 측정)	[그림 8-18]	$\Delta V = V \cdot K \cdot \varepsilon_0$	R_{g1}, R_{g3} : 변형 : ε_0 R_{g2}, R_{g4} : 변형 : $-\varepsilon_0$ 출력 4배
10	육면체 4 능동 게이지식	[그림 8-19]	$\Delta V = V \cdot K \cdot \varepsilon_0$	R_{g1}, R_{g3} : 변형 : ε_0 R_{g2}, R_{g4} : 변형 : $-\varepsilon_0$ 출력 4배

※ $\varepsilon_1 = \dfrac{\Delta R_{g1}}{R_{g1}}$, $\varepsilon_2 = \dfrac{\Delta R_{g2}}{R_{g2}}$, $\varepsilon_3 = \dfrac{\Delta R_{g3}}{R_{g3}}$, $\varepsilon_4 = \dfrac{\Delta R_{g4}}{R_{g4}}$ 의 게이지 변형률이다.

제3절 | 로드 셀

01. 로드 셀의 원리

로드 셀(Load cell)은 하중 센서 또는 힘 센서로서 스트레인 게이지를 피측정물에 일체화한 것이다. 힘 또는 하중을 측정하기 위한 변환기로서 출력을 전기적으로 변환하는 것이다.

[표 7-3] 로드 셀의 종류

로드 셀 형식	종 류
기계식 로드 셀	액압(hydraulic)
	공압(pneumatic)
스트레인 게이지식 로드 셀	밴딩 비임(banding beam)
	전단 비임(shear beam)
	캔니스터(canister)
	링과 팬케이크(ring and pancake)
	버튼과 와셔(button and washer)
	나선(helical)
기타	광섬유(fiber optic)
	압저항(piezoresistive)

로드 셀의 종류에는 [표 7-3]과 같이 스트레인 게이지가 개발되기 이전 기계식 로드 셀과 현재 많이 쓰이는 스트레인 게이지 로드 셀 등이 있다.

로드 셀은 인가 중량에 응답해서 일어나는 탄성체(spring element : 보통 beam)의 변형을 압축, 인장, 굽힘, 전단 등의 형태로 검출한다. 탄성체는 응답하는 응력에 따라 밴딩 비임(bending beam), 전단 비임(shear beam), 기둥(column) 또는 캔니스터(canister), 나선(helical) 등으로 부르며, 이중 가장 널리 사용되는 디자인은 밴딩 비임과 전단 비임이다.

02. 로드 셀의 종류

가. 밴딩 비임 로드 셀

밴딩 비임 로드 셀(bending beam load cell)은 간단하고 저가이기 때문에 가장 널리 사용되는 로드 셀 구조 중의 하나이다.

이 로드 셀은 비임의 한쪽이나 양쪽을 지지하여 휘어지는 양을 측정하는 방식으로, 부착하기가 용이하고, 정밀도가 높은 장점이 있는 반면 대용량의 제작이 어렵고 구조상 밀봉하기 어려워 사용 환경의 제약을 받는 단점이 있다.

(1) 기본 구조와 동작 원리

[그림 7-19]는 기본적인 밴딩 비임을 나타낸 것이다.

그림 (a)의 캔틸레버 비임(cantilever beam)에서 최대 휨(deflection) δ는 자유단(free end)에서 일어나고 최대 변형 위치는 고정단(fixed end)이다.

그림 (b)는 비임 양단을 단순히 지지하는 구조로 최대 휨과 변형을 인가하는 위치에서 일어난다.

그림 (c)는 비임의 양단이 고정된 구조로 최대 휨은 힘의 인가 점에서 일어나지만, 최대 변형은 힘의 인가점(+변형)과 고정된 양단(-변형)에서 일어난다.

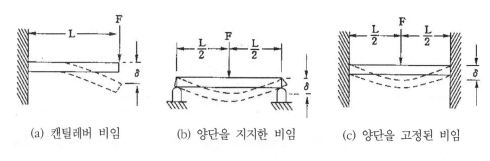

(a) 캔틸레버 비임	(b) 양단을 지지한 비임	(c) 양단을 고정된 비임

[그림 7-19] 밴딩 비임의 기본 구조

[그림 7-20]은 가장 간단한 밴딩 비임 로드 셀의 기본 구조를 나타낸다. 비임의 위면에 부착된 2개의 스트레인 게이지는 인장력을, 밑면에 부착된 2개의 게이지는 압축력을 측정한다. 4개의 게이지는 그림 (b)와 같이 휘트스톤 브리지로 결선되어 있다. 하중 F가 인가되면 게이지 R_1, R_3에는 인장력이, 게이지 R_2, R_4에는 압축력이 작용한다.

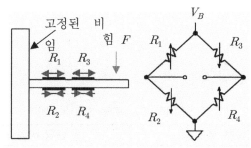

[그림 7-20] 밴딩 비임 로드 셀의 기본 구조와 등가회로

(2) 밴드 비임 로드 셀의 예

[그림 7-21]은 바이노큘러(binocular)라고 부르는 탄성체이며, 소용량 상용 로드 셀에서 가장 널리 사용되고 있는 디자인이다. 스트레인 게이지는 최대 변형이 일어나는 위치에 부착된다. 이 구조는 게이지가 부착되는 위치만 얇게 하고 비임 전체의 두께를 두껍게 함으로써 감도의 희생 없이 고유 주파수를 최대화할 수 있는 장점을 가진다.

(a) 바이노큘러
(OBU-3)

(b) 여러 기지 바이노큘러

[그림 7-21] 각종 밴딩 비임 로드 셀

[표 7-4] 로드 셀의 규격(OBU-3)

항 목	특 징	비 고
정격용량	3 [kg]	
정격출력	1 [mV/V]	
입력간 저항	420 [Ω]	일반 350[Ω]
출력간 저항	350 [Ω]	
인가전압	10 [V]	

밴딩 비임 로드 셀의 출력은 브리지 회로에 가해지는 전압 1[V]당 출력전압(mV/V)으로 표현된다. 이 출력전압은 브리지에 인가되는 전압을 V, 브리지의 출력전압을 ΔV, 스트레인 게이지의 탄성변형률 ε_0, 스트레인 게이지의 상수 K로 하면 [그림 7-17]의 경우와 같은 출력 특성을 갖는다.

출력 전압 : $\dfrac{\Delta V}{V} = K \cdot \varepsilon_0$ (7-15)

나. 여러 가지 로드 셀의 특성 비교

[표 7-5] 여러 가지 로드 셀의 특성비교

Ⓐ S-비임형 로드 셀		Ⓑ 밴딩 비임형 로드셀	
정격용량	20kg-5t	정격용량	10kg-500kg
경격출력	3mV/V −0.5%	경격출력	2.0mV/V ±0.2%
입력간 저항	350Ω	입력간 저항	450Ω
출력간 저항	350Ω	출력간 저항	350Ω

・옥내에 설치 및 각종 시험기

・내환경성과 고정밀고
・산업용 계량시스템

Ⓒ 전단(shear) 비임형 로드 셀		Ⓓ 기둥형 로드셀	
정격용량	1t-10t	정격용량	50kg-20t
경격출력	2.0mV/V ±0.25%	경격출력	2.0mV/V ±0.25%
입력간 저항	400Ω	입력간 저항	700Ω
출력간 저항	350Ω	출력간 저항	700Ω

・내환경 특성이 우수하다.

・내환경 특성이 우수하다.
・트럭, 탱크, 호퍼(hoppers) 측정

로드 셀의 내부 회로는 스트레인 게이지에 의한 휘트스톤 브리지로 구성되며, 단자 결선도와 색상은 [그림 7-22]로 나타낸다.

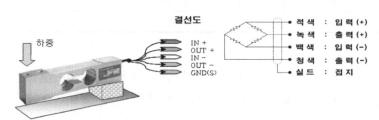

[그림 7-22] 로드 셀 외형과 단자 특성

03. 로드 셀을 이용한 증폭회로 설계

[그림 7-23]은 입력 및 출력간 저항이 350[Ω] 특성을 갖는 로드 셀을 이용하여 중량에 따른 출력 전압 0~10[V]까지 얻을 수 있는 설계이다.

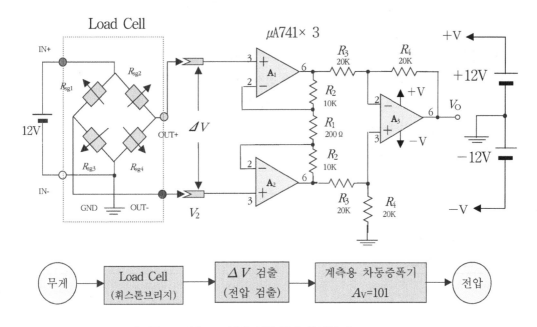

[그림 7-23] 로드셀에 의한 무게 측정회로]

① 일반적인 로드 셀은 350[Ω]의 브리지 저항을 갖고 있다.
② 하중이 없을 때 로드셀의 출력전압 ΔV를 측정한다.(오프셋 전압 존재 확인)
③ 최종 출력전압은 1.627[V] 정도 된다.
④ 로드셀에 하중이 크게 인가될 때 출력전압 $V_0 = 6.6 \, [V]$로 출력된다.

따라서 이 회로의 하중 변화에 따른 전압 변화 범위는 약 5[V]로 설계되어 있으며, 이 원리를 마이크로프로세서나 기타 응용회로에 활용할 수 있다.

제4절 압력 센서

압력 센서란 공기압의 변화를 내부에 있는 감압 소자를 통해 전기신호로 변환하는 것이다. 압력센서는 미리 설정된 압력값을 넘었을 때 전기신호를 출력하므로 공기압을 이용한 흡착 확인, 착좌 확인, 리크 테스트, 원압 관리 등 다양한 용도에 사용되고 있다.

그 용도는 각종 공업에서의 계측, 화학 공업의 플랜트 제어, 의료용 분야, 자동차, 자동화기계, 로봇 제어, 유압・공압기기 등에 반드시 필요하고 중요한 센서이다.

01. 압력이란

기체, 액체와 같은 유체의 압력이란 단위 면적당에 작용하는 힘을 의미한다. 계측 분야에서는 유체 압력을 단순히 압력이라 부르는 경우가 많다. 물질의 상태 기체, 액체, 고체 중에서 고체는 기체와 액체에서의 성질이 다르다. 고체 내에서는 압력에 따른 유동이 없으므로 힘의 방향성이 보존된다. 즉, 압력은 방향성을 지니고 있어, 한 점에서의 압력도 방향에 따라 크게 다르다. 고체와는 대조적으로 기체, 액체와 같은 유체는 힘의 치우침에 따라 유동하므로, 압력은 방향성이 없고 어떤 점에서 어느 방향의 면에 대해서도 같은 크기의 압력이 작용한다. 따라서 한 점에 대해 하나의 압력값이 결정된다.

유체의 등방적 성질을 발견한 파스칼(B. Pascal : 1623~1662)의 이름을 따라 파스칼의 원리라 한다. SI 단위계에서 압력의 단위로 사용하는 파스칼(Pa=$N \cdot m^{-2}$)은 그의 이름을 따온 것이다. 또한 압력의 측정은 유체의 상태를 아는 데 있어 온도와 함께 중요한 요소로 이의 측정으로부터 힘이나 무게 등을 검출하게 된다.

[표 7-6] 압력 단위의 정의

단 위	정 의
Pa(파스칼)	국제 단위계(SI) : 1[Pa]는 1[㎡]당 1N의 힘이 작용하는 압력이다.(1Pa=1N/㎡=1kg/m · ㎡)
mmHg	표준 중력 가속도 9.8m/s²하에서 표준상태(0℃, 1기압)의 수은(밀도 13595.1[kg · m⁻³])의 액주차 1[㎜]에 대응하는 압력으로, 진공도의 표시에 많이 쓰인다. 독일의 진공압 단위 torr(토르)도 같은 크기이다.
mmH₂O	표준 중력 가속도 9.8m/s²하에서 표준상태(4℃, 1기압)의 물(밀도 1[g · m⁻³])의 액주차 1[㎜]에 대응하는 압력으로, 게이지압의 저압 영역의 표시에 주로 쓰인다.
Psi (pound/inch²)	미국, 영국 등 파운드 질량 단위권에서 쓰이는 압력단위 : 1[inch²]당 1중량 pound의 힘이 작용하는 압력
Kgf/㎠	표준 중력 가속도 9.8m/s² 하에서 1[㎠]당 1kg의 질량이 작용하는 힘의 크기에 대응하는 압력으로, 압력계의 지시 단위로서 많이 사용되고 있다.

압력을 나타내는 단위에는 측정 대상, 압력 범위, 국가 간 등에 따라 여러 가지 단위가 관용적으로 적절히 구분되어 사용되고 있다. 대표적인 것에 대해서 [표 7-6]에 나타낸다.

[표 7-7]은 압력 단위에 대한 환산표이다.

[표 7-7] 압력단위 환산표

to from	Pa	kPa	MPa	kgf/㎠	mmHg	mmH₂O	psi	bar	inHg
1kPa	1000.000	1	0.001000	0.010197	7.500616	101.9689	0.145038	0.010000	0.2953
1kgf/㎠	98069.10	98.06910	0.098069	1	735.5787	10000.20	14.22334	0.980691	28.95979
1mmHg	133.3220	0.133322	0.000133	0.001359	1	13.5954	0.019336	0.001333	0.039370
1mmH₂O	9.80665	0.00980	-	0.000099	0.073557	1	0.00142	0.000098	0.002895
1psi	6894.939	6.89493	0.00689	0.070307	51.71630	703.07	1	0.068947	2.036074
1Pa	100000.0	100.0000	0.100000	1.019689	750.062	10196.89	14.50339	1	29.52998
1inHg	3386.388	3.386388	0.003386	0.034530	25.40000	345.3240	0.491141	0.033863	1

※ 1 Pa(파스칼)=1 N/m² (SI: 국제 단위계), mmHg(수은주), atm(기압)

(환산 예시) 760mmHg가 몇 kPa인가를 알고 싶은 경우 :

위 환산표에서 1mmHg는 0.133322kPa 이므로 760×0.133322kPa=101.32472kPa이 된다.

유체압의 상태를 정량적으로 나타내기 위해서 [그림 7-24]와 같이 절대압(absolute pressure), 게이지압(gage pressure), 차압(differential pressure), 진공압(vacuum pressure) 등 4가지로 구분하여 표시한다.

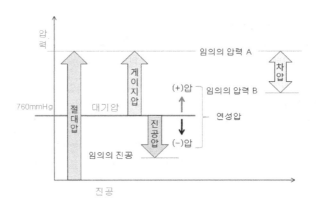

[그림 7-24] 절대압, 게이지압, 차압, 대기압 사이의 관계

- 절대압: 기준압력인, 진공을 0으로 한 표시법으로, kg·f/㎠로 표현
  - 절대압력 센서는 진공을 이루고 있는 공간에 게이지가 설치/측정
- 게이지압: 대기압(760mmHg)을 0으로 한 표시법으로, 보통은 대기압보다 높은 압력을 말한다. 우리가 가장 많이 측정하는 압력으로 단순히 압력이라고 하면 게이지압을 가리키는 경우가 많다.
- 차압: 2개의 유체 간의 압력차를 말한다. 공업계측에 있어서 차압은 중요한 정보원이며, 그만큼 높은 정밀도가 요구되고 있다.
- 진공압: 대기압(760mmHg)을 0으로 하고, 대기압으로부터 얼마나 낮은가를 말한다.
- 연성압: 게이지압(정압)과 진공압(부압)을 포함한 표시법으로, 대기압을 중심으로 정부로 변화하는 압력을 측정하는 경우를 말한다.
- 대기압: 일정한 값이 아니라 지형적, 기상적 변화에 따라 변하는 압력이다.

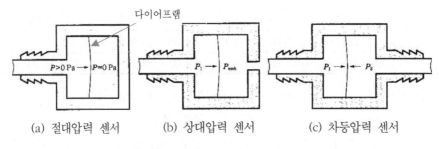

[그림 7-25] 공기 압력 센서 분류

[그림 7-25]에서 절대압력 센서, 상태압력 센서, 차등압력 센서를 그림으로 비교 설명한다.
- 절대압력 센서: 기준압력을 진공(P=0 Pa)으로 매체의 절대압력을 측정하는 것이다.

- 상대압력 센서: Pamb로 주어지는 대기압을 기준으로 하는 차등압력을 측정하는 것이다.
- 차등압력 센서: 두 압력 사이에 나타나는 차등압력을 측정하는 것이다. 측정 원리는 상대압력 센서와 비슷하다.

02. 압력 센서의 기본 구성과 센싱 요소

가. 기본 구성

압력 센서는 [그림 7-26]과 같이 3개의 기본 블록으로 구성된다.

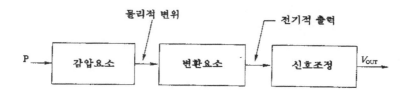

[그림 7-26] 압력 센서의 구성 요소

- 감압 요소(pressure sensing element) : 압력을 받았을 때 변위가 일어나도록 만들어진 기계적 요소로서, 압력을 기계적 운동으로 변환하는 소자이다.
- 변환 요소(transduction element) : 기계적 운동을 전기적 신호로 변환한다.
- 신호 조정(signal conditioning) : 전기신호를 증폭하거나 필터링하여 조정하는 것으로 센서의 형태나 응용 분야에 따라 요구된다.

나. 압력의 센싱 요소

[그림 7-27]은 압력 센서에 많이 사용되는 감압 요소를 나타낸다. 부르동관(Bourdonn tube)은 단면이 타원형 또는 편형형의 관으로, 감긴 형태에 따라 C자형, 나선형(helical) 등이 있다. 관 한쪽의 선단은 밀폐되어있고, 개방된 다른 쪽의 끝은 고정되어 있다. 개방구에서 관 내부에 압력을 가하면 관의 단면은 원형에 가깝게 부풀어지고 이로 인해 구부러진 관은 직선에 가깝게 변형하지만 관의 탄성으로 어느 정도 관이 늘어나면 양쪽이 균형이 이룬다. 이 늘어난 부르동관 선단의 변위량은 관내의 압력 크기에 거의 비례한다. 나선형은 감도를 증가시킨 것이다.

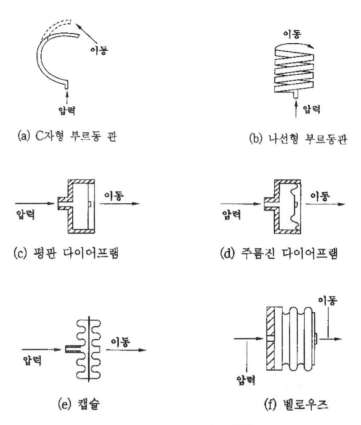

(a) C자형 부르동 관

(b) 나선형 부르동관

(c) 평판 다이어프램

(d) 주름진 다이어프램

(e) 캡슐

(f) 벨로우즈

[그림 7-27] 기본적인 압력 센싱 요소

　다이어프램(diaphragm)은 평판과 주름진 것이 있으며, 압력이 가해지면 변형된다. 다이어프램은 적은 면적을 차지하고 그 변위가 변환 소자를 동작시킬 만큼 충분히 크고, 부식 방지를 위한 다양한 재질이 이용가능하기 때문에 가장 널리 이용되고 있다.

　벨로우즈(bellows)는 얇은 금속으로 만들어진 주름잡힌 원통으로, 원통에 압력을 가하면 내부와 외부의 압력차에 의해 축방향으로 신축한다. 이 신축에 의해서 압력차는 변위로 변환된다.

　감압 요소의 변위는 퍼텐쇼미터, LVDT, 스트레인 게이지, 압전 저항과 같은 각종 센서에 의해서 전기신호로 변환된다. 이들 감압 요소의 원리에 따라 압력 센서의 종류가 분류된다.

　압력 센서의 종류에 따라 분류하면 기계식 압력 센서, 전자식 압력 센서, 반도체식 압력 센서 등으로 [표 7-8]로 나타낸다.

[표 7-8] 센서의 종류에 따른 분류

종 류	구동방식	형 태
기 계 식	부르동관	회전각 지시형
	캡 슐	힘 평형식
	벨 로 스	힘 변환식
	다이어프램	힘 평형식
전 자 식	용 량 형	다이어프램
	압저항형	포일식 · 증착식
	압 전 형	유기 · 무기 압전박막
	코 일 형	LVDT, 인덕티브
	광 학 형	광섬유 · 광경로차
반 도 체 식	압저항형	확산식 · 증착식
	용 량 형	대향 전극

03. 압력 센서의 종류와 원리

가. 스트레인 게이지 압력 센서

스트레인 게이지를 변환 요소로 사용한 압력 센서는 가장 널리 사용되는 압력 센서 중 하나이다.
[그림 7-28]은 스트레인 게이지 압력 센서의 기본 구조를 나타낸다. 감압 탄성체로는 주변이
고정된 원형의 금속 다이어프램이 사용된다. 스트레인 게이지는 금속 박 게이지를 접착제로 다
이어프램에 부착시키던가, 박막 기술을 사용해 금속 다이어프램에 직접 형성한다.

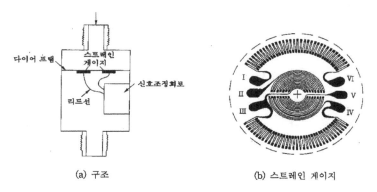

(a) 구조   (b) 스트레인 게이지

[그림 7-28] 스트레인 게이지식 압력 센서의 구조

나. 정전용량형 압력 센서

[그림 7-29] (a)는 정전용량형 압력 센서의 구조를 나타낸 것으로, 고정전극과 다이어프램 사이에 정전용량이 형성된다. 인가 압력에 의해서 평판 다이어프램이 변위되면 두 전극 사이의 거리가 변화하므로 정전용량이 동시에 변한다.

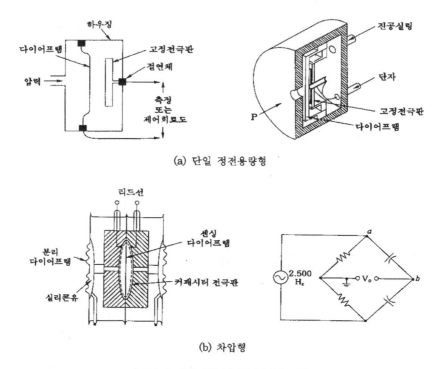

(a) 단일 정전용량형

(b) 차압형

[그림 7-29] 정전용량형 압력 센서

[그림 7-29] (b)는 원통형으로 정전용량형 차압 센서의 구조이다. 두 정지전극 사이에 센싱 다이어프램이 위치한다. 내부에는 기름이 채워져 있어 차압을 센싱 다이어프램에 전달된다. 동일한 압력이 인가되면 다이어프램은 변형되지 않으므로 브리지 회로가 평형이 되어 출력 전압은 0[V]이다. 인가 압력이 다르면 다이어프램은 차압에 비례해서 변위하므로, 두 커패시터 중 하나의 정전용량은 증가하고, 반대의 다른 정전용량은 감소한다. 따라서 차압에 비례하는 출력 신호는 2배로 되고, 불필요한 공통 모드 신호의 영향을 제거할 수 있다.

정전용량형 압력 센서는 다음과 같은 특성을 갖는다.

- 측정 범위가 매우 넓다.
- 스트레인 게이지 방식에 비해 드리프트가 작다.
- 분해능이 높다.
- 전형적인 온도 영향이 0.25[% FS]이다.

다. LVDT 압력 센서

[그림 7-30]은 탄성체로 부르동관, 센서로 LVDT를 이용한 압력 센서이다. 부르동관의 한 쪽 끝에 LVDT의 철심를 연결한다. 압력이 부르동관에 인가되면, LVDT의 철심은 위로 이동하여 출력이 발생한다. 출력전압은 부르동관의 변위가 매우 작은 범위에서 압력에 따라 직선적으로 변화한다.

이 형태의 압력 센서는 정압(static pressure)을 측정하는 경우에는 안정성과 신뢰성 있는 압력 측정이 가능하다. 그러나 부르동관과 LVDT의 철심의 질량이 응답 주파수를 약 10[Hz]로 제한하기 때문에 동압(dynamic pressure) 측정에는 부적합하다.

특징으로 절대압, LVDT의 원리를 적용하므로 차압 검출이 가능하다. 단점으로 진동이나 자기 간섭에 민감하다.

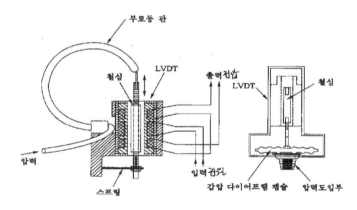

[그림 7-30] C자형 부르동관을 이용한 LVDT 압력센서

라. 압전기 압력 센서

수정 등과 같은 압전 결정에 힘을 가하여 변형을 주면 변형에 비례하여 그 양단에 정(正), 부(負)의 전하가 발생한다. 압전기 압력 센서는 결정의 압전 효과(piezoelectric effect)를 이용한다.

[그림 7-31]은 압전기 압력 센서의 구조이다. 여기서 탄성체와 센서로써 압전기 결정이 사용되고 있다. 압력이 얇은 다이어프램을 통해 다이어프램에 접촉하고 있는 결정면에 인가되면 전하가 발생한다.

압전기는 동적 효과(dynamic effect)이기 때문에 출력은 단지 입력이 변할 때만 나타난다. 따라서, 이 센서는 정압을 측정할 수 없으며, 단지 압력이 변하는 경우에만 사용될 수 있어, 폭발 등과 관련된 동압 현상이나, 자동차, 로켓엔진, 압축기 및 빠른 압력 변화를 경험하는 압력 장치에서의 동압 상태를 평가하는데 사용된다.

수정 압전기 평판

스프링(다이어프램)

(a) 내부 구조   (b) 센서 외형

[그림 7-31] 압전기 압력 센서의 구조와 외형

마. 반도체 압력 센서

반도체 단결정(monolithic)의 피에조 저항 효과(piezoresistive effect)를 이용한 압력 센서로서 다이어프램을 만들어 그 표면에 스트레인 게이지 저항을 형성한 압력센서 일명 피에조 압력 센서라 부른다.

반도체 기술로 원칩 압력 센서로 개발되어 넓은 온도 범위에서 사용되며 온도 보상과 교정을 자체적으로 해결되는 기능을 갖고 있어 특징이 우수하다. 응용 예는 항공기 고도계, 공장 제어, 의료기기(호흡기기, 병원 침구 등)에 사용되고 있다.

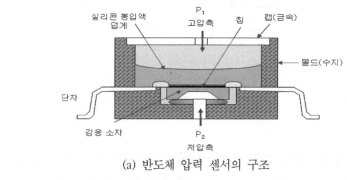

(a) 반도체 압력 센서의 구조

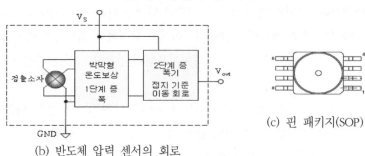

(b) 반도체 압력 센서의 회로   (c) 핀 패키지(SOP)

[그림 7-32] 반도체 압력 센서의 단면(SOP)

[표 7-9] 반도체 압력 센서 외형

Small Outline Package

MPXV5010G6U		MPXV5010GC6U		MPXV5010G7U		MPXV5010GC7U	
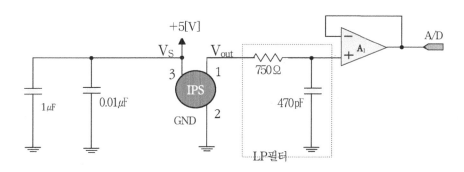							
1	N/C	3	Gnd	5	N/C	7	N/C
2	V_s	4	V_{out}	6	N/C	8	N/C

Unibody Package

MPX5010D	MPX5010DP	MPX5010GS	Pin Numbers	
			1	V_{out}
			2	Gnd
			3	V_s
			4, 5, 6	N/C

[표 7-10] 반도체 압력 센서의 특성

특성	기호	단위	최소	정격	최대	비고
압력범위	P_{op}	kPa	0	–	10	
전원전압	V_s	V_{DC}	4.75	5	5.25	
전원전류	I_o	mA_{DC}	–	5	10	
최대출력전압	V_{FSO}	V_{DC}	4.475	4.7	4.925	Full Scale Output

[그림 7-33] RC LP 필터의 출력 임피던스가 낮으므로 Buffer 사용

[그림7-32]에서 RC LP 필터의 차단 주파수는 650[Hz]으로 설계되었다. 한편 반도체 압력 센서를 이용하여 마이크로프로세서의 A/D 입력으로 사용되며 센서 출력전압을 직접 인가하려면 단

위 이득을 갖는 완충(buffer) 회로와 결합하여 사용한다. 이때 A/D 변환 출력전압은 압력 0~10[kPa]까지 변화되면 0.2~4.7[V]의 전압 신호로 변화되어 측정된다.

출력전압 식은 (7-23)으로 나타낸다.

단, V_S=5[V_{DC}], TEMP=0~85[℃], P는 외부 압력의 세기[kPa]

$$V_{out} = V_S(0.09 \times P + 0.04) \pm Error \tag{7-16}$$

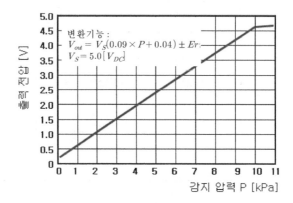

[그림 7-34] 출력과 압력 감지 특성

CHAPTER **08**

유체량 센서

제1절 유량 센서

01. 유량의 종류와 유속

가. 개요

유체는 전단력(shear force)을 받았을 때 연속적으로 변형하는 물질이다. 유량(flow rate or flux)란 단위시간에 임의의 단면을 통과하는 유체의 체적(volume) 또는 질량(mass)으로 나타낸다. 유량센서는 기체와 액체 유동(흐름) 중에서 하나를 측정해서 감지와 제어 응용에 많이 사용된다. 유동에는 질량 흐름, 체적 흐름, 층류(laminar flow), 난류(turbulent flow) 등의 많은 방법이 있다. 보통 질량 유동 물질의 흐르는 양이 가장 중요하다. 만약 유체의 밀도가 일정하다면, 체적 흐름 측정은 일괄적인 형태를 쉽게 변화할 수 있어 유용하다.

유량 측정은 측정 대상인 유체의 종류를 비롯하여 흐름의 상태, 유체의 온도와 압력, 측정 범위, 설치 장소 등에 따라 측정 조건이 매우 다양하기 때문에 유량의 측정 방법도 여러 가지가 개발되어 사용되고 있다. 따라서, 유량을 측정하고자 할 경우에는, 사전에 측정 조건을 충분히 검토하고 요구되는 정확도 및 유지 관리의 편리성 등을 검토하여 용도에 적합한 센서를 사용하여야 한다. 산업체에서 가장 많이 사용하고 있는 것은 차압식 유량 센서이며, 최근에는 자동차 및 반도체 산업의 각종 가스의 유량을 측정하는 전자식 유량 센서의 사용이 급증하고 있다.

유량을 측정하는 센서에는 다음과 같은 성질이 요구된다.

- 측정의 정확성, 신뢰성이 우수할 것
- 고감도와 측정 범위가 넓을 것
- 유체의 종류(기체, 액체, 성분 등)에 의존하지 않을 것
- 유체의 조건(온도, 압력, 점도 등)에 의존하지 않을 것
- 측정할 때 유체의 에너지 손실이 최소일 것
- 유량 측정과 설치 및 유지 보수가 용이할 것

나. 유량 측정의 원리

흐르는 유체에는 어떤 형태로든지 에너지의 변화를 나타내고 있다. 이러한 에너지는 열, 화학적, 전기적 에너지, 위치 에너지 및 운동 에너지 등의 여러 가지 형태를 포함하고 있다.

유체의 체적 유량은 단위시간에 통과하는 물질의 체적을 나타내며, MKS 단위로는 [㎥/s]를 사용된다. 유량 Q는 식 (8-1)과 같다.

$$Q = \frac{dV}{dt} = A \times \bar{v} \tag{8-1}$$

여기서, dV는 시간 dt 동안 통과한 체적, A는 관(pipe)의 단면적[㎡], $\bar{v}$는 관의 단면에서 평균 유속[m/s]이다.

대부분의 경우, 특히 배관(pipe) 내에서는 식 (8-1)이 적용된다고 할 수 있다. 이때 변화하는 유량을 측정하기 위해서는 기본인자인 변화하는 유속($\bar{v}$)을 정확하게 측정하는 것이 필수적이라 할 수 있다. 직접적으로 유속을 측정하는 것은 곤란하므로 유속에 비례하여 나타나는 프로펠러의 회전, 전자기 신호 변화, 와류 발생, 압력차, 초음파 신호 변화 등과 같이 간접적으로 유속을 구하며 이에 따른 유량을 구하게 되는 것이다.

일반적으로 유량 측정에서 사용되는 이론은 에너지의 변환과 함께 베르누이의 정리(Bernoulli's theorem)가 유량계측의 기초로 활용되고 있다. 흐르는 유체(기체와 액체 통합)에서 베르누이 정리를 적용할 수 있다. 운동하고 있는 유체 내에서의 압력과 유속이 임의의 수평면에 대한 높이 사이의 관계를 식 (8-2)로 유체역학의 정리, 즉 베르누이 정리식이라 한다.

압력 에너지 + 운동 에너지 + 위치 에너지 = 일정(constant)

$$P_1 + \rho \frac{\bar{v_1^2}}{2} + \rho g h_1 = P_2 + \rho \frac{\bar{v_2^2}}{2} + \rho g h_2 = 일정 \tag{8-2}$$

여기서, h : 기준선으로부터 배관의 높이(ft)

P : 정압(static pressure)=절대압력(Pa)

ρ : 유체밀도(kg/㎥)

$\bar{v}$: 평균속도(m/s)

g : 중력 가속도(m/sec^2)

첨자 1, 2 : 상류와 하루의 측정점

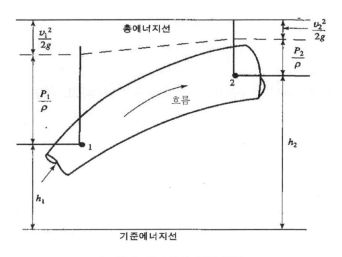

[그림 8-1] 베르누이의 정리

　　베르누이의 방정식은 압력을 측정해야 유체 속도를 알아내는데 사용 할 수 있다. 운동방정식에서 단면적이 좁은 곳에서 속도가 증가한다. 베르누이의 방정식에 의해서 그 곳의 압력은 내려가야 한다. 즉 수평관에서 $\frac{1}{2}\rho \bar{v}^2 + P$는 일정하므로 $\bar{v}$가 증가하면 P는 감소해야 한다.

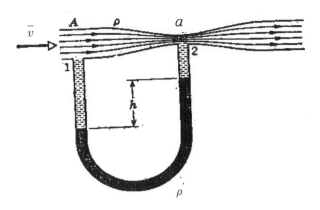

[그림 8-2] 유체의 흐름 속도 측정 벤튜리 미터

　　[그림 8-2]와 같이 액체의 유속을 재기 위하여 유관(流管)에 넣은 기기를 벤튜리 미터(venturi meter)라 한다. 밀도가 ρ의 액체가 단면적 A의 관을 흐른다. 목(throat) 부분에서 단면적은 a로 줄어들고 그림에 표시된 바와 같이 여기에 압력계가 붙어 있다. 압력계가 수은(Hg)과 같은 밀도 ρ'의 액체로 되어 있다고 하자. 1의 점과 2의 점에 베르누이의 방정식과 연속방정식을 적용하면 식 (8-3)으로 유도된다.

$$\bar{v} = a \sqrt{\frac{2(\rho^{'} - \rho)gh}{\rho(A^2 - a^2)}} \qquad (8\text{-}3)$$

단위시간에 어떤 점을 지나서 수송되는 유체의 유속을 나타내고, 유량 Q라 하면 식 (8-4)로 계산하면 된다.

$$Q = A \times \bar{v} = A \times \sqrt{\frac{2 \cdot P}{\rho}} \qquad (8\text{-}4)$$

여기서, 유량 Q, A는 유체가 통과하는 단면적, ρ는 유체의 비중(밀도)(kg/㎥), $\bar{v}$는 유체가 통과하는 평균 유속(kg/㎥)이 된다.

결론적으로 유량은 차압 P의 제곱근에 비례한다.

다. 레이놀드 수

유체의 유속은 주어진 단면 어느 부분에서나 일정하다고 가정하지만 실제로는 어느 단면적에서 배관 벽 가까이의 경계면에서는 유속이 0에 접근하고 유속은 벽으로부터 거리에 따라서 변화한다. 이러한 유속의 흐름에서 곡선은 유속계에서 발생하는 유속과 차압간의 관계에서 중요한 영향을 가지고 있다.

흐름이 층류(laminar flow)인가 난류(turbulent flow)인가를 레이놀드 수(Reynolds number)로 결정된다. 레이놀드 수는 식(8-5)로 나타낸다.

$$R_D = \frac{\rho \bar{v} D}{\mu} \qquad (8\text{-}5)$$

여기서, R_D는 레이놀드 수, ρ는 유체의 밀도, $\bar{v}$는 평균 유체의 속도, μ는 점성, D는 유체가 흐르는 관의 직경이다. 일반적으로 레이놀드 수가 4,000 이상이면 난류고, 2,000 이하이면 층류를 나타낸다. 2,000~4,000 사이이면 두 모드가 다 존재할 수 있다.

[그림 8-3]은 유체의 층류와 난류를 나타낸다. 층류는 흩어짐이 없이 질서 정연하고 규칙적인 흐름을 보여주고, 난류는 겉보기에 매우 불규칙하게 소용돌이들이 발생하고 사라지는 무질서한 흐름이다.

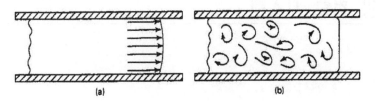

[그림 8-3] 유체의 운동 모양; (a) 층류. (b) 난류

관의 단면에서 유속이 일정하지 않으며, 층류는 관의 중심에서 유체 속도는 관의 단면에 대한 평균의 2배로 된다. 난류는 평균 속도는 1.5배로서, 정확한 속도는 관벽의 거칠음과 레이놀드 파라미터에 의존한다.

라. 유량계의 종류

현재 실용화되고 있는 유량·유속 센서는 8가지로 나눌 수 있다.
- 차압식, 면적식, 용적식, 회전속도 검출식, 전자식, 초음파식, 와류식, 열식 유량 센서를 동작원리에 따라 그룹으로 분류하면 [표 8-1]과 같다.

[표 8-1] 유량센서의 종류

유량 센서 그룹	유량계 형식
차압식 유량 센서 (differential pressure flow sensor)	피토관 유량계
	면적 유량계
기계식 유량 센서 (mechanical flow sensor)	PD(정변위) 유량계
	터빈 유량계
	로터리 유량계
전자식 유량 센서 (electronic flow sensor)	자기 유량계
	와류 유량계
	초음파 유량계
질량 유량 센서 (mass flow sensor)	열선식 유량계
	코리올리 유량계

산업체에서 가장 많이 사용되고 있는 것은 차압식 유량 센서로, 관로에 설치된 스로틀 전후 압력차의 평방근이 유량에 비례하는 것을 이용하여 소량에서 대용량까지 적용 범위가 매우 넓으며 공업용으로 가장 많이 사용되고 있다.

02. 유량 검출 시스템

가. 차압식 유량 센서

관로에 오리피스 판(orifice plate), 노즐(nozzle) 등과 같은 조리개를 설치하여, 즉 관로 내의 흐름에 수직 방향으로 그 단면적을 작게 하는 차폐물을 삽입하여, 거기서 생기는 압력 변화(차압)를 측정하여 유량을 검출하는 센서이다. 이들은 고전적인 유량계로서 공업 분야에서 쓰이는 유량계의 70~80%를 차지하고 있다. 구조가 간단하고 취급이 용이하며, 기체·액체 측정을 할 수 있어 각종 프로세스의 제어용, 천연 가스의 측정 등에 사용되고 있어, ISO(국제 표준화 기구) 규격, 공업 규격 등에 규정된 조건을 충족시키는 유량계를 쓰면 정밀도가 높은 유량을 측정할 수 있다.

[그림 8-4]는 유동 노즐을 이용한 차압식 유량계의 원리이다.

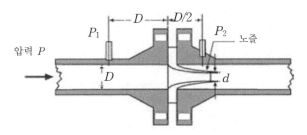

[그림 8-4] 노즐형 차압식 유량 센서

그림에서 하류측 P_2에서는 속도가 빨라 압력이 낮아지고, 상류측 P_1에서는 유속이 느려서 압력이 높아지는 현상을 이용하여 유량을 측정한다.

나. 면적식 유량 센서

면적식 유량 센서는 유체가 흘러나가는 단면적이 변하는 것을 이용하는 유량을 측정하는 센서이다. [그림 8-5]에서 나타낸 것처럼 단면적이 윗부분으로 가는 만큼 크게 되어 있는 테프관에, 그 안을 자유롭게 상하 이동하는 플로트(float)를 넣어둔다. 유체가 테프관의 아래 부분에서 유입하면 플로트는 관내를 윗부분으로 떠오른다. 플로터의 전후에 차압이 발생하고 플로트는 이 차압에 의해 위로 향하는 힘을 받아서 상승하고, 플로트의 유효 중량과 평위하는 위치에서 정지한다. 플로트는 관내를 흐르는 유량이 큰 만큼 윗부분의 위치에서 멈추고 플로트의 위치에 의해 관내의 유량을 알 수 있다. 플로트의 위치에 의해, 유체의 빠져나갈 수 있는 단면적이 변화하는 것을 이용해서 유량을 구하기 때문에 이것을 면적식 유량 센서라고 한다.

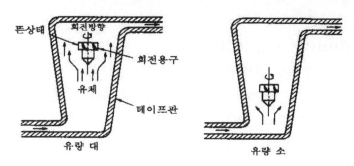

[그림 8-5] 면적식 유량 센서의 구조

종류는 투명 테프관(경질 유리, 알칼리 수지 등)과 플로트에서 이루어지는 것이고, 플로트 위치를 투시해서 직접 유량을 알 수 있는 것과, 테프관을 금속성으로 하는 형식의 현장 지시계 및 테프관 내의 플로트의 움직임을 자기결합에 의해 외부로 꺼내어 유량값을 전기신호 또는 공압 신호로 변환해서 전송하는 전송형이 있다.

다. 용적식 유량 센서

용적식(체적식) 유량 센서는 우리 주변에 가장 많이 볼 수 있는 유량계이다. 가정용의 가스 미터나 빌딩 등의 수도관에 많이 설치되어 있는 방식이다. 일정 체적 용기로 유체의 체적을 측정하면서 송출하는 방식의 유량계로, 일정시간 동안 또는 단위시간 동안 흘러보내는 횟수로 유량과 적산유량을 측정할 수 있다.

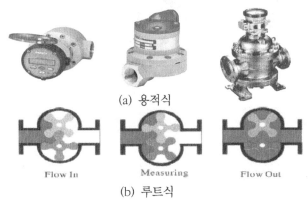

(a) 용적식

(b) 루트식

[그림 8-6] 용적식 유량 센서의 동작 원리

[그림 8-6]에 루트식 용적식 유량 센서의 동작을 나타낸다. 유량계의 계량부에 일정 용적의 공간부을 설치하고, 계량부의 내부의 운동이 유량계의 유입측과 유출측의 압력차에 의해 작동하고, 유체는 유출측으로 보내진다. 그 운동자의 작동회로를 측정하는 것에 의해 유체의 이동 체적을 구할 수 있다.

용적식 유량 센서의 특징을 정리한다.

- 원리로는 적산형의 유량 센서이다.
- 밀도나 배관의 조건의 영향이 적고 일정 이상의 점도에서는 점도의 영향도 적다.
- 회전수 변환 장치를 필요로 한다.
- 저점도에서는 누수에 의한 오차가 증가한다. 작은 압력차에서 회전이 없으면 오차가 크게 나는 경향이 있다.

라. 터빈식 유량 센서

터빈식 유량 센서의 원리는 흐르는 유체 내에 가볍게 회전하는 플레이트 판을 넣으면 터빈의 원리에 의하여 플레이트 판이 유출입하는 유체에 의하여 회전을 하게 하여 유량을 측정할 수 있다. 회전하는 부분을 로터(rotor)라 부르고 회전 부분의 마찰이 적을 때에는 로터의 회전수는 유속에 비례한다.

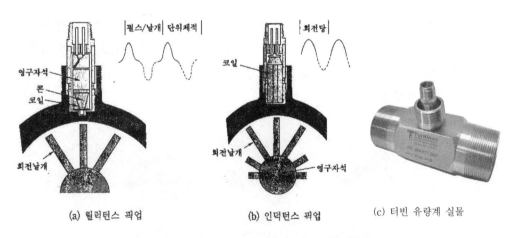

(a) 릴럭턴스 픽업   (b) 인덕턴스 픽업   (c) 터빈 유량계 실물

[그림 8-7] 터빈식 유량계의 신호 발생 원리

터빈 회전은 릴럭턴스(reluctance), 인덕턴스(inductance), 정전용량, 홀 효과 픽업(pick up)으로 검출된다. [그림 8-7]은 터빈식 유량 센서의 신호 발생 원리를 나타낸다. 그림 (a)는 릴럭

턴스 픽업은 영구자석과 코일로 구성되어 있다. 회전자 날개가 코일을 통고할 때마다 전압이 발생한다. 그림 (b)의 인덕턴스 픽업에서는 영구자석이 회전자에 부착되던가 또는 날개를 영구 자석으로 만든다. 두 방식 모두 연속적인 정현파를 출력하며, 이것의 주파수가 유량에 비례한다.

터빈 유량 센서는 액체와 기체의 유량 측정에 모두 사용되며, 매우 정확하게 신뢰성이 높은 유량계이다.

터빈식 유량 센서의 특징은 다음과 같다.

- 석유 제품이나 액화 가스에 많이 사용되고 있다.
- 디지털 검출이 가능하여 디지털 처리가 쉽다.

대표적인 적용 사례는 화학, 복합 제품, 약제품, 연료, 이온화 액체, 연료 추가 등이다.

마. 전자 유량 센서

전자(electromagnetic) 유량 센서의 원리는 패러데이의 전자유도 법칙(Faraday's law of electromagnetic induction)에 의하여 도전성 유체가 자계속을 움직이면 기전력을 발생하는 전자유도의 법칙을 이용하고, [그림 8-8]에서 직경 $D[m]$인 파이프에 자속 밀도 $B[T]$가 가해져 있고 그 속을 평균 유속 v의 도전 물질이 흐르면 자속과 흐름사이에 직각 방향으로 설치된 회로에 유속에 비례하는 기전력 E가 발생한다.

$$E = BDv \tag{8-6}$$

체적 유량 $Q[m^3/s]$는

$$Q = A \times v = \frac{\pi D^2}{4} \cdot v \tag{8-7}$$

$$Q = \frac{\pi D}{4B} \cdot E$$

로 표현된다. 용적 유량 Q는 기전력에 비례하는 것을 알 수 있다. 여기서 관내경 D와 자속 밀도 B는 일정하기 때문에 통상 기전력의 크기는, 유속이 $1[m/s]$이고, 기전력은 $1[mV]$ 정도이다. 여자 주파수는 2~30[Hz]의 저주파수를 이용한다.

전자 유량 센서의 특징은 다음과 같다.

- 압력 손실이 없고 이물질이 들어간 액체에서도 검출이 가능하다.

- 평균 유속만을 측정한다. 즉 체적 유량이 측정되므로 밀도, 압력, 온도, 유체 등의 영향이 비교적 적다.
- 출력은 유량에 대해 비례하기 때문에 직선적이다.
- 점도의 영향을 받지 않는다.
- 도전성을 갖는 액체에 한정된다.
- 관내가 채워져야 하므로 기포 등을 포함하지 말아야 한다.

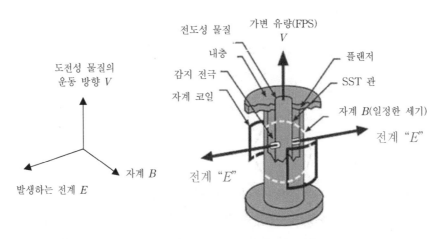

[그림 8-8] 전자 유량 센서의 원리와 구조

바. 초음파 유량 센서

초음파가 유체 중을 전파할 때, 유체가 정지하고 있을 때와 흐르고 있을 때의 겉보기 전파속도가 다른 것을 이용해서 유량을 검출하는 센서이다. 현재 많이 쓰이는 방식은 주행시간(transit time) 방식과 도플러(Doppler) 방식이다. 이 두 가지 방식의 공통적인 특징은 센서가 유체에 직접 접촉하지 않고 측정할 수 있는 것, 배관을 절단하지 않고 센서를 설치할 수 있으며, 유체에 접촉하지 않고 유량을 측정할 수 있는 것이다.

(1) 주행시간 초음파 유량 센서

[그림 8-9]와 같이 초음파 변환기 A, B가 대각선으로 배치된 주행시간 유량계의 구조를 나타낸다. 그림처럼 초음파 유량 센서는 직접적으로 유체를 통과하는 투과파를 이용하는 방법으로, 초음파가 유체 속을 전파 할 때, 전파 방향이 유체흐름 방향과 같으면 흐름이 정지되어 있을 때 보다 전파 속도가 빠르고, 서로 방향이 반대가 되면, 전파 속도는 흐름이 정지되었을 때보다

느리다. 이 현상을 이용하여 상류측, 하류측에 각 1개의 초음파 변환기를 설치하고, 초음파 펄스의 송신, 수신을 서로 번갈아 실시한다. 상류 → 하류의 초음파 펄스의 운반시간을 t_d와 하류 → 상류의 운반 시간 t_u를 측정해서, 연산처리하고 유량 신호를 회로적으로 변환한다.

유체의 평균 속도 $\bar{v}$는 다음과 같다.

$$\bar{v} = \frac{C_s^2(t_u - t_d)}{2D\cos\theta} = \frac{C_s^2 \Delta T}{2D\cos\theta} \tag{8-8}$$

여기서, C_s : 유체 중의 초음파의 속도(20℃에서 1,480m/s)

t_u : 초음파의 하류에서 상류 운반 시간(upstream direction)

t_d : 초음파의 상류에서 하류 운반 시간(downstream direction)

ΔT : 주행시간(transit time)

결론적으로 유체의 평균 속도는 초음파의 주행시간에 비례한다.

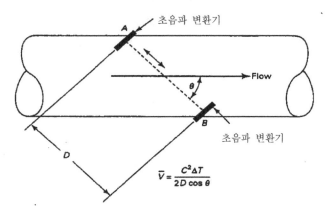

[그림 8-9] 초음파의 주행시간 유량 센서 원리

(2) 도플러 초음파 유량 센서

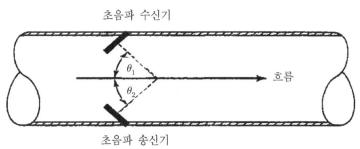

[그림 8-10] 도플러 초음파 유량 센서 원리

[그림 8-10]은 도플러 방식의 초음파 유량계의 원리를 나타낸다. 초음파가 전파되는 유체 중에 입자가 유체와 함께 운동한다면, 송신기로부터 보내진 초음파는 입자에 의해 산란되어 수신기에 전달된다. 이때 초음파의 송신 주파수 f_t와 산란되어 되돌아오는 수신 주파수 f_r과의 차를 도플러 주파수 Δf라 한다.

$$\Delta f = \frac{f_t\,\bar{v}\,(\cos\theta_1 + \cos\theta_2)}{C_s} \tag{8-9}$$

즉, 도플러 주파수는 평균 유속에 정비례함을 알 수 있다.

초음파 유량 센서는 액체와 기체 모두에 사용 가능한데, 특히 대형 관로의 물이 유량 측정에 많이 사용되고 있다. 이 경우에는 초음파 송수신기를 관로의 외부에 부착하여 관벽을 통하여 초음파를 전파시킬 수 있는 장점이 있다.

[그림 8-11]은 초음파를 이용하여 혈류(blood flow)를 검출하는 시스템이다. 혈관에 흐르는 혈액의 량을 측정하고자, 초음파는 2~12[㎒] 범위의 주파수를 혈관에 발사하여 수신되는 주파수의 변화로 혈류를 측정할 수 있다. 이를 도플러 혈류 검출기라고도 한다.

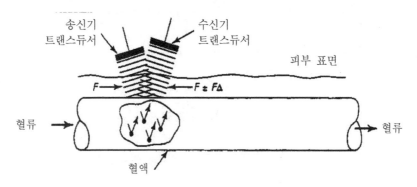

[그림 8-11] 초음파를 이용한 도플러 혈류 측정 원리

제2절 액체 레벨 센서

액체의 레벨이란 기준점에 대한 액면의 높이로 정의한다. 레벨 센서(level sensor)는 액체의 레벨을 검출하는 센서로서, 프로세서 계측 제어에서 매우 중요한 역할을 한다.

[표 8-2]와 같이 레벨 센서를 분류할 수 있으며, 그 원리와 구조가 다양하고, 검출 정보에 따라서 연속 레벨 센서(continuity level sensor)와 불연속 레벨 센서(discrete level sensor)로 대별된다.

[표 8-2] 레벨 센서의 분류

연속 측정	불연속 측정
부력식(플로트식, 디스플레이서식)	도전율식
중량측정식	열전달식
압력식	정전용량식
정전용량식	광학식
초음파식	초음파식
방사선식	마이크로파식
마이크로파식	

01. 이산적인 레벨 센서

가. 도전율식 레벨 센서

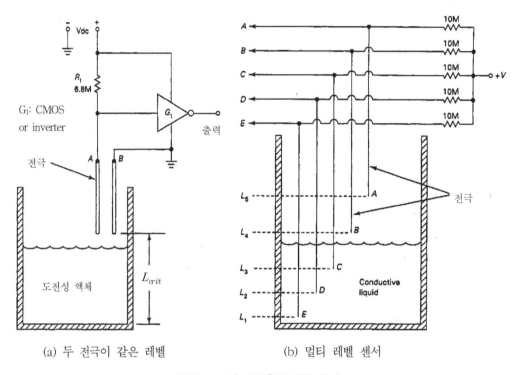

| (a) 두 전극이 같은 레벨 | (b) 멀티 레벨 센서 |

[그림 8-12] 도전율식 레벨 센서

도전율식 레벨 센서(conductivity level sensor)는 도전성 액체의 레벨 측정에 사용된다. [그림 8-12]는 도전율식 레벨센서의 원리를 나타낸 것으로, 어떤 레벨의 상위와 하위의 기준 레벨을 설정하고, 즉 임계 레벨 포인트 L_{crit}를 설정한다. 액체 레벨이 상승하면 두 전극 A, B가 단락되어 전극 사이의 저항은 고저항에서 저저항으로 급격히 변화된다. CMOS NOT 게이트(inverter) 출력이 Low에서 High로 반전한다. 입력 레벨이 임계 레벨보다 낮으면, 출력 신호는 Low로 유리된다. 입력과 출력 사이의 관계는 아래와 같다.

입력(Input)	출력(Output)	입력상태
High	Low	임계 레벨 이하
Low	High	임계 레벨 이상

[그림 8-12] (b)와 같이 전극 깊이를 달리해서 여러 개 설치하면 각 전극은 다른 레벨을 지시할 수 있는 멀티 레벨 센서로 된다. 그림 (b)에서 탱크 밑바닥에 있는 전극 E를 기준 전극으로 사용하면 4개($A{\sim}D$)의 레벨을 측정할 수 있다.

도전율식 레벨 센서의 단점은 측정 액체가 전도성이고, 부식성이 없고, 금속과 반응하지 않아야 되는 점이다.

나. 열전달식 레벨 센서

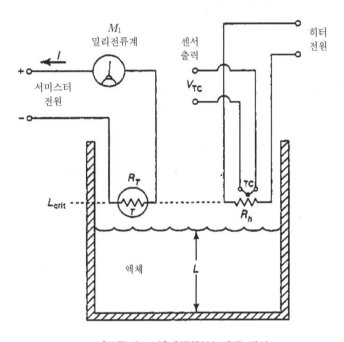

[그림 8-13] 열전달식 레벨 센서

가열된 발열체로부터 열전달율은 기체보다 액체가 더 크다. 이 원리를 이용해서 액체의 레벨을 측정하는 것이 열전달식 레벨 센서(heat - transfer level sensor)이다.

[그림 8-13]은 발열체로 서미스터(thermistor)를 사용한 레벨 센서이다. 외부로부터 서미스터에 충분한 전류를 공급하여 주위온도에 따라 저항값이 크게 변하는 자기 가열점(self-heating point)까지 가열시킨다. 액면이 상승하여 액체가 서미스터에 닿으면 방열이 좋아지므로 서미스터는 냉각되어 저항치가 급격히 변화한다. 액체의 레벨이 아래로 내려가서 서미스터가 공기 중에 다시 노출되면 방열이 나쁘므로 자기가열에 의해 서미스터의 저항치가 다시 낮아진다.

이 방식은 자동차의 연료 잔유량 경고 센서(low-level warning indicator)에 사용되고 있다.

02. 연속적인 레벨 센서

가. 부력식 레벨 센서

부력식 레벨 센서는 액면의 표면에 떠있는 플로트(float)와 액체 속에 잠겨서 부력을 측정하는 디스플레서(displacer)로 분류한다.

[그림 8-14]는 플로트식 레벨 센서이며, 플로트는 부력에 의해 액체의 표면상에 떠 있어야 하므로, 플로트 밀도는 액체의 밀도보다 더 낮아야한다.

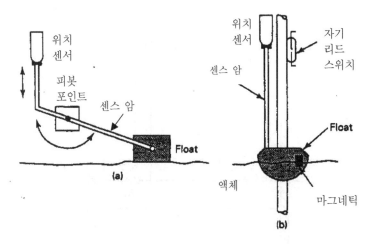

[그림 8-14] 플로트식 레벨 센서

[그림 8-14] (a)는 레버 암(lever arm)을 사용한 레벨 센서로서, 센스 암(sense arm)은 액면에 떠 있는 플로트와 피봇 포인트(pivot point)에 연결되어 있다. 플로트가 레벨의 변화에 따라 상하로 이동하면, 이것이 센스 암의 다른쪽 끝을 회전시켜 위치 센서나 변위 센서를 작동시킨다. 이 방식의 레벨 센서에서 출력은 액체 레벨에 비례하는 전압 또는 전류이다. 플로트 레벨 센서식은 자동차의 연료탱크 시스템에 사용된다. [그림 8-14] (b)에서는 플로트와 자기적으로 결합된 리드 스위치(reed switch)를 이용한 레벨 센서이다. 영구자석을 플로트에 끼워 넣어, 임계 레벨에 리드 스위치를 부착하여 액체 레벨이 증가하면, 임계 레벨을 검출할 수 있다. 역시 이 경우도 연속적인 위치나 변위로 움직일 수 있으며, 출력은 전압 또는 전류에 비례하는 레벨 센서이다.

310 제8장 유체량 센서

나. 중량 측정식 레벨 센서

[그림 8-15]는 중량 측정식 레벨 센서(weight level sensor)의 구성을 나타낸 것으로, 로드 셀로 탱크 속의 액체의 중량을 측정해서 레벨을 결정하는 방식이다. 비어있는 용기의 중량(tare)을 W_t, 액체가 존재할 때 측정된 총 중량을 W라고 하면, 액체만의 중량 W_L는

$$W_L = W - W_t \tag{8-10}$$

빈 용기의 중량 W_t는 이미 알고 있는 양이므로, W를 차동증폭기의 (+)입력단자에, W_t를 (-)단자에 입력시키면 그 출력신호는 식 (8-10)이 되어 레벨 L을 측정할 수 있다.

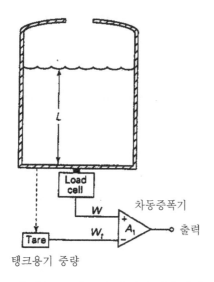

[그림 8-15] 중량 측정식 레벨 센서

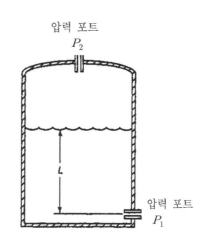

[그림 8-16] 압력식 레벨 센서

다. 압력식 레벨 센서

용기 또는 탱크 내에 정지되어있는 액체의 임의 기준점에서의 압력이 액면 높이에 비례하는 원리를 이용한다.

[그림 8-16]에서 액면 이상에서의 압력을 P_2, 액면으로부터 깊이 L에서의 압력을 P_1이라 하면,

$$L \propto \frac{P_1 - P_2}{\omega} \tag{8-11}$$

여기서, ω는 액체의 비중이다. 따라서 밀도가 일정한 액체의 레벨은 차압 $P_1 - P_2$을 측정함으로써 알 수 있다.

라. 정전용량식 레벨 센서

두 개의 절연된 도체가 있으면, 그 사이에는 정전용량이 존재한다. 정전용량은 두 도체의 치수, 상대적 위치, 도체 사이에 존재하는 유전체의 유전율에 의해서 결정된다. [그림 8-17]은 정전용량 레벨 센서의 원리를 나타낸다. 탱크가 비어 있을 때 두 개의 동심원통전극 사이의 정전용량을 C_o, 액체가 레벨 L까지 채워졌을 때의 용량을 C_l이라고 하면, 정전용량의 변화 ΔC는

$$\Delta C = C_l - C_o = \frac{K(\varepsilon_l - \varepsilon_o)}{\log_{10}(r_2/r_1)} L \, [\mathrm{pF}] \tag{8-12}$$

여기서, K는 상수, ε_o, ε_l은 각각 공기와 액체의 유전율, h는 원통전극의 높이, r_1, r_2는 각각 원통전극의 반경이다.

정전용량의 변화 ΔC는 L에 의해서만 결정되므로 레벨 L을 알 수 있다.

[그림 8-17] (a) 방식은 액체의 유전율 ε_l이 변하거나, 액면 위 빈 공간에 액체로부터 방출되는 기체로 채워지는 경우에는 사용할 수 없다. 따라서 그림 (b)와 같이 기준 커패시터 C_{ref}를 사용하면 해결된다.

이 시스템에서 기준 커패시터 C_{ref}을 바닥에 설치하고 항상 액체에 잠기도록 한다. 기준 커패시터를 채운 액체 레벨을 L_{ref}, 측정용 커패시터의 정전용량을 C라고 하면 다음과 같은 관계가 얻어진다.

$$\frac{L}{L_{ref}} = \frac{\Delta C_{meas}}{C_{ref}} \tag{8-13}$$

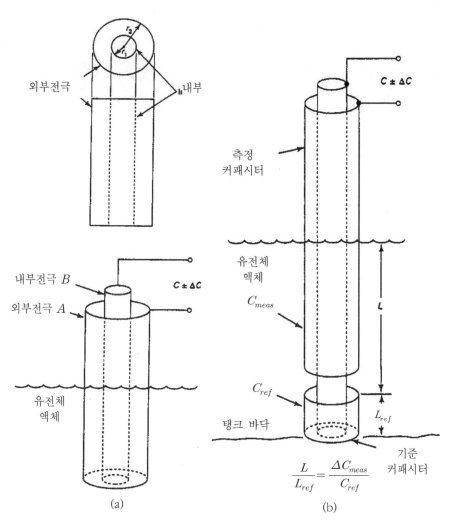

외부전극

내부

내부전극 B

외부전극 A

$C \pm \Delta C$

유전체
액체

(a)

측정
커패시터

$C \pm \Delta C$

유전체
액체

C_{meas}

L

C_{ref}

탱크 바닥

L_{ref}

기준
커패시터

$$\frac{L}{L_{ref}} = \frac{\Delta C_{meas}}{C_{ref}}$$

(b)

[그림 8-17] 정전용량식 레벨 센서

CHAPTER 09

화학 센서

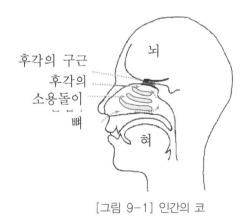

제1절 화학 센서의 개요

제1절   화학 센서의 개요

화학센서(chemical sensor)는 기체나 액체 속에 있는 특정 입자(원자, 분자,이온 등)의 농도를 검출하는 센서이다.

특히 생체 물질을 검출하는 경우에는 바이오 센서(biosensor)라고 부른다.

화학 센서는 물리 센서와는 매우 다르다. ① 센서에 작용하는 화학종(化學種)의 수가 무척 많다. 물리 센서의 경우 검출하는 물리적 변소가 약100여 종이지만, 화학 센서는 경우 수백 배 더 많다. ② 화학 센서는 측정 대상이 되는 매질에 노출되어야 하기 때문에 보통의 물리 센서처럼 패키징할 수가 없다. 이것은 화학 센서가 햇빛, 부식에 영향을 받을수 있다는 것을 의미한다.

이 장에서는 화학량의 검지에 대한 기초 개념과 여러 가지 응용에 대하여 설명한다.

01. 화학 센서의 기초 기술

인간 코의 감지 장치는 매우 유연하고, 민감한 검출 능력을 갖고 있다. 거의 순식간에 수천 가지의 냄새를 구별해서 검출할 수 있다. 냄새 검출기는 화학적인 기초에서 독창적 구분이 부족하기 때문에 매우 복잡하게 만들어 진다. 마늘 분자와 고추 양념 분자의 차이점을 명확하지는 않지만, 아직까지 인간은 냄새 구별의 능력을 갖고 있다.

모든 생물학의 냄새 감지 시스템은 센서 구별의 매우 작은 수에 기여하고 있다. 냄새 인식 시스템은 여러 가지 냄새를 코에서 다른 화학 센서의 응답의 패턴 정합에 영향을 받았다.

[그림 9-1] 인간의 코

마늘과 고추양념은 당신의 코에 있는 센서의 전체 집합에 약간 다른 집단적인 응답을 만든다. 그리고 당신의 뇌는 어느 것이 비교 사용되었는지 패턴의 넓은 정보를 수집하여 저장한다. 심리학자는 이 냄새 패턴이 기억 중에서 가장 강한 것 중의 하나일 수 있다는 것을 발견하였다. 그리고 냄새는 종종 기억의 재건을 돕는 데 이용된다.

[그림 9-1]은 인간의 후각 감지 기능인 코의 구조를 나타낸다.

화학적 감지 시스템 설계자는 이 생물학 시스템에서 교훈을 끌어낼 필요가 있다. 중요한 교훈은 아마 다기능 시스템이 냄새를 정확하게 식별하기 위해 개별 센서의 작은 집합과 패턴 정합(pattern matching) 알고리즘을 사용할 필요가 있을 것이라는 것이다.

최근에 화학 센서에 대한 산업적, 사회적 니즈(needs)가 크게 증가하고 있다. 그 이유는 프로세싱 과정이 점점 복잡해지고, 에너지 및 원료 절감, 환경 오염의 방지, 삶의 쾌적성과 편리성에 대한 요구가 증가되기 때문으로 생각된다.

검출하게 될 화학적 변수가 많듯이 또한 화학 센서의 종류도 그 만큼 다종다양하다. 본 장에서는 습도 센서(humidity sensor), 가스 센서(gas sensor), 바이오 센서(biosensor)를 중심으로 설명한다.

02. 화학 센서의 적용 예

① 습도 센서: 정밀산업, 전자산업, 식품산업, 섬유산업 등에서 생산 관리 및 품질 향상을 위해서 그 사용이 점점 증가하고 있다.
② 가스 센서: 산업체, 가정 등에서 사용하는 각종 가스의 농도 측정, 가스 누출 사고의 방지를 위한 가스 경보기, 자동차의 불완전 연소를 검출하는 배기 가스 센서 등에 사용된다.
③ 바이오 센서: 현재 상품화되어 사용되고 있는 바이오 센서의 종류는 미생물 센서, 면역센서, 효소 센서 등이 사용된다.

제2절 습도 센서

01. 습도의 정의

건조한 공기(dry air)는 약 78[%]의 질소(N_2), 21[%]의 산소(O_2), 기타 1[%]로 구성되는 기체이다. 물이 증발하여 수증기로 되면 공기 중에 포함된다.

습도(humidity)란 공기 중에 포함되어 있는 수증기의 질량 또는 비율을 말한다. 그리고 액체나 고체 속에 흡수 또는 흡착되어 있는 물의 양을 수분이라고 한다.

습도의 표시 방법으로서는 절대습도(1[㎥]의 기체 중에 포함되어 있는 수증기의 질량), 상대습도(동일 온도에서의 포화 수증기와의 비(%RH)), 노점(기체 중의 수증기 분압이 포화 수증기압과 같은 온도 ℃), 수증기 함유량(용적비 ppm)이 있다.

특히 습도제어는 기존의 생활 환경에서 공기 조절(40 ~ 70%)만이 아니라 [그림 9-2]와 같이 산업용에서 자동차, 가정용 등에 이르기까지 모든 산업 분야에 광범위하게 필요로 하고 있다.

- 습도 센서에 요구되는 조건은 다음과 같이 정리할 수 있다.

  - 정확한 재현성
  - 빠른 응답성
  - 실용 측정 범위의 저항값 변화
  - 온도 의존성이 없는 것
  - 제작이 쉬운 것
  - 광범위한 측정
  - 장수명
  - 다른 가스의 영향을 받지 않는 것
  - 오염에 대한 내구성
  - 저가격

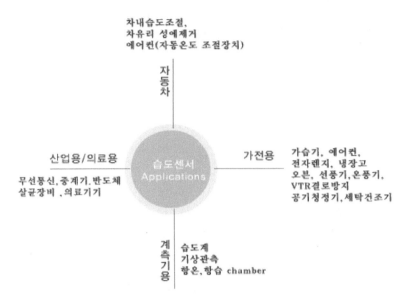

[그림 9-2] 습도 센서의 응용 분야

- 습도에 대한 용어의 정의 및 습도의 표시법에 대해서 기술한다.
  ① 수증기압 : 기체 중에 존재하는 수증기의 분압(partial pressure)을 수증기압이라 하고,
    단위는 압력의 단위 [Pa]를 사용한다. 포화 수증기는 물의 3중점 얼음, 수증기, 물이
    공존하여 평형 상태에 있을 때의 수증기압을 말한다.
  ② 절대습도 : 단위체적(1[m³]) 기체 중에 포함되는 수증기의 질량[g]을 나타낸 것이다. 단
    위는 [g/m³]이다. 즉, 공기 중에 포함되어 있는 물의 양을 나타낸다. 이때 절대습도
    (absolute humidity) D[m³]와 온도[T℃], 표준 대기압과의 관계 P와의 관계는 다음과
    같다. e는 수증기압[Pa]이다.

$$D = 804e / (1 + 0.00366\,T)P \tag{9-1}$$

  ③ 상대습도 : 기체 중의 수증기압 e와 동일한 온도, 압력에서의 포화 수증기압 e_s와의
    비로 표시하거나 기체의 절대습도 D와 그와 동일한 온도, 압력으로 포화된 수증기를
    가진 기체의 절대습도 Ds와의 비로 표시한다. 보통 % 또는 %RH로 단위를 나타내고
    상대습도(relative humidity)는 다음 식으로 주어진다.

$$RH = \frac{e}{e_s} \times 100 = \frac{D}{D_s} \times 100 \tag{9-2}$$

④ 노점온도 : 기체에는 포화될 수 있는 수증기량에는 한도가 있다. 보통 온도가 낮아지면 포화수증기압은 작아진다. 그러므로 일정한 압력 하에서 기체를 냉각시킬 때 포함되어 있는 수증기가 포화되는 온도를 노점(dew point)이라 한다. 냉각하기 전의 온도 t[℃]에서 기체의 상대습도(RH)는 다음과 같다.

$$RH = \frac{e_s(t_d)}{e_s(t)} \times 100 \tag{9-3}$$

여기서, t_d는 노점온도[℃], e_s는 포화수증기압[Pa] 이다.

02. 습도 센서의 종류와 원리

습도는 공기중의 수증기와 관련된 여러 현상이나 물리적 성질을 이용하여 검출하는데, 여기서는 습도를 전기신호로 변환하여 검출할 수 있고, 또 연속 측정이 가능한 습도 센서만을 다룬다.

[표 9-1] 습도센서의 분류

종류	명칭	감온 재료	원리	동작 습도 온도 변화	용도
세라믹	세라믹 습도 센서	MgCr₂O₄ TiO₂계 세라믹	수증기의 화학, 물리적 흡착에 의한 저항 변화	1~100% RH 1~150℃	전자레인지 등의 조리제어나 각종 공조 제어
세라믹	박막 절대 습도 센서	Al₂O₃ 박막	수증기 물리 흡착에 의한 용량 변화	1~200 ppm 25℃	IC패키지 내의 비파괴 수분 검출, 습도 계측기
고분자	수지분산형 결로 센서	흡습성 수지 카본	수지분의 흡습평윤에 의한 저항 변화	94~100% RH -10~60℃	VTR 결로 방지
고분자	고분자 습도 센서	도전성 고분자	수증기 물리 흡착에 의한 도전성 변화	30~90% RH 0~50℃	습도 계측기
전해질	염화 리튬 습도 센서	LiCl 식물 섬유합침계	LiCl의 흡습에 의한 이온 전도 변화	20~90% RH 0~60℃	습도 계측기
전해질	노점 센서	LiCl 포화염	흡습→증발=응축의 평형 노점 계측	-30~100℃	노점계
기타	열전도식 습도 센서	서미스터	수분 함유 공기의 열전도도 변화	0~100% RH 10~40℃	습도 계측기
기타	마이크로파 수분 센서	유전체 기판	수분 흡착에 의한 공진 주파수의 변화	0.3~70% RH 0~35℃	곡물, 목재, 종이의 수분 검출

[표 9-1]은 각종 습도 센서의 감습 재료와 검출 원리에 대해서 요약한 것이다. 최근 가장 많이 사용되는 센서는 유기고분자나 세라믹스를 이용한 습도 센서이다. 저항변화형 습도 센서(resistive humidity sensor)에서는 습도가 변화함에 따라 센서의 저항값이 변화하고 그 변화를 전기신호로 출력한다. 한편 정전용량형 습도 센서(capacitive humidity sensor)는 습도가 변화하면 감습 재료의 유전율이 변화하여 전극간 정전용량이 변화하는 습도 센서를 말한다. 저항변화형 고분자 습도 센서는 가정용으로 널리 사용되고, 정전용량형은 빌딩 공조, 공장 공조, 사업용 습도 관리에 널리 이용되고 있다.

가. 고분자 습도 센서

고분자 재료를 이용한 습도 센서는 전기저항식과 정전용량식이 있다.
전기 저항식 습도 센서는 이온 전도에 따라 전기 전도도가 변화하는 것을 이용하는 방식이다.

(1) 저항성 고분자 습도 센서

저항성 고분자 습도 센서는 흡습성 고분자 소재가 습도 증가에 따라 전기전항이 감소하는 성질을 이용한다. 감도는 좋으나 직선성이 나쁘다.
[그림 9-3] (a)는 저항형 고분자 습도 센서의 구조이며, 이것은 알루미늄 기판 위에 한쌍의 빗형 금 전극을 성형하여 금 전극 표면에 감습막을 형성시킨 구조이다. 그림 (b)실물 형태이다. [그림 9-4]는 고분자 습도 센서의 저항-상대습도 특성을 나타낸 것으로, 전기저항이 지수함수으로 변화하고 온도 보상을 하면 재현성이 우수하다.

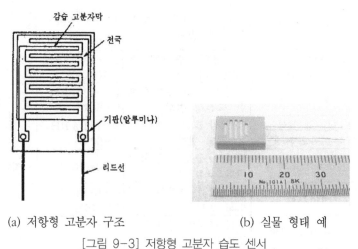

(a) 저항형 고분자 구조   (b) 실물 형태 예

[그림 9-3] 저항형 고분자 습도 센서

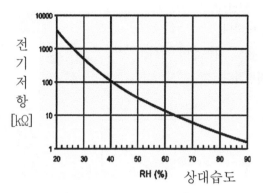

[그림 9-4] 고분자 습도 센서의 특성

(2) 정전용량형 고분자 습도 센서

[그림 9-5]는 두 종류의 정전용량형 습도 센서의 구조를 나타낸다. 그림 (a)에서는 평면형 전극 위에 고분자 박막이 감습막으로 형성되고, 그림 (b)의 샌드위치 구조에서는 감습막 상부에 두 전극이 형성된다. 샌드위치 구조에서는 상부 전극, 즉 감습 재료는 흡수성 고분자인 폴리이미드막을 약 1[μm] 형성한 후 그 상부 전극은 보통 금박막전극(100~200Å)으로 코팅하고, 기판은 알루미나가 사용된다.

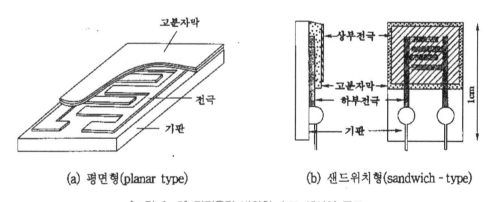

(a) 평면형(planar type)   (b) 샌드위치형(sandwich - type)

[그림 9-5] 정전용량 변화형 습도 센서의 구조

[그림 9-6]은 정전용량 고분자 습도 센서의 상대습도 - 정전용량의 기본 특성을 나타낸다. [그림 9-7]은 용량 변화형 습도 센서의 실물을 나타낸다.

정전용량 변화형 습도 센서의 특징을 정리하면 다음과 같다.

● 습도가 높을수록 정전용량이 커진다.

- 습도 측정 범위가 넓다(0~100%RH).
- 출력 직선성이 우수하다.
- 상온 부근에서는 온도 의존성이 작다.
- 비교적 가격이 저렴하다.

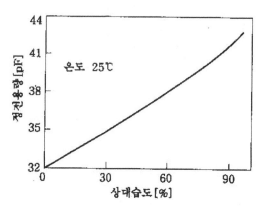

[그림 9-6] 용량 변화형 습도 센서의 기본 특성

[그림 9-7] 용량 변화형
습도 센서 실물
(HS1101LF)

나. 세라믹 습도 센서

(1) 습도 센서용 세라믹

세라믹(ceramics)은 고온 소결하여 제조된 비금속의 무기질 고체이다. 세라믹은 이온 결합 또는 공유 결합으로 되어 있어 견고하고, 불에 따지 않는 내열성, 내환경성, 내부식성, 응답 특성이 등이 우수한 장점이 있다. [표 9-2]는 세라믹 습도 센서의 재료에 따라 분류한 것으로 히터의 채용 유·무로 나눠진다.

[표 9-2] 세라믹 습도 센서의 분류

분류	가열용 히터의 이용방법	히터의 통전방법	검출온도	세라믹 재료
I	히터 없음	–	상대습도	$ZnO-Li_2O-V_2O_5$ 계통 $ZrCr_2O_4$
II	센서소자에 부착된 오염물질 제거	연속통전	상대습도	$MgCr_2O_4-TiO_2$계통 $V_2O_5-TiO_2$계통
III	센소소자의 온도 유지	연속통전	절대습도	ZrO_2-MgO계통 SnO_2계통

세라믹 습도 센서는 시간이 흐름에 따라 표면에 흡착된 H_2O가 화학적으로 변하여 저항값이 변화되므로 감도 특성이 감소하게 된다. 이러한 단점을 없애기 위해 소자를 약 500[℃]로 가열하여 수분을 반사시켜 측정하는 방법을 이용하고 있다.

이때 1회의 수분 발사 효과는 약 15~30[분] 정도이고, 비가열형의 대표적인 것으로는 $ZnO-Cr_2O_3$ 계통과 가열형으로서는 ZrO_2-MgO 계통이 주로 이용되고 있다.

(2) $MgCr_2O_4-TiO_2$계 습도 센서

[그림 9-8]에 $MgCr_2O_4-TiO_2$계 습도 센서의 구조와 특성을 나타낸다. 이 세라믹 칩의 양면에 물분자가 투과하기 쉬운 RuO_2계 전극과 Pt-Ir 선(리드선)을 이용해 감습부를 구성하고, 이 감습부 주위에 세라믹 히터를 설치하여 수분에 의해 전기저항이 변하는 성질을 이용해 습도를 측정한다. 수증기압에 대응된 물분자가 미립자 결정 표면에 물리적으로 흡탈착함으로써 수분 증가에 따라 전기저항이 감소하는 원리를 이용한다. 또, 여러 가지의 유기물이 표면에 부착하기 때문에 히터로 400~500[℃]에서 가열 크리닝을 하면 센서의 오염을 청결하게 하고, 정밀도를 높일 수 있다.

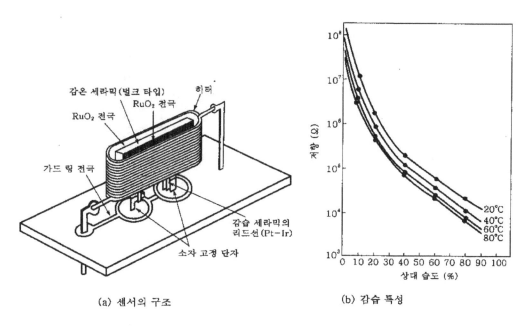

(a) 센서의 구조   (b) 감습 특성

[그림 9-8] $MgCr_2O_4-TiO_2$계 습도 센서의 구조와 특성

다. 절대 습도 센서

절대 습도 센서(absolute humidity sensor)는 기체 중에 포함되어 있는 수증기의 질량(g)을 측정한다.

절대습도 측정에는 2개의 서미스터를 사용하는데, 동작 원리에 따라 분류하면 열전도 습도센서(thermal conductivity humidity sensor)라고 부르기도 한다.

[그림 9-9]는 서미스터를 이용한 절대습도 센서의 등가회로를 나타낸다. 서미스터 R_{TH1}은 작은 구멍을 통해서 외부에 노출되어 있고, R_{TH2}는 건조 공기 속에 밀봉되어 있다. 2개의 서미스터는 브리지 회로로 접속되어 있고, 서미스터는 자기 가열에 의해서 주위 온도보다 약 200℃로 가열한다. 초기에 건조 공기 상태에서는 두 서미스터의 저항이 같으므로 평형 상태를 유지한다. 습도가 증가하면 서미스터 R_{TH1}이 주위로 발산하는 열량이 달라지므로 서미스터의 온도가 변화에 따라 그 저항값이 변한다. 반면, 서미스터 R_{TH2}는 건조 공기에 밀봉되어 있으므로 저항값의 변화가 없다. 이때 브리지는 불평형 상태로 되어 출력이 발생한다. 두 서미스터의 저항차는 절대 습도에 비례하기 때문에 브리지의 출력전압은 [그림 9-10]과 같이 절대습도에 비례해서 증가한다.

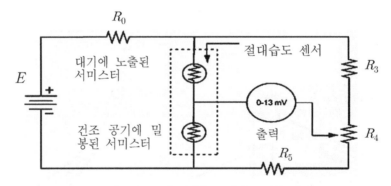

[그림 9-9] 절대습도 센서 등가회로

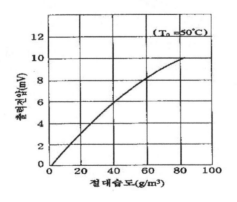

[그림 9-10] 절대습도 센서의 특성

라. 결로 센서

결로란 대기 중의 수증기가 액화하여 물방울이 되어 물체 표면에 부착되는 현상이다. 결로 센서는 고습 영역 100[%] 가까이에서 그 특성이 급격이 변하는 고습 스위칭 센서라고 할 수 있다. V_{TR}, 실린더, 자동차의 유리, 복사기 및 건재 등에서 결로가 나타나며, 여러 가지 트러블의 원인이 되고 있다. 이것을 방지하기 위해서 결로 센서를 사용한다.

[그림 9-11]에 나타낸 것은 빗형 전극을 알루미나 기판위에 인쇄하고 이 위에 흡습 수지에 도전 입자(탄소)를 혼합 도포하여 만든 것으로, 저항막은 수분의 흡착에 의해서 탄소입자 사이의 간격이 확대되어 저항값이 증가한다. 이 소자는 결로 환경에 가까운 94%RH 에서 급격히 저항값이 증가하는 현상을 응용해서 결로 상태를 검출한다. [그림 9-12]는 결로 센서의 감습 특성이다.

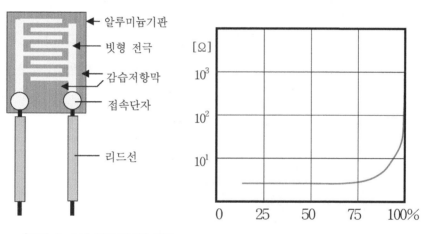

[그림 9-11] 결로센서의 구조

[그림 9-12] 결로센서의 감습 특성

03. 습도 센서의 응용 제작

손쉽게 구할 수 있는 국산 습도 센서 모듈을 이용하여 습도계를 제작한다. 습도 센서 모듈은 'SYHightech'의 SY-HS-220을 선택하며, 이 습도 모듈은 후막 습도 센서에서 얻어진 저항 변화를 전압으로 변환, 증폭하고, 직선성을 보정하여 직류 전압으로 출력하는 방식이다.

[그림9-13]에서 모듈 습도 센서의 특성과 핀 아웃을 보여주고 있다.

상대습도 [%]	습도 모듈 SY-HS-220의 전압출력[V]
30	0.99
40	1.30
50	1.65
60	1.98
70	2.31
80	2.64
90	2.97

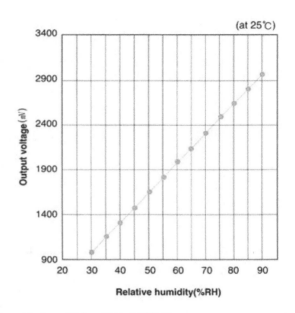

[그림 9-13] 습도 센서 모듈의 출력특성

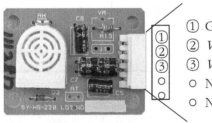

① GND 접지단자
② V_{out} 출력단자
③ V_{cc} 전원(+5)
○ NC 접속 없음
○ NC 접속 없음

[그림 9-14] 습도 센서 모듈 SY-HS-220의 핀아웃

가. 증폭회로 설계

모듈의 출력감도는 습도 1[%]당 0.033[V]이다. 따라서, 습도 100[%]의 출력을 추산해 보면 3.30[V]가 된다. 마이크로 컨트롤러를 이용하여 A/D 변환 처리하는 것을 감안하여 출력 스팬을 0~5[V] 범위로 조정해야 한다. 출력 3.3[V]를 5[V]출력으로 증폭하기 위한 증폭기 이득은 $A_v = 5/3.3$배 즉, 1.515배가 된다. OP-Amp 단전원용 TLC271을 사용하여 비반전 증폭회로를 설계한다.

비 반전 증폭회로에서 증폭도 1.51배를 맞추기 위해서는 R_1=10[㏀], R_2=5.1[㏀]으로 한다.

$$A_v = 1 + \frac{R_2}{R_1} = 1 + \frac{5.1K}{10K} = 1.51 \text{배}$$

(9-4)

[그림 9-15]는 상대습도의 변화에 따른 DC 0~5[V]의 출력전압을 얻을 수 있도록 하였다. 이 회로를 습도 센서 제어 시스템에 활용할 수 있다.

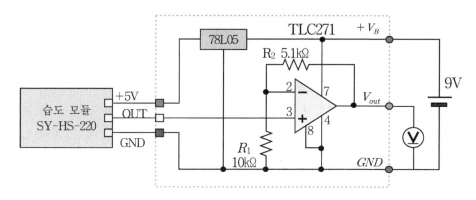

[그림 9-15] 습도 모듈 증폭기

제3절 | 가스 센서

가스(gas)란 지구에 존재하는 여러 가지 기체들 중에서 일상생활 또는 공업적으로 인간과 접촉을 하는 기체들을 대상으로 그 농도를 측정할 필요가 있다.

예로 생명 유지와 연소에 필수적인 산소와 연소후 완전 연소 여부를 판단하는 CO_2 농도, 유독가스인 CO, 암모니아, 알콜, 폭발의 위험성이 있는 가연성 가스 프로판, 부탄, 메탄, LPG 등이 센서에서 주로 취급하는 가스들이다.

01. 가스 센서란

가스 센서는 기체 중에 포함된 특정의 성분 가스를 감지하여 그 농도에 따라 적당한 전기신호로 변환하는 소자이다. 가스 센서는 검출하는 가스의 종류에 의해 센서의 재료, 구조, 동작원리 등이 다르다. 가스 센서의 조건은
- 가스의 농도를 검출, 측정할 수 있을 것
- 다른 가스 또는 물질, 물리 현상에 의한 간섭이 없을 것
- 경년 변화가 없고, 장시간 안정하게 동작할 것
- 응답 속도가 빠를 것
- 보수가 간단하고 가격이 저렴할 것

측정 대상 가스의 종류가 많고, 일종의 센서에서 전부의 가스를 감지하는 것은 가능하지 않고 가스의 종류, 농도, 조성, 용도 등에 의해 검출 센서 및 방법이 다르다.

일반적으로 가스 센서는 기능 재료에 따라 반도체형 가스 센서, 고체 전해질형 가스 센서, 촉매 연소형 가스 센서, 기타 등으로 분류한다.

가스 센서는 [표 9-3]과 같이 그 종류가 매우 많다.

[표 9-3] 가스 센서의 종류

가스의 종류		측정 범위 [ppm]	제 품 명	
가연성 가스	LP, 프로판 가스	500~10000	TGS813	TGS2610
	메탄, 천연가스	500~10000	TGS843	TGS2611
	일반 가연성 가스	500~10000	TGS813	TGS2610
	수소(H_2)	50~1000	TGS821	
	수소, 메탄, LP가스	800~10000		FCM6812
	수소,메탄,부탄,프로판	0~100000	TGS6812	
유독성 가스	일산화탄소(CO)	50~1000		TGS2442
	암모니아	30~300	TGS826	
	황화수소	5~100	TGS825	
유기용제	알콜,톨루엔,자일렌	50~5000	TGS822	TGS2620
	기타 유독가스		TGS822	TGS2620
냉매 CFCs, HFCs	R-22, R-113	100~3000	TGS830	
	R-21, R-22	100~3000	TGS831	
	R-134a, R-22	100~3000	TGS832	
실내 오염물질	이산화탄소		TGS4160	TGS4161
	기타공기오염가스	100이하	TGS800	TGS2600
차량 배기가스	휘발유 배기가스			TGS2104
	디젤 배기가스			TGS2201
음 식	음식으로부터의 휘발 유독가스(예 : 알콜)		TGS880	
	식수로부터의 유독가스		TGS883T	
산소(O_2)	반응시간 12초, 5년수명		KE-25	
	반응시간 60초, 10년수명		KE-50	

주1) 단위: ppm=Part Per Million=백만분율=총량 1[Ton]톤에 대한 1[g]의 비율:

예: $1000\text{ppm}=\dfrac{1,000}{1,000,000}=\dfrac{1}{1,000}=10^{-3}=0.1\%$

02. 가스 센서의 종류

[표 9-4]는 대표적인 가스 센서의 예를 보인 것이다.

[표 9-4] 대표적인 가스센서

가스 센서	재료	검출 가스	응용 예
반도체 가스 센서	SnO₂, ZnO, WO₃ 등	도시가스, LPG, 알콜 등 가연성 가스	가스 경보기
접촉연소식 가스 센서	Pt촉매/알루미나/Pt선	메탄, 이소부탄, 도시가스 (가연성가스)	가스 경보기 가연성가스 농도계
배기가스 센서	안정화 지르코니아	배기가스	배기가스 센서, Co, 불안전 연소 센서

가. 반도체 가스 센서

반도체가 가스와 접촉할 때 전기저항이나 도전율이 변하는 성질을 이용한 것으로 1960년대 ZnO나 SnO₂ 등 산화물 반도체를 이용해 공기중의 H₂나 가연성 가스를 전기저항 변화에 의해 검출한 것이 최초이다.

반도체 센서는 소형, 경량일 뿐만 아니라, 가격이 저렴하므로 방범용, 경보용 등 그 응용 범위가 넓어지고 있다. 또한 최근에는 그 재료도 다양하고 집적화 하는 추세에 있어 앞으로는 매우 급속히 발전할 것으로 본다.

반도체를 이용한 가스 센서는 반도체의 불순물 농도, 반도체 재료 등을 적당히 선정하면 가스 선택성이 좋아 특정 가스에 대한 감도가 뛰어난 센서를 만들 수도 있다. 재료로 많이 이용하는 것은 보통 소자의 제조 과정에 따라 소결형, 후막형, 박막형 등이 있는데 이들 어느 것이나 사용되고 있다. 반도체 센서의 실용화 초기에는 LPG나 도시가스가 주요 대상이었으나 현재에는 적용 가스가 가연성 가스인 H₂, 메탄, CO, 에탄, 메탄올 등은 물론 SOx, NOx, 할로겐, H₂S, NH₃ 등과 같은 무기계 등이 넓어지고 있다.

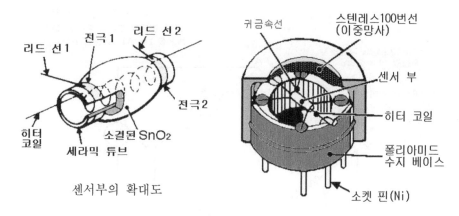

센서부의 확대도

[그림 9-16] 금속산화물 반도체 가스 센서의 구조

[그림 9-16]은 금속산화물 반도체 가스 센서의 구조이며, [그림 9-17]은 전기적 특성이다. [그림 9-18]은 금속산화물 반도체 가스 센서의 동작 회로를 설명하고 있다.

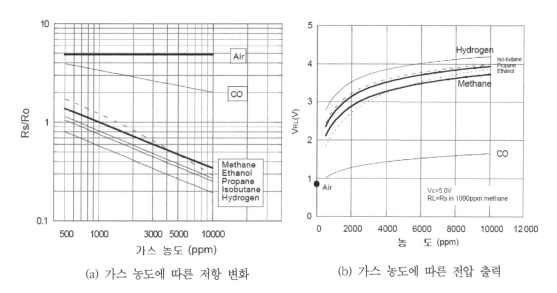

(a) 가스 농도에 따른 저항 변화

(b) 가스 농도에 따른 전압 출력

[그림 9-17] 금속산화물 반도체 가스 센서의 전기적 특성

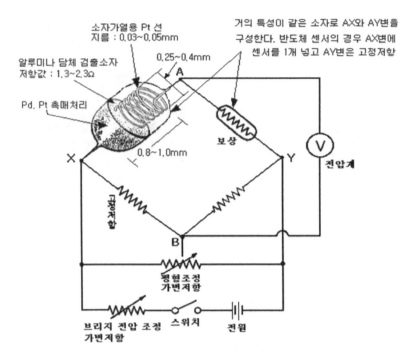

[그림 9-18] 금속산화물 반도체 가스 센서의 동작 원리

03. 가스 센서 회로의 동작

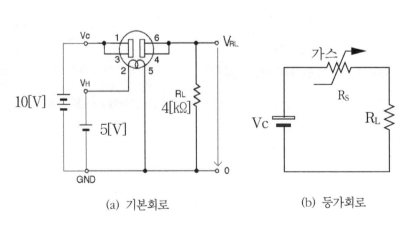

(a) 기본회로

(b) 등가회로

[그림 9-19] 가스 검출을 위한 기본 회로

기본회로에서 가스의 농도 변화에 따른 출력전압을 얻는 원리는 다음과 같다.

① 센서 속의 두 극판 사이는 가스의 양에 따라 저항이 변한다.

② 센서부 저항과 부하저항은 직렬로 접속된 곳에 전압 V_c가 인가되면

③ 출력전압 V_{RL}은 센서 저항(R_s)이 낮을수록(가스 농도가 높을수록) 비례하여 높게 나타난다.

$$V_{RL} = \frac{R_L}{R_S + R_L} \times V_c \qquad\qquad (9\text{-}5)$$

④ 그런데 [그림 9-20]과 같이 위의 경우와는 반대로 부하를 접속할 수도 있다. 이 경우는 가스 농도가 높아질수록 출력은 작아진다.

8xx타입은 6단자 형으로 같은 핀 전극 1과3, 4와6을 연결하여 사용한다. 또 새로 만들어지는 26xx타입은 4단자 형으로 간편하게 되어 있다.

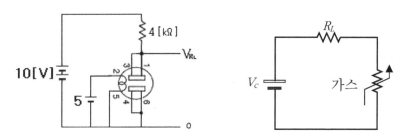

[그림 9-20] 센서와 부하저항의 위치를 바꾼 경우

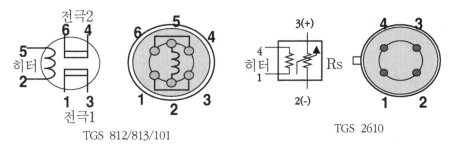

TGS 812/813/101

TGS 2610

[그림 9-21] 가스 센서의 기호(왼편)와 핀 아웃

(a) CO 가스 센서   (b) CO_2 가스 센서   (c) 저전력 후막/범용 가스 센서

[그림 9-22] 각종 가스 센서

04. 산소 가스 센서

[그림 9-23]에서 보는 것과 같이 고체 금속 산화물을 사이에 끼워 놓고 좌우의 가스실의 산소 농도에 차이를 준다. 이 산화물의 좌우의 면에 백금판을 붙여 기전력을 측정하면 산소 이온 도전체가 된다. 고체 전해질의 양쪽에 있어서 산소 농도에 차가 있을 때, 산소 이온은 산소 분압이 높은 쪽(+)에서 산소 분압이 낮은 쪽(−)으로 기전력이 발생하고, 이것은 산소 이온의 흐름을 막는 방향이다. 산화물이 100% 이온 전도를 나타내는 평형 상태에서 기전력 E는

$$E = \frac{RT}{4F} \ln \frac{P_1}{P_2} = 0.0498 \times T \times \log\left(\frac{P_1}{P_2}\right) \tag{9-6}$$

여기서, R은 기체 상수, T는 절대온도, F는 패러데이 상수, P_1은 산소 농도가 높은 쪽(공기)의 산소 분압, P_2는 산소 농도가 낮은 쪽의 산소 분압이다. 이 식을 네른스튼 식이라 한다. 따라서 한쪽 전극에 산소 농도를 이미 알고 있는 기체(공기)를 사용하면, 다른 한쪽의 산소 가스의 농도를 측정 할 수 있다.

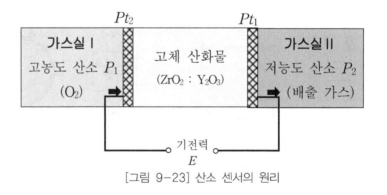

[그림 9-23] 산소 센서의 원리

[그림 9-24]는 자동차의 배기용의 산소 센서의 구조를 나타낸다. 고체 전해질의 양면에 가스 투과성이 있는 다공질의 백금(Pt) 전극을 설치하고 500[℃] 이상의 고온으로 보존한 상태이고, 고체 전해질의 양측에 산소 농도가 다른 가스를 종합하면, 양전극 간에 산소 가스 농도의 차에 반응했던 기전력이 발생한다. 한쪽에 산소 가스 농도의 기지의 기체(공기 등)를 이용하면, 다른 쪽의 산소 가스 농도가 구해진다. [그림 9-25]는 지르코늄 산소 센서의 출력 특성은 공연비에서 출력전압이 급변하도록 되어 있으며, 이것을 이용해 공연비 제어를 한다.

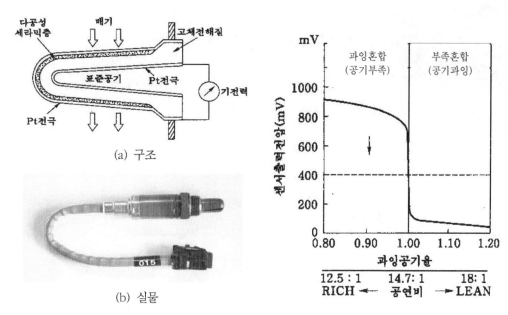

(a) 구조

(b) 실물

[그림 9-24] 산소 센서

[그림 9-25] 지르코늄 산소 센서의 특성

지르코늄 산소 센서는 그 출력이 산소 농도의 대수에 비례하고 있기 때문에, 다이나믹 렌지가 넓게 저농도까지 측정 가능하다. 측정 범위는 0.1 ~ 100%, 정도는 ±2%, 응답 속도는 1초 이내이다.

[그림 9-26]은 자동차의 자기진단장치(OBD) 시스템에 산소 센서의 역할을 보여 주는 그림이다. 선진국은 2002년부터 시작했지만 우리나라는 2008년부터 출고되는 모든 휘발유 자동차는 배출가스 자기진단장치를 의무적으로 장착해야 한다. 배기가스 관련 부품 고장으로 배출가스가 허용 기준치보다 많이 배출될 때 계기판에 "엔진 체크" 경고등을 키거나 경고음을 발생해 운전자에게 정비를 유도하는 시스템이다. 지구온난화와 대기오염의 주범인 자동차 배기가스에 대한 환경 규제가 강화되면서 OBD를 100% 장착토록 의무화하고 있다.

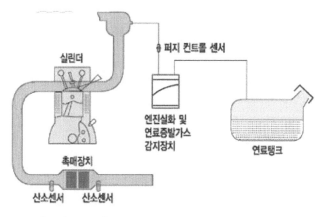

[그림 9-26] 자동차의 OBD 시스템의 구성

제4절 바이오 센서

01. 바이오 센서란

바이오 센서(Biosensor)=생체수용기＋트랜스듀서.

바이오 센서는 분자 식별 기능을 가진 생체 재료와 식별한 결과를 전기적 신호로 변환하는 각종 트랜스듀서(transducer)를 결합하여 특정한 화학물질을 선택적으로 검출하는 센서이다.

① 바이오 리셉터는 분석하고자하는 종(species)를 인식하여 트랜스듀서(transducer)가 검출할 수 있는 물질로 변환시킨다.

② 트랜스듀서는 생체 인식 물질에 의해 인식된 결과를 전압이나 전류와 같은 전기신호로 변환하는 장치이다.

[그림 9-27]은 단일 바이오 센서의 구성이다.

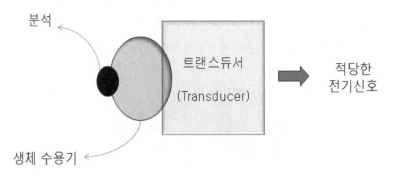

[그림 9-27] 바이오 센서의 기본 구성

02. 바이오 센서의 종류와 원리

바이오 센서는 생체 인식 물질을 이용하여 수용기가 측정하고자 하는 선택 대상에 따라 미생물(microorganism: 박테리아), 면역(immunity), 효소(enzyme), 오르가넬(organelle: 세포 소기관), 조직(tissue), 세포(cell), 항체(antibodies), 핵산(nucleic acids: DNA) 등의 센서로 구분된다.

트랜스듀서에는 전극(electrode), FET, 서미스터, 광전 소자(포토다이오드), 광섬유(optical fiber), 압전 소자(piezoelectric device) 등이 있으며, 이중 가장 많이 사용되는 것이 전극이다.

[그림 9-28]은 바이오 센서의 분류를 나타낸다.

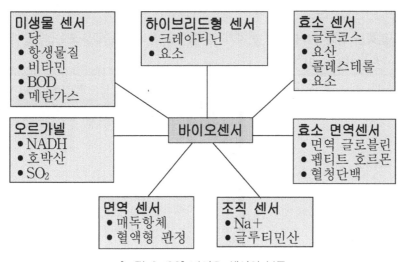

[그림 9-28] 바이오 센서의 분류

가. 효소 센서

효소 센서(enzyme sensor)는 바이오 센서 중에서 가장 먼저 실용화된 센서이다. 효소 센서는 효소를 고정화한 막과 효소의 촉매작용에 의해 생성 또는 소비딘 물질을 검지하는 전극으로 구성된다.

생물체 내에서 각종 화학 반응을 촉매(catalyst)하는 단백질(protein)이다. 단백질은 수많은 아미노산이 결합하여 만들어진 고분자이다. 따라서 생물체 내의 촉매를 특히 효소라고 부른다. 효소 센서(효소란 생물체 내에서 각종 화학 반응을 촉매하는 단백질을 말한다)는 효소의 고정화(immobilization) 막과 물리화학 소자(전극, 서미스터, FET, 포토다이오드 등)를 조합하여 구성하는데, 효소 센서의 측정 대상으로는 글루코오스, 요산, 콜레스테롤, 아미노산, 요소 등이 있다.

바이오 센서는 효소 전극(enzyme electrode)에 대해 소개한 때가 Clark과 Lyons(1962)에 의해 처음으로 개발되었다.

산소가 존재하는 상태에서 글루코오스(glucose : 포도당)는 글루콘산(gluconic acid)과 과산화수소(H_2O_2)로 변환된다. 이 반응을 산화 효소인 글루코오스 옥시다아제(glucose oxidase : GOD)가 촉진시킨다.

$$Glucose \ + \ O_2 \xrightarrow{\textit{Glucose Oxidase}} Gluconic \ + H_2O_2 \tag{9-7}$$

GOD를 고정화한 막은 여러 가지 분자가 존재한 용액 속에서 글루코오스만을 찾아낼 수 있다. 즉 분자 인식 기능이 있다.

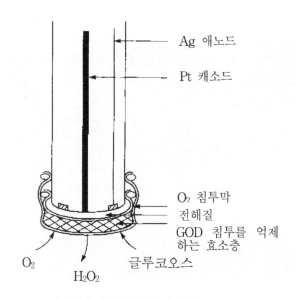

[그림 9-29] 클락의 효소막

[그림 9-29]는 효소 전극에 +0.6[V]의 기전력을 공급하여 식(9-7)의 화학 반응으로 동작해서 글루콘산을 측정하는 센서 시스템이다.

글루코오스 농도가 증가하면, 산소 농도가 감소, pH가 감소 및 H_2O_2 농도가 증가한다.

나. 미생물 센서

미생물 센서는 원리 및 기본 구성이 효소 센서와 유사하지만 분자 인식 부위는 고정화 미생물에 의하여 만들어져 있다.

미생물은 물에 접촉한 상태에서 생육하므로 이것을 소자화하기 위해서는 불용성의 합성 고분자막이나 천연 고분자 막 등에 고정화하여야 한다. 따라서 미생물 센서는 미생물 고분자 막과 전극으로 구성된다. 미생물은 당류 단백질이나 아미노산 등을 섭취하면 활성이 증대된다.

미생물 효소 센서는 효소 센서에 비해 장기간 안정하여 발효 공업 공정 계측으로서 포도당, 자화당, 아세트산, 암모니아, 메탄올 등 발효 원료를 측정하는 센서와 에타놀, 항생 물질, 비타민, 아미노산, 유기산 등의 발효 대사물을 측정하는 센서가 있다. 또한 환경 계측과 관련하여 BOD(biochemical oxygen demand : 생물학적 산소 요구량/국제적인 수질의 오염 지료), 폐수 중 암모니아, 아세트산 이온, 메탄 가스를 계측하는 센서가 있다.

다. 면역 센서

효소의 분자 인식 기능은 우수하지만 효소의 종류는 한정되어 있다. 그런데, 생물은 자신과 다른 이질 단백질, 즉 항원(antigen)이 외부로부터 체내에 들어오면 이것을 제거하기 위해서 체내에 항체(antibody)라는 단백질을 만들어 항원과 결합시켜 항원을 파괴하거나 침투시켜 제거한다. 이와 같이 항체를 만들어 항원을 제거함으로써 생물의 개체성을 유지하려는 현상이 면역(immune)이며, 모든 항체는 모두 단백질이다. 효소 센서는 저분자 화학물질의 측정에 사용된다면, 단백질, 항원, 호르몬, 의약품 등의 고분자 측정에는 면역 반응이 이용된다.

항체의 항원 인식 기능을 이용하여 특정의 항원을 선택적으로 고감도로 측정하는 방법을 면역 측정(immunoassay)이라고 부르는데, 생의학 관련 분야에서 널리 활용되고 있다. 면역 측정은 항원 항체 반응에 의해 생성되는 특이한 복합체를 검출하는 것을 기본으로 하고 있다.

면역 센서는 항체의 항원 인식 기능과 항원 결합 기능을 이용한 바이오 센서이며, 항원-항체 복합체의 형성을 직접 전기신호로 변환함으로써 면역 측정이 가능하다.

03. 바이오 센서의 적용

[그림 9-30]의 (a)는 효소의 구성, (b)는 항체의 구성을 나타낸다. 항체는 4개의 폴리펩티드 사슬로 구성된다. 그중 2개는 고분자량이며 H-사슬(heavy chain)이라고 부르고, 다른 2개는 저분자량이며 L-사슬(light chain)이라고 부른다. 4개의 다른 항체가 각각 다른 항원을 인식하여 항원-항체 복합체를 형성한 모양을 나타낸 것이다. 항원 항체 반응은 임상화학검사에서 매우 광범위하게 이용되고 있다. (c)는 단백질 수용체의 구성을 나타낸다.

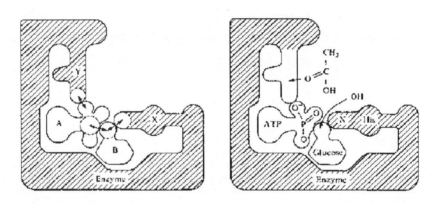

(a) 효소(enzyme)

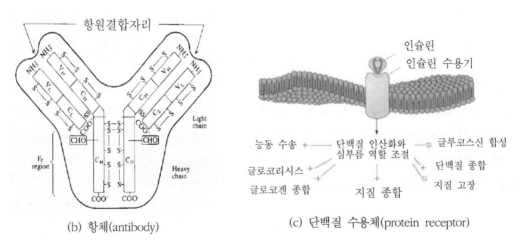

(b) 항체(antibody)

(c) 단백질 수용체(protein receptor)

[그림 9-30] 바이오 수용기 분자는 바이오 센서 적용에 사용

CHAPTER 10

센서 인터페이스

신호 증폭회로

센서의 신호처리는 종래는 주로 아날로그 신호처리 기술을 사용하여 왔으나 최근에는 디지털화가 활발히 이루어져 대부분의 신호처리는 디지털 신호를 포함하는 것이 일반적이다.

센서의 신호는 직선성이 나쁘고 크기도 작기 때문에 S/N비가 나쁜 특성을 갖는다. 따라서 여러 가지 복잡한 회로가 필요하고 정밀도도 떨어지는 문제점이 있었으나, 디지털 신호를 채택하여 이러한 문제점이 해결되고 있다. 본 장에서는 센서의 인터페이스 문제를 다루고자 한다.

01. 센서 종류와 신호

지금까지 학습한 센서의 종류를 동작원리에 따라 나누면 몇 가지로 요약할 수 있는데, [표 10-1]은 대표적인 센서의 종류와 출력신호 방식을 나타낸 것이다.

[표 10-1] 센서의 종류에 따른 출력신호 방식

물리량	센서	출력신호		
		전압	전류	임피던스
광	포토다이오드 포토트랜지스터	○	○ ○	○
온도	열전대 서미스터 측온저항체	○		○ ○
자기	홀소자 자기 저항소자(MR) 마그네트 다이오드	○ ○	○ ○	○

구분	센서			
변위	차동 트랜스			○
	광 엔코더	○		
	정전용량 센서			○
	이미지 센서	○	○	
압력	스트레인 게이지			○
	감압 다이오드	○		
가스	반도체 센서			○
화학	습도센서			○

가. 전압 입력형 센서

센서 출력이 전압 또는 기전력인 경우로 열전대 또는 서미스터 등이 이에 속한다. 신호원의 임피던스에 따라 다음 단의 회로에 큰 차이가 있는데 임피던스가 큰 기전력을 정확히 측정하기 위해서는 신호원 임피던스에 비해 충분히 큰 입력 임피던스를 가진 증폭회로를 가질 필요가 있다.

예를 들면 입력단이 FET 또는 MOS FET로 구성되어 있는 BIFET 또는 BIMOS OP-Amp를 이용하여 [그림 10-1]과 같은 비반전 증폭회로를 이용하는 것이 좋다.

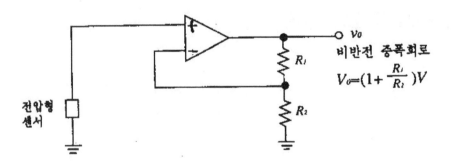

비반전 증폭회로
$$V_0 = (1 + \frac{R_1}{R_2})V$$

[그림 10-1] 비반전 증폭회로를 이용한 전압 입력형

나. 전류 입력형 센서

센서 출력이 전류인 경우는 부하 임피던스에 관계없이 측정값에 비례하는 전류를 출력하는 것이 이상적이나 현실적으로 그런 센서는 존재하지 않는다. 따라서 이와 같은 센서의 신호는 전류를 전류-전압 변환회로를 이용하여 전압으로 변환한다. 이는 [그림 10-2]와 같은 전류 입력형이다.

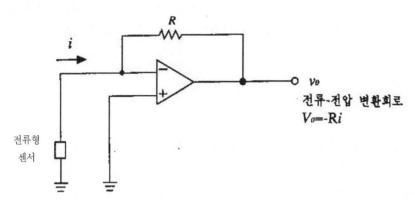

[그림 10-2] 반전 증폭회로를 이용한 전류 입력형

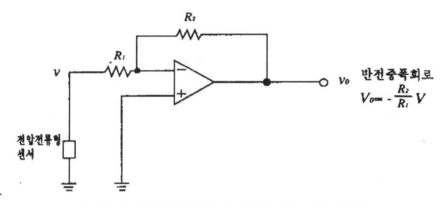

[그림 10-3] 반전 증폭회로를 이용한 전압-전류 입력형

그러나 포토다이오드와 같은 전압형, 전류형이 동시에 존재하는 경우가 있다. 즉 [그림 10-3]에서 전압-전류 특성식은

$$I = I_L - I_s (e^{\frac{qV}{kT}} - 1) \tag{10-1}$$

여기서, I_s는 포화전류, I_L은 광전류이며, 부하가 없을 때 단락전류 I_{sc}는

$$I_{sc} = I_L \propto \text{광 강도} \tag{10-2}$$

로 된다. 따라서 포토다이오드는 전류형 센서로 동작하나 부하가 무한대인 경우는 개방전압 V_{sc}는

$$V_{sc} = \frac{kT}{q}(\ln\left(\frac{I_L}{I_s}\right) - 1) \tag{10-3}$$

로 되어 전압형으로 된다. 빠른 응답을 필요로 하는 경우는 전류형을, 넓은 범위에 걸쳐 측정을 필요로 하는 경우는 전압형을 이용하고 일반적으로 반전 증폭회로를 많이 이용한다.

다. 임피던스형 센서

물리량 변화에 따라 센서의 저항, 정전용량, 임피던스 등이 변하는 경우가 있는데 전압 및 전류형이 능동형인데 반해 임피던스형은 수동형의 것으로 외부에서 동작용 전압 또는 전류를 인가 할 필요가 있다. 이와 같은 형의 것은 차동 증폭회로를 이용하는 것이 좋다. [그림 10-4]는 차동증폭기를 이용한 임피던스형 센서 신호 전압 증폭회로이다.

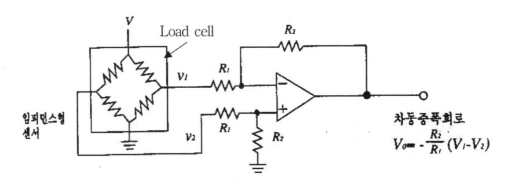

[그림 10-4] 차동 증폭기를 이용한 임피던스형 센서 검출회로

02. 센서 신호회로

가. 센서 신호회로 구성

간단한 센서 신호처리 구성 회로를 [그림 10-5]와 같이 나타낸다.

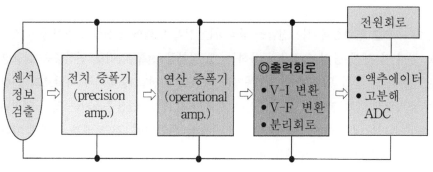

[그림 10-5] 센서 신호처리 회로 구성

(1) 전치 증폭기(Precision amplifier)

센서에서 발생한 미소신호를 신호처리가 가능한 신호로 증폭한다.

(2) 연산 증폭기(Operational amplifier)

센서신호의 선형화나 불필요한 파라미터의 제거 등을 위해 가감승제 연산이 이루어진다.

(3) 출력회로(Output circuit)

원하는 통일된 신호로 변환하는 회로로 전압-전류 변환회로, 전압-주파수 변환회로, 분리회로 (isolation circuit) 등이 이에 속한다.

(4) 센서 전원회로

센서를 구동시키기 위한 전원회로을 말한다.

[표 10-2] 센서의 입·출력 종류

입출력	신호의 종류	세부 내용
입력	아날로그 펄스 디지털	전압(1~5V), 전류(4~20mA), 열전대(㎷), 측온저항체(Ω) 펄스열(카운터 수/시간) 무접점 전압, 전압 24V 등
출력	아날로그 펄스 디지털	전압(1~5V), 전류(4~20mA), 열전대(㎷), 측온저항체(Ω) 펄스열(카운터 수/시간) 무접점 전압, 전압 24V 등

나. 연산증폭회로

선형성이 우수한 연산증폭기는 전압을 증폭하는 전압 입력형 연산증폭기(보통 이것을 연산증폭기라고 한다)와 센서 등의 출력을 증폭하는 데 적합한 전류 입력형 연산증폭기(일명 Norton amp.)로 분류한다. 전압 입력형 연산증폭기는 아날로그 전압 증폭이나 아날로그 연산에 주로 사용하는 소자로서, 입력전압에 대한 연산을 수행한다. 일반 연산증폭기는 입력 임피던스가 거의 무한대이기 때문에 센서와 접속된 배선에 잡음이 유입되면, 전압 배분 관계에 따라 그대로 연산증폭기로 전달되어 나쁜 영향을 미친다.

특히 센서가 배치되는 검출 대상체에는 일반적으로 강한 전류나 전압이 흐르는 경우가 많아서 더욱 심하게 잡음이 유입된다. 그리고 센서에서 출력되는 신호가 미약할 경우에는 증폭기에서 증폭할 때 잡음도 크게 증가되며, 연산증폭기 자체에서 발생하는 잡음도 문제가 된다.

소자와 소자의 거리가 짧고 잡음 유입이 없다는 조건에서는 전압 입력형 연산증폭기처럼 증폭기의 입력 임피던스는 클수록 좋다. 하지만 소자의 거리가 멀고 잡음 유입이 우려되는 경우에는 입력 임피던스가 작을수록 전압 분배의 원리에 의해 잡음이 작아진다.

연산증폭기의 이상적인 특징을 아래와 같이 정의 한다. 노턴 증폭기와 비교해 볼 수 있다.

- 입력 임피던스가 무한대이다.
- 출력 임피던스는 0(zero)이다.
- 개방 전압이득이 무한대이다.
- 동상신호제거비(CMRR)가 무한대이다.

(1) 노턴 증폭기

노턴 증폭기(Norton amplifier)는 전류 입력형 연산증폭기로서 센서 신호의 초기 증폭단에 주로 사용한다. [그림 10-6]과 같이 증폭기의 입력단은 전류가 유입되고, 이들 전류 차에 의해 출력 전류가 나타난다. 기호는 입력단자 부분에 전류를 표시하기도 한다.

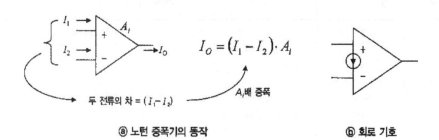

$$I_O = (I_1 - I_2) \cdot A_i$$

두 전류의 차 = $(I_1 - I_2)$
A_i배 증폭

ⓐ 노턴 증폭기의 동작   ⓑ 회로 기호

[그림 10-6] 노턴 증폭기의 정의

노턴 증폭기의 조건은 다음과 같다.

- 입력단자로 전류가 유입되는 형식이므로 입력 임피던스가 거의 0에 가깝다.
- 출력 임피던스는 전류 출력이므로 임피던스가 매우 크다.
- 전류 증폭도는 무한대에 가깝다.

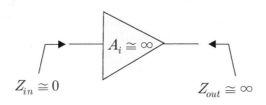

[그림 10-7] 노턴 증폭기의 입출력 조건

(2) 노턴 증폭기의 특징

노턴 증폭기는 일반 증폭회로에 많이 사용하지는 않는다. 하지만 센서 신호 증폭에 유용하게 사용한다.

① 입력 임피던스가 매우 작아서 잡음에 강하다.
② 회로가 전류로 동작해서 회로 자체의 잡음 발생이 작다.
③ 전압 입력형보다 동작 속도가 빠르다.(동급 품종에서)
④ 정확하게 설계하면, 회로가 간단해진다.
⑤ 단일 전원으로 동작하기 편리하다.

전류 입력에 의해서 동작하기 때문에 전류 성분이 없는 잡음은 정상 신호에 영향을 미치지 못한다.

(3) 노턴 신호 증폭기 회로

[그림 10-8]의 (a)는 센서 부분의 소자는 온도 변화에 대한 저항 변화가 나타나는 서미스터나 광량에 대한 저항 변화가 나타나는 CdS 소자 등이다. 그리고 센서 소자로부터 흐르는 전류는 $I_s = V/R_s$ 이므로 출력 전압은 다음 식으로 나타난다.

$$V_s = -\frac{R_f}{R_s} \cdot V \tag{10-4}$$

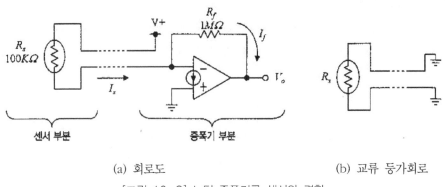

(a) 회로도   (b) 교류 등가회로

[그림 10-8] 노턴 증폭기를 센서와 결합

그림 (b)는 센서로부터 전송되는 신호의 교류 등가회로로서, 센서 위쪽은 전원에 접속되어 있어 접지와 같다. 그리고 센서 아래쪽은 노턴 증폭기의 입력 단자로 접속되어 있으므로 접지와 같아서 전송 라인에 의한 잡음을 유도하지 않는다.

다. 전압 비교기

연산증폭기에서 전압 비교기(comparator)는 두 입력 전압 중의 높고 낮음을 판별해 디지털 출력을 발생한다.

연산증폭기를 비교기로 사용할 때 출력전압은 소자의 동작 전압인 +V가 High 상태, -V가 Low 상태로 나타난다. 따라서 디지털 회로와 인터페이스 할 때는 전압 변환이 필요하다. 예를 들어 연산증폭기는 ±12V를 이용하고 있다. 이 출력을 +5V의 TTL 회로에 입력시키면, +12V 출력을 +5V로, -12V 출력을 0V로 변환해야 한다. 이에 비해 비교기는 디지털 회로와 쉽게 접속할 수 있게 오픈 컬렉터(open collector) 형식의 출력을 사용하는데, 이것의 개념이 [그림 10-9]에 나타나 있다.

오픈 컬렉터 출력은 [그림 10-9] (a)와 같이 접속된 스위치 역할을 하는데, 스위치가 붙어 'Low' 출력할 때는 0V가 나타나고, 스위치가 떨어지면 'High' 출력되지만, 외부로 전류가 공급되는 않는다.

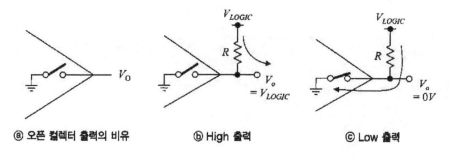

@ 오픈 컬렉터 출력의 비유   ⓑ High 출력   ⓒ Low 출력

[그림 10-9] 비교기 출력회로

이와 같은 출력단에 (b)와 같이 외부에 저항을 부착하고, 디지털 전압을 인가하면, 스위치가 떨어졌을 경우 저항에 의해 디지털 출력전압이 나타난다. 그리고 스위치가 붙으면 (c)와 같이 0V가 나타나므로 디지털 회로와 접속할 때 매우 편리하다.

03. 센서 신호회로 설계

센서용 증폭기의 구성은 보통 2단으로 구성하는데 1단계는 높은 임피던스로 구성하고(입력 신호와 단일 저항으로 높은 이득을 얻는다) 2단계는 출력용으로 마이너스 피드백을 얻도록 한다. 또 접지 연결이 가능하도록 차동 증폭기(differential amplifier)를 이용한다.

[그림 10-10]은 정밀 계측용 차동 증폭기 회로를 이용하여 로드 셀(Load cell)에 가하는 중량에 따라 아날로그 전압이 검출되는 회로를 설계하였다. 연산증폭기 OP07은 입력 오프셋 전압이 30[μV]를 갖고 있어 정밀 신호 이득 측정이 가능하다. 양전원용 범용 OP-amp μA741과 핀번호는 같으며, 오프셋 전압이 1[mV]이다.

그림에서 차동 증폭기의 각 입력전압(V_1, V_2)는 OP-amp의 비반전 증폭기에 직접 연결하고 각 OP-amp A_1, A_2의 출력은 두 개의 저항 R_2를 통해서 연결한다.

저항 R_1은 이득 설정용이고, 출력전압 V_o는 각 OP-amp의 출력전압에 의해 얻어진다.

$$V_o = (V_1 - V_2)\left(1 + \frac{2R_2}{R_1}\right)\frac{R_4}{R_3} \tag{10-5}$$

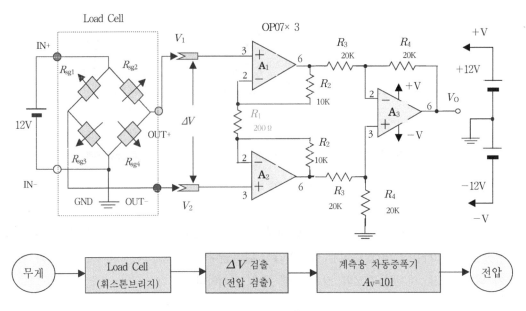

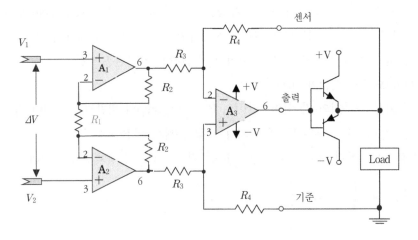

[그림 10-10] 차동 증폭기를 이용한 중량 측정회로

여기서 $R_3 = R_4$이므로 출력은 더욱 간단하게 이득을 계산할 수 있다. 계산된 이득은 101배가 된다. 만약 R_2를 9.9[㏀]으로 맞출 수 있다면 이득은 100배가 된다. 따라서 R_2를 가변하면 출력이 변하고 이득을 크게 하려면 적은 값의 R_2를 이용한다.

이득은 신호선(부하선)의 저항을 충분히 보상할 수 있도록 크게 하고, 전류를 증폭하기 위한 부스터 *TR*을 사용한 회로는 [그림 10-11]과 같다. 부스터의 *TR* 사용 목적은 부하에 충분한 전류를 공급하기 위한 것이다.

[그림 10-11] 부스터 *TR* 사용 증폭회로

[그림 10-12]는 정밀 계측용 차동 증폭기 전용 IC AD524의 기능회로도로 이득 G는 외부저항 단자 R_{G1}(16번), R_{G2}(3번)에 별도의 저항으로도 조정할 수 있지만, R_{G2}(3번)과 11, 12, 13번 선택적으로 접속하면 이득 G는 각각 1000, 100, 10으로 선택된다. 이러한 편리성과 정확성 등으로 많이 활용되고 있다.

입력 오프셋 조정은 +전원을 사용하여 4번과 5번 핀에 10[㏀] 가변저항을 이용한다. 출력 오프셋 조정은 -전원을 사용하여 14번과 15번 핀을 이용할 수 있다.

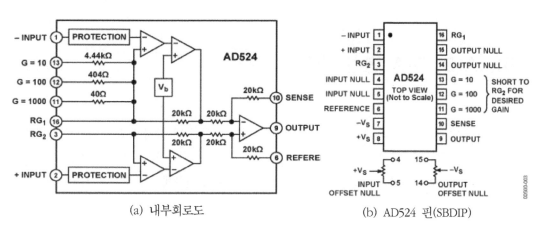

(a) 내부회로도   (b) AD524 핀(SBDIP)

[그림 10-12] 정밀 계측용 차동증폭기 IC AD524 칩

[그림 10-12]에서 외부저항 R_g의 연결에 의해 얻어지는 이득 G는 식 (10-6)으로 나타낸다.

$$G = \frac{40\,[\text{k}\Omega]}{R_g} + 1 \tag{10-6}$$

여기서, R_g는 R_{G1}과 R_{G2} 사이에 연결하는 저항이다.

정밀 계측용 AD524 차동 증폭기의 특징(Analog Device Co.)은 다음과 같다.

- 동상신호 제거비(CMRR) : 120[㏈](잡음 제거 특성)
- 대역폭(bandwidth) : 25[㎒]
- 입력 임피던스 : 109[Ω]
- 이득 : 1, 10, 100, 1000(4가지 선택)
- 저 오프셋 전압 : 50[㎶]

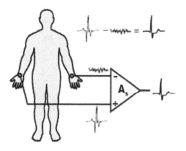

[그림 10-13] 생체 전기신호 측정기(심전도 등)

일반적인 증폭회로는 전원을 통해 접지에 연결되어 있기 때문에 전력용량이 낮은 생체 전기 신호를 측정할 때 잡음의 영향을 심하게 받는다. 잡음 문제를 해결하기 위해 심전도 및 다양한 생체 전기신호 측정기에서는 차동 증폭기 원리를 사용한다.

A/D, D/A 변환기

01. A/D, D/A 변환 개요

　자연계의 대부분의 현상은 시간, 속도, 무게, 압력, 빛의 세기 및 위치와 같은 아날로그 정보이다. [그림 10-14]의 디지털 시스템에서는 전압 값이 0~3[V]까지 연속적으로 변하는 아날로그 신호가 입력된다. A/D 변환기는 아날로그 신호를 디지털 정보로 변환해주는 장치를 ADC(analog to digital converter)라고 한다. 즉 A/D 변환은 아날로그 정보를 디지털 데이터로 변환한다.

　그림에서 디지털 신호처리 시스템으로부터 전달되는 디지털 정보를 아날로그 출력으로 변환하는 디코더(decoder)가 필요하다. 이 디코더는 DAC(digital to analog converter)라 한다.

　그림의 전제 시스템은 디지털과 아날로그 장치를 모두 포함하고 있으므로 하이브리드 시스템(hybrid system)이라고 할 수 있다. 아날로그를 디지털로, 디지털을 아날로그로 변환하는 ADC와 DAC를 기술자들은 인터페이스 장치(interface devices)라고 부른다.

[그림 10-14] 전자 시스템에서 ADC, DAC

　변환기의 중요한 성능을 나타내는 것으로는 정확도(accuracy), 분해능(resolution), 변환 시간(conversion time), 직선성(linearity), 안정성(stability) 등이다. 정확도는 측정값에 얼마나 근접되는가를 가리키며, 분해능은 두 값을 분별 가능하기 위해 두 전압 사이의 간격이 얼마나 되는가를 가리킨다. 변환 시간은 ADC 회로가 아날로그 신호를 디지털 계수로 변환하는 데 소요되는 시간이 된다. 변환 시간은 사용되는 클럭 주파수와 카운터 되는 최대수(또는 카운터의 단수)에 관계된다.

가. 분해능

분해능은 양자화의 최소 전압 범위를 말한다. 즉 이산 전압의 정도가 된다. 계단형 변환기에서, 분해능은 한 단계의 전압이다. 카운터의 단수가 증가 하면 증가할수록 최대 눈금의 단계수가 증가하고, 단계수가 증가하면 할수록 분해능은 개선된다. 일반적으로 백분율 분해능은

$$\text{백분율 분해능} = \frac{1}{2^n} \times 100\% \tag{10-7}$$

여기서, n은 비트(단)수가 된다.

분해능은 또한 ADC의 전압 분해능으로도 나타낼 수 있다. 계단형 ADC에 대한 분해능 전압은 바로 한 단계의 전압이 된다. 따라서,

$$\text{분해능 전압} = \frac{1}{2^n - 1} \times V_{FS} \tag{10-8}$$

여기서, V_{FS}는 ADC에 대한 최대 눈금의 전압이다. n은 비트의 수다.

나. 변환 시간

계단형 ADC의 변환시 간은 단수와 클럭 주파수에 대한 함수가 된다. 최대 변환 시간은

$$\text{최대 변환 시간} = 2^n \times \frac{1}{f} \tag{10-9}$$

여기서, n은 카운터 단수가 되고, f는 클럭 주파수가 된다.

가. DAC 개요

ADC 전에 먼저 DAC에 대해서 학습하는 이유는 카운터-경사형 ADC는 약간 복잡한 구조이며 동작을 위해서 DAC가 필요하다.

[표 10-3] DAC 진리표

행(row)	디지털 입력				아날로그 출력
	D	C	B	A	V_{out}[V]
1	0	0	0	0	0
2	0	0	0	1	0.2
3	0	0	1	0	0.4
4	0	0	1	1	0.6
5	0	1	0	0	0.8
6	0	1	0	1	1.0
7	0	1	1	0	1.2
8	0	1	1	1	1.4
9	1	0	0	0	1.6
10	1	0	0	1	1.8
11	1	0	1	0	2.0
12	1	0	1	1	2.2
13	1	1	0	0	2.4
14	1	1	0	1	2.6
15	1	1	1	0	2.8
16	1	1	1	1	3.0

디지털 처리 시스템으로부터 출력되는 2진 값을 0~3V의 출력으로 변환하기를 원한다고 가정하면, 먼저 가능한 모든 상태에 대한 진리표를 설정해야 한다. [표 10-3]에서는 DAC에 네 개의 신호(D, C, B, A)가 입력되는 경우를 보인다. 입력들이 2진수 형태이므로 입력의 정확한 값은 중요하지 않다. DAC의 입력에 2진수 값이 0000이면 출력은 0V이다. 입력의 2진수 값이 0001이면 출력은 0.2V이고, 입력의 2진수 값이 0010이면 출력은 0.4V이다. 표에서 각 열에 대해서 아래로 내려가면서 아날로그 출력은 0.2V씩 증가한다.

[그림 10-15]는 DAC의 블록도이다. 디지털 입력(D, C, B, A)은 회로의 왼쪽에 있고, 디코더는 저항 회로망과 가산 증폭기의 두 부분으로 구성된다. 출력은 오른쪽 전압계의 전압으로 얻어진다.

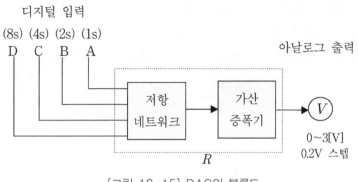

디지털 입력
(8s) (4s) (2s) (1s)
D   C   B   A

아날로그 출력

저항 네트워크

가산 증폭기

V

0~3[V]
0.2V 스텝

R

[그림 10-15] DAC의 블록도

[그림 10-15]의 저항 회로망은 입력 B가 1인 경우는 입력 A가 1인 경우의 2배 값을, 입력 C가 1인 경우는 입력 A가 1인 경우의 4배 값을 가진다. 이 기능은 저항들의 배열로 수행된다. 이런 회로를 저항 래더 회로망(resistive ladder network)이라고 한다.

가산 증폭기는 저항 회로망으로부터 출력 전압을 취하고, 적절한 크기로 증폭한다. 가산증폭기는 보통 연산증폭기(operational amplifier)라 불리는 IC를 사용한다.

DAC라 부르는 디코더는 저항 사다리 회로망을 구성하는 저항들과 가산 증폭기로 사용되는 OP-AMP 두 부분으로 이루어진다.

나. 연산증폭기

OP-AMP는 큰 입력 임피던스, 작은 출력 임피던스, 외부 저항에 의해서 설정할 수 있는 가변 전압 이득 특성을 갖는다. [그림 10-16]은 입력과 귀환 저항이 각각 1[㏀]과 10[㏀]을 갖는 반전 증폭기이다. 전압 이득은 다음과 같다.

$$A_V = \frac{R_f}{R_{in}} = \frac{10,000}{1,000} = 10 \tag{10-10}$$

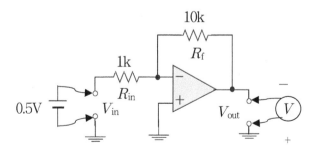

10k

R_f

1k

R_{in}

0.5V

V_{in}

$-$

$+$

V_{out}

$-$

V

$+$

[그림 10-16] 반전 증폭기

따라서 입력 전압이 +0.5[V]이면 출력 전압은 입력의 10배인 5[V]가 되는데 반전 단자로 입력이 들어가므로 전압계에 측정되는 출력 전압은 −5[V]가 된다.

DAC의 한 부분인 연산증폭기는 변환기에서 가산증폭기로 사용된다.

다. 기본 D/A 변환기

[그림 10-17]은 저항 회로망과 가산증폭기로 구성된 간단한 DAC 회로이다. 스위치 A, B, C, D에 인가되는 입력 V_{in}은 3[V]이고 출력전압 V_{out}는 전압계에 의해 측정된다.

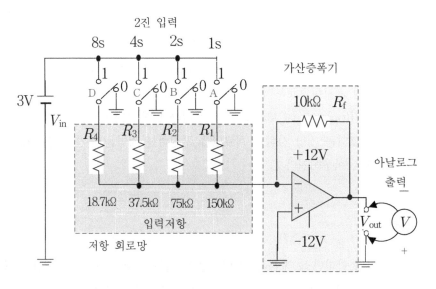

[그림 10-17] DAC 회로

[그림 10-17]과 같이 모든 스위치는 GND(0V)에 연결되어 있으며 점 A에서의 입력이 0[V]이고 따라서 출력전압도 0[V]가 된다([표 10-3] 참조). 그림에서 스위치 A가 논리 1에 연결되는 경우를 가정하면 연산증폭기에 3[V] 입력이 인가된다. 증폭기의 이득은 10[㏀] 귀환저항(R_f)과 150[㏀]의 입력저항(R_{in})에 의해서 결정된다. 따라서 이득은 A_V=0.066이다. 출력 전압은 다음과 같이 계산할 수 있다.

$$V_{out} = A_V \times V_{in} = 0.066 \times 3 = 0.2[V] \tag{10-11}$$

즉, 2진수 입력이 0001일 때 출력전압은 0.2[V]이다.

2진수 0010을 [그림 10-17]의 DAC에 인가하는 경우를 고려하면, 스위치 B만 논리 1에 접속되고 3[V]가 증폭기에 인가된다. 이 때 이득은 A_V=0.133이 된다. 이득을 입력 전압에 곱하면 출력 전압은 0.4[V]가 된다. [표 10-3]과 같이 2진수 값이 하나씩 증가할 때마다 출력전압은 0.2[V]씩 증가하는 것을 알 수 있다. 이러한 증가 형태는 전압 이득의 증가가 각각 다른 값의 저항(R_1, R_2, R_3, R_4)에 의해 결정되기 때문이다.

모든 스위치가 활성화되는 경우 연산증폭기는 이득이 1로 증가되므로 최대값인 3[V]를 출력한다.

이러한 구조의 DAC에서는 연산증폭기의 전원전압(±12[V])의 범위를 초과하지 않는 어떤 입력도 허용된다. 이는 너무 큰 범위의 저항 값이 요구되는 점과 낮은 정확도 등의 문제로 아주 큰 비트 확장은 바람직하지 않다.

라. 사다리형 D/A 변환기

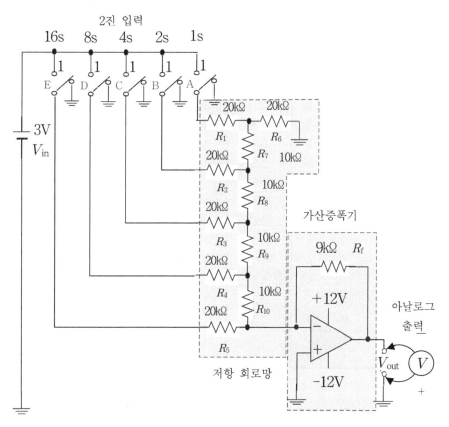

[그림 10-18] R-2R 사다리 회로망을 이용한 DAC

DAC는 저항 회로망과 가산증폭기로 구성된다. [그림 10-18]은 2진 입력에 대해 적절한 가중값을 갖는 저항 회로망 회로이다. 이러한 저항 회로망을 R-$2R$ 사다리 회로망(ladder network)이라고 한다. 이러한 저항 배열의 장점은 단지 두 가지 값의 저항망이 사용된다. "사다리"의 수평저항은 모두 수직저항의 정확히 2배 값을 가지므로 R-$2R$ 사다리 회로라 부른다.

[그림 10-18]은 가산증폭기는 앞에서 사용한 것과 같으나, DAC의 동작은 기본 DAC와 비슷하다.

[표 10-4]는 DAC의 동작을 자세히 나타낸다. 이 5비트 변환기에서 입력전압으로 3.7[V]이며, 2진수 값이 하나 증가할 때마다 출력전압은 0.1[V] 증가한다.

가산증폭기의 귀환저항 R_f는 9[㏀]이다. 이 값은 풀 스케일의 출력전압이 3.1[V]가 되도록 선택되었다.

[그림 10-18]의 DAC는 5비트 분해능을 갖고 있으며, 이것은 출력전압이 32개의 계단을 갖는다.

[표 10-4] DAC 진리표

2진 입력					아날로그 출력	2진 입력					아날로그 출력
E (16s)	D (8s)	C (4s)	B (2s)	A (1s)	V_{out}[V]	E (16s)	D (8s)	C (4s)	B (2s)	A (1s)	V_{out}[V]
0	0	0	0	0	0	1	0	0	0	0	1.6
0	0	0	0	1	0.1	1	0	0	0	1	1.7
0	0	0	1	0	0.2	1	0	0	1	0	1.8
0	0	0	1	1	0.3	1	0	0	1	1	1.9
0	0	1	0	0	0.4	1	0	1	0	0	2.0
0	0	1	0	1	0.5	1	0	1	0	1	2.1
0	0	1	1	0	0.6	1	0	1	1	0	2.2
0	0	1	1	1	0.7	1	0	1	1	1	2.3
0	1	0	0	0	0.8	1	1	0	0	0	2.4
0	1	0	0	1	0.9	1	1	0	0	1	2.5
0	1	0	1	0	1.0	1	1	0	1	0	2.6
0	1	0	1	1	1.1	1	1	0	1	1	2.7
0	1	1	0	0	1.2	1	1	1	0	0	2.8
0	1	1	0	1	1.3	1	1	1	0	1	2.9
0	1	1	1	0	1.4	1	1	1	1	0	3.0
0	1	1	1	1	1.5	1	1	1	1	1	3.1

DAC의 분해능은 입력의 비트수에 의해 주어지던가, 또한 풀 스케일의 백분율로 주어진다. 5비트의 DAC의 분해능은 식 (10-12)와 같이 계산된다.

$$\text{백분율 분해능} = \frac{1}{2^n - 1} \times 100 = \frac{1}{2^5 - 1} \times 100 = 3.2\% \tag{10-12}$$

5비트의 DAC의 백분율 분해능은 3.2%인 것이다. 4비트 백분율 분해능 6.7%보다 작다.

라. DAC 0800 IC

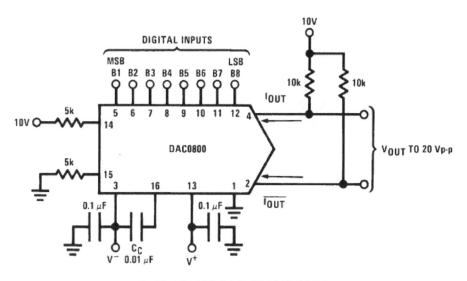

[그림 10-19] DAC 0800의 회로도

DAC 0800은 8비트 high-speed 전류 출력형 DAC로 변환 시간은 100[ns] 정도 소요된다. DAC 0800은 가장 일반적인 DAC이므로 간단한 제어기기에 많이 사용되고 있다. 출력은 I_{OUT} (4번핀)에 OP-Amp인 741을 연결하여 전압 출력이 나오도록 하여 응용할 수 있다. [그림 10-19]는 DAC 0800의 회로도이다.

다음은 DAC 0800의 특성이다.

* 마이크로프로세서에서 쉽게 인터페이스된다.
* 8비트의 DAC이다.(비트 에러는 1비트 정도이다)
* TTL, CMOS, PMOS와 바로 인터페이스 가능하다.
* 전원전압 범위는 ±4.5~±18[V]까지이다.
* 변환 시간이 100[ns]이다.
* 소비 전력은 +5[V] 레벨에서 33[mW] 정도이다.
* 값이 저렴하고, 사용하기 편리하여 간단한 회로에 많이 사용된다.

[표 10-5] DAC 0800의 동작 특성 진리표

	B1	B2	B3	B4	B5	B6	B7	B8	I_O mA	$\bar{I}_O$ mA	E_O	$\bar{E}_O$
Full Scale	1	1	1	1	1	1	1	1	1.992	0.000	−9.960	0.000
Full Scale−LSB	1	1	1	1	1	1	1	0	1.984	0.008	−9.920	−0.040
Half Scale+LSB	1	0	0	0	0	0	0	1	1.008	0.984	−5.040	−4.920
Half Scale	1	0	0	0	0	0	0	0	1.000	0.992	−5.000	−4.960
Half Scale−LSB	0	1	1	1	1	1	1	1	0.992	1.000	−4.960	−5.000
Zero Scale+LSB	0	0	0	0	0	0	0	1	0.008	1.984	−0.040	−9.920
Zero Scale	0	0	0	0	0	0	0	0	0.000	1.992	0.000	−9.960

03. A/D 변환 시스템

가. ADC 개요

아날로그 전압을 디지털(수치) 경로로 변환하는 것이 ADC이다. 이 ADC에는 여러 가지 있는데 동작 원리에 따라 각각 장단점이 있다. 따라서 시스템의 요구에 가장 적합한 ADC를 채용하지 않으면, 필요한 성능이 얻어지지 않는다.

AD 변환은 표본화(sampling), 양자화(quantizing), 부호화(coding)라는 과정을 거친다.

- 표본화 : 아날로그 신호를 어떤 시간 간격으로 샘플링하는 것.
- 양자화 : 샘플링한 아날로그 값을 불연속적인 수치로 변환하는 것.
  아날로그 입력전압의 최소치에서 최대치까지의 범위를 FSR(full scale range)이며, 이 FSR를 몇 단계로 나누는 것을 양자화라 한다.
- 부호화 : 2진수의 부호로 변환하는 것.
  아날로그 디지털 변환기(ADC)는 DAC의 역으로 동작을 한다. [그림 10-20]은 ADC의 기본 블록도를 보이고 있다. 이 ADC의 아날로그 입력전압의 범위는 0~3[V]이다. 2진 출력은 2진의 0000에서 1111로 된다. 이 ADC에는 클록 입력이 있다는 점에 주의할 필요가 있다.

[표 10-6]은 ADC의 자세한 동작을 진리표로서 나타낸다. 입력전압이 0.2[V]마다 변화할 때 2진 출력 카운터는 1씩 증가한다.

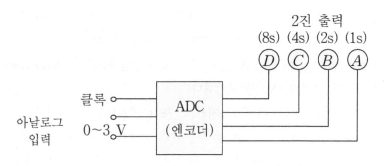

[그림 10-20] ADC의 블록도

나. 카운터 경사형 A/D 변환기

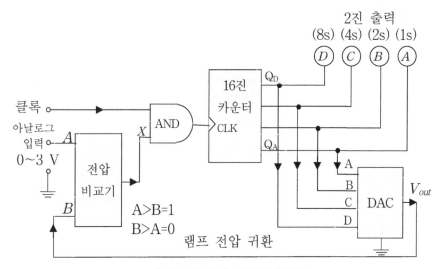

[그림 10-21] ADC의 블록도

[표 10-6] ADC 진리표

행	아날로그 입력 V_{in}	2진 출력				행	아날로그 입력 V_{in}	2진 출력			
		D (8s)	C (4s)	B (2s)	A (1s)			D (8s)	C (4s)	B (2s)	A (1s)
1	0	0	0	0	0	9	1.6	1	0	0	0
2	0.2	0	0	0	1	10	1.8	1	0	0	1
3	0.4	0	0	1	0	11	2.0	1	0	1	0
4	0.6	0	0	1	1	12	2.2	1	0	1	1
5	0.8	0	1	0	0	13	2.4	1	1	0	0
6	1.0	0	1	0	1	14	2.6	1	1	0	1
7	1.2	0	1	1	0	15	2.8	1	1	1	0
8	1.4	0	1	1	1	16	3.0	1	1	1	1

ADC에 대한 진리표는 매우 단순하게 보이나 진리표의 내용을 수행하기 위한 전자회로는 매우 복잡하다. [그림 10-21]은 ADC의 한 형식인 블록도를 나타내며, 이 형식의 장치는 카운터 램프형 ADC(counter ramp ADC)라고 한다. 이 ADC는 전압 비교기(voltage comparator), AND 게이트, 16진 카운터 그리고 DAC를 포함한다.

비교기의 출력 X점이 논리 1값을 유지하고, 또한 카운터는 0000이다. 아날로그 입력에 0.55[V]가 인가된다고 가정한다. X점의 값 1은 ADN 게이트를 통해서 클록의 첫 번째 펄스가 카운터의 CLK 입력단에 도달하도록 한다. 클록 펄스가 카운터에 도달하면 카운터는 0001로 증가하고 이 값이 2진 출력으로 표시된다.

[표 10-6]에서와 같이 2진수 값 0001은 DAC의 출력에서 0.2[V]를 발생시킨다. 이 0.2[V]는 비교기의 B입력으로 피드백된다. 비교기는 입력을 검사하게 되고 A입력이 더 큰 값이므로 (0.2[V]〈0.55[V]) 비교기는 논리 1을 출력한다. 이 1값은 AND 게이트를 통해서 다음 클록 펄스가 카운터로 전달되도록 한다. 이 클록 펄스에 의해서 카운터는 1이 증가하여 0010이 되고 이 값은 다시 DAC로 입력된다.

[표 10-6]에서 0010 입력은 0.4[V] 출력을 발생시키고 이 값은 다시 비교기의 B입력으로 피드백된다. 비교기는 다시 A입력과 B입력을 비교하고, A입력이 여전히 큰 값(0.55[V]〉0.4[V])이므로 비교기는 논리 1을 출력한다. 앞에서와 같이 이 1값은 AND 게이트를 통해서 다음 클록 펄스가 카운터로 전달되도록 하고, 카운터는 1이 증가하여 0011이 되어 DAC에 피드백된다.

[표 10-6]에 따르면 0011 입력은 0.6[V] 출력을 발생시킨다. 이 값은 다시 비교기의 B입력으로 피드백된다. 이 값은 다시 비교기 B입력을 비교하고, 처음으로 B입력이 A입력보다 큰 값이 되므로 비교기는 논리 0을 출력한다. 논리 0값은 AND 게이트를 차단하고 더 이상 클록 펄스가 카운터로 전달되지 않게 하고, 카운터는 2진수 0011값에서 멈춘다.

만약 입력 아날로그 전압이 1.2[V]이면 [표 10-6]에 따라서 2진 출력은 0110이 된다. 카운터는 비교기에 의해서 멈추기 전까지 2진수 0000에서 0110까지 계수한다.

다. 원 칩 A/D 변환기 IC

ADC 변환기는 여러 가지 동작 원리가 있지만 기본적으로는

- 동시 비교형
- 순차 비교형
- 전압 시간 비교형
- 전압 주파수 비교형

의 4종류로 대별된다. 이 4종의 동작 원리는 각각의 특징이 있고, ADC 전체로서 본 경우에는, 분해능, 변환 소요 시간(속도), 미분 및 적분 직선성으로 지배하게 된다. [표 10-7]은 ADC의 특징을 비교한 것이다. 일람표를 이용하여 시스템 설계에 있어서는 용도와 요구내용에 적합한 ADC의 선정이 중요하다.

[표 10-7] ADC의 특징 비교

동작 형식	분해능	적분 직선성	미분 직선성	변환 속도	비고
추종 비교형	16~64 (256)*	양 ≃1/2 LSB	약 ≃100%	최고 수십~수백ns	* 최고값
축차(순차) 비교형	256~8192 (16394)*	양 ≃1/2 LSB	약 ≃100%	고 수백ns/자리	
전압 시간 변환형	200~8192	양 ≃1 LSB	양 ≃1%	저 (10ns/채널)	**이상적
전압 주파수 변환형	200~8192 (무한)**	양 ≃1 LSB	양 ≃1%	최저 수십ms 이상	

(1) ADC0804 IC를 이용한 ADC

ADC는 직류 또는 교류의 아날로그 신호를 마이크로프로세서에서 인식할 수 있도록 디지털 값으로 변환해 주는 소자로서, 신호 처리, 계측, 제어기기 등에 많이 쓰이는 소자이다. 여기에서 8비트 분해능의 ADC0804로 구성되는 회로에 대해 살펴본다. 실제적으로 8비트 분해능의 소자는 계측이나 제어기기에서 사용하기에는 분해능이 다소 떨어져 부적합하다고 생각된다. 최소한 12비트 이상의 소자를 사용할 것을 권장하며, 통상적으로는 16비트 정도면 충분하리라 생각된다. 높은 분해능을 요구한다면 24비트의 소자를 이용할 수도 있다. 8비트 ADC0804 소자의 데이터 시트 상에 나타난 특징은 다음과 같다.

- 모든 마이크로프로세서와 쉽게 인터페이스가 가능하다.
- 8비트의 분해능, 축차 비교형
- ADC 채널 수: 1CH
- 차동전압 입력
- IC 내부에 클록 발전기 내장
- 입력 전압 범위: 0~5[V]
- ADC 변환 시간: 약 100[μs]

핀 배치도	각 핀의 기능			
	Pin No.	기호	입·출력 전원	설명
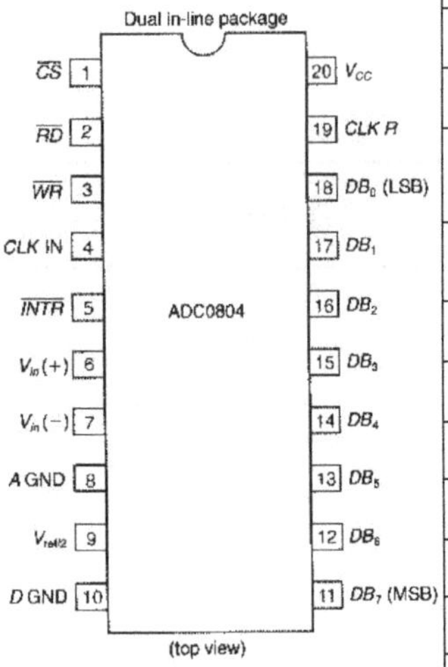	1	$\overline{CS}$	Input	칩 셀렉트 신호
	2	$\overline{RD}$	Input	변환된 데이터를 읽어옴
	3	$\overline{WR}$	Input	"L"신호가 들어오면 변환
	4,19	CLKIN, CLKR	Input	저항과 콘덴서를 접속하여 내부 클록을 발생
	5	$\overline{INTR}$	Output	변환의 종료를 알리는 신호
	6	$V_{in}(+)$	Input	변환할 입력 전압을 연결
	7	$V_{in}(-)$	Input	변환할 입력전압의 접지 연결
	8	A GND	Power	아날로그 전압의 접지
	9	$V_{ref/2}$	Input	V_{ref}의 1/2(2.5V)를 입력사용
	10	D GND	Power	디지털 전압의 접지
	11~18	DB7~0	Output	변환된 디지털 값
	20	Vcc,Vref	Power	전원전압 연결(+5V)

[그림 10-22] ADC0804 ADC IC 기능 설명

[그림 10-22]는 ADC0804 ADC IC의 핀 번호에 따른 기능을 설명하고 있다.

ADC0804는 CMOS 8비트 축차 비교형 ADC로서 마이크로프로세서 기반의 시스템 데이터 버스와 직접 연결될 수 있도록 3-상태 출력(three-state output)을 갖는다. ADC0804는 2진 출력과 100[μs]의 짧은 변환 시간 특성을 가진다. 입력과 출력 모두 MOS 및 TTL과 호환성이 있으며 칩 내장 클록 발생기를 가진다. 내장 클록 발생기를 동작시키기 위해서는 2개의 외부 소자(R과 C)가 필요하다. ADC0804 IC는 표준 +5[V] DC에서 동작하고 0~5[V]까지의 범위에 있는 입력 아날로그 전압을 인코딩(부호화)한다.

ADC0804 ADC IC는 [그림 10-23]에 제시한 회로를 사용하여 시험할 수 있다. 이 회로의 기능은 $V_{in}(+)$와 $V_{in}(-)$ 사이의 전압 차를 기준전압(여기서는 5.1[V])과 비교하여 상응하는 2진 값으로 인코딩한다. ADC0804 IC의 해상도는 8비트 또는 0.39%이다. 이것은 아날로그 입력전압이 0.02V(5.1[V]×0.39%=0.02[V]) 증가할 때마다 2진 계수 값이 1씩 증가함을 의미한다.

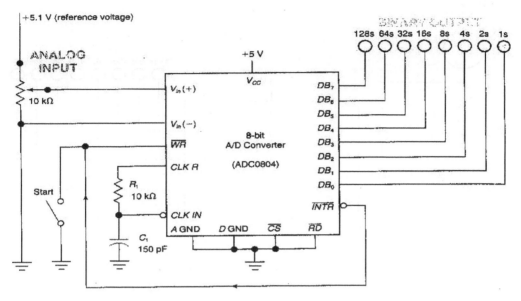

[그림 10-23] ADC0804 ADC IC를 이용한 시험회로

[그림 10-23]의 시작 스위치는 퓨시버턴 기능으로 먼저 닫히고 나서 개방되면 자유 구동(free running)으로 동작을 시작한다.

$\overline{WR}$ 입력은 A/D 변환이 끝날 때 $\overline{WR}$ 입력에 펄스를 발생시키는 인터럽트 출력 $\overline{INTR}$과 함께 클록 입력으로 생각할 수 있다.

$\overline{WR}$ 입력에서 신호가 Low에서 High로 천이하면 ADC는 변환을 시작한다. 변환이 끝나면 2진 표시 장치는 새로운 값으로 바뀌고, $\overline{INTR}$ 출력은 음의 펄스를 보낸다. 음의 인터럽터 펄스는 $\overline{WR}$ 입력에 클럭으로 피드백되어 다음 A/D 변환 과정이 시작되도록 한다. [그림 10-23]의 회로는 초당 5,000에서 10,000번 정도의 변환을 수행한다. ADC0804는 변환 과정에 순차 접근형 기법을 사용하므로 변환율이 높은 편이다.

ADC0804 IC의 CLK R과 CLK IN 입력에 연결되는 저항(R_1)과 커패시터(C_1)는 내부의 클록을 동작시키기 위한 소자이다. 데이터 출력(DB7-DB0)은 LED 2진 표시 장치를 구동한다. 데이터 출력은 3상태 출력의 능동 High이다.

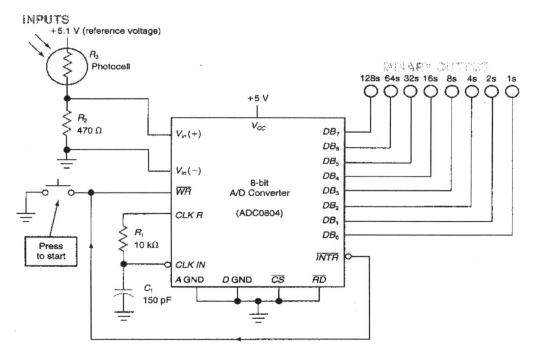

[그림 10-24] ADC0804 IC를 이용한 조도계 회로

[그림 10-24]는 간단한 디지털 조도계를 나타낸다. 광도전 소자(CdS)와 저항 R_2를 직렬로 연결하여, 조도의 변화를 전류의 변화에 비례해서 저항에 걸리는 전압 강하가 두 입력 차가 된다. 요구되는 2진 출력을 맞추기 위해서는 조도계 회로의 저항 R_2의 값을 바꾸면 된다. 아날로그 입력을 2진 출력으로 표시는 것이다.

[그림 10-25]의 조도계는 광소자를 비추는 빛의 상대적 밝기를 10진수(0에서 9)로 나타낸다. 클록 발생기(555 타이머)가 추가된 것 외에는 [그림 10-24]와 유사하다. 클록 발생기는 주파수 1[Hz]의 TTL 출력을 발생시키는 비안정 멀티바이브레이터이다.

7447A IC는 ADC0804 ADC의 출력으로부터 4개의 MSB(DB7, DB6, DB5, DB4)를 디코딩하고, 7세그먼트 LED 디스플레이의 각 세그먼트들을 구동한다. 7447A와 7세그먼트 사이 연결된 7개의 150[Ω] 저항들은 ON 상태의 세그먼트로 흐르는 전류를 제한하여 안정한 레벨을 유지한다.

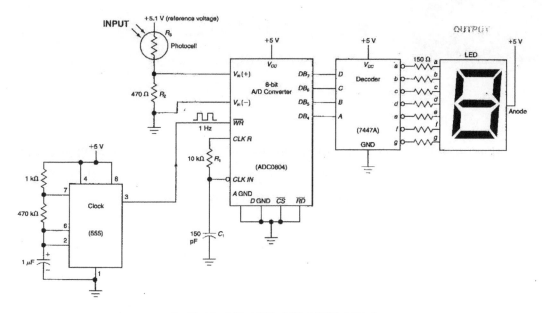

[그림 10-25] 10진 출력 디지털 조도계

PC 인터페이스 기술

PC와 PC 또는 PC와 주변 장치 간의 데이터 전송 방식은 직렬(serial) 방식과 병렬(parallel) 방식으로 나눌 수 있다. [그림 10-26]은 PC 시스템의 기본 구조를 나타낸다. 그림에서 주변 장치란 컴퓨터 시스템에서 CPU와 메모리를 제외한 모든 장치를 주변 장치라고 한다.

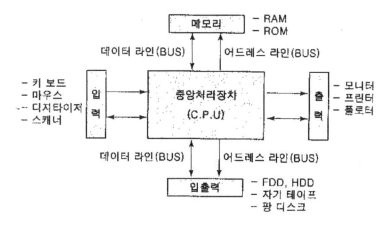

[그림 10-26] PC 시스템의 기본 구조

01. 병렬 통신 방식

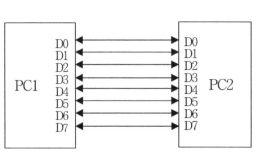

[그림 10-27] 병렬 통신 기본 개념

병렬 통신(parallel communication)이란 문자 그대로 여러 비트를 동시에 전송하는 것을 의미한다. [그림 10-27]을 보면 병렬 통신의 기본 개념을 알 수 있다.

[그림 10-27]과 같이 병렬 통신은 여러 비트를 여러 가닥의 전선을 이용하여 전송하는 것을 말한다. 병렬 통신은 한 순간에 여러 비트의 데이터가 함께 전송되므로 전송 속도가 빠르고 제어가 쉽다는 장점이 있다. 하지만 전송 거리가 길 경우 전선에 대한 비용이 매우 커진다는 단점이 있다. 따라서 병렬 통신은 단거리를 고속으로 전송할 때 주로 사용한다. 예를 들어 PC와 주변 장치 간의 즉, PC와 프린터로의 데이터 전송에 병렬 전송을 사용하고 있다. GPIB (General Purpose Interface Bus) 등과 같이 고속의 데이터 전송을 필요로 하는 곳에 한정적으로 사용된다.

02. GPIB(계측용)

GPIB는 계측기 상호 간의 통신을 표준화하기 위해서 국제기구 IEEE (Institute of Electrical and Electronics Engineers)이 "IEEE Std 488 - 1978"로 정하고, IEC(International Electrotechnical Commision)에서는 "IEC Publication 625-1"로 정하고 있다. 이 양 기관이 정하고 있는 내용은, 커넥터의 모양이 다른 것 이외는 동일하다. IEEE의 커넥터는 24핀형이고, IEC는 25핀형이며, 변환 커넥터에 의해 양자의 버스를 결합할 수 있다.

다음과 같이 특징을 갖는다.

- 병렬 전송
- 디바이스 개수는 15개 이내로 되어야하는 제한이 있다.
- 연장 케이블의 총 연장은 20m 이내의 제한이 있다.

가. GPIB의 구성

GPIB의 버스의 구성은 [그림 10-28] (a)와 같이 되고, 16개의 신호선으로 구성되어 있다. 이 중 8개는 데이터 및 멀티라인 인터페이스 메시지 커맨드의 송수신용으로 사용되고, (DIO1~DIO8)로 부르는 쌍방향의 데이터 버스이다. 나머지 8개는 3개의 컨트롤 버스와 5개의 매니지먼트 버스로 나누어진다. 컨트롤 버스는 데이터 버스의 정보를 주고받을 때의 핸드 쉐이크를 제어하는 데에 사용된다. 매니지먼트 버스는 하드웨어적으로 ©가 디바이스를 제어하기도 하고, 디바이스가 ©를 콜하는데 사용된다. 매니지먼트 버스의 신호는 유니라인 메시지 커멘드로서 정의된다. 이 16종의 신호는 모두 부논리 정의로, 전기적으로는 TTL 규격에 적합하다.

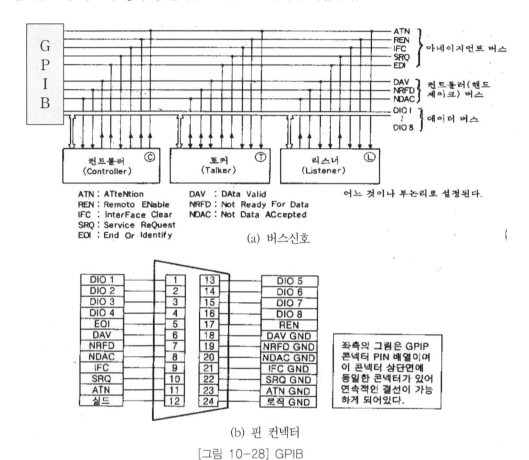

ATN : ATteNtion
REN : Remoto ENable
IFC : InterFace Clear
SRQ : Service ReQuest
EOI : End Or Identify

DAV : DAta Valid
NRFD : Not Ready For Data
NDAC : Not Data ACcepted

어느 것이나 부논리로 설정된다.

(a) 버스신호

좌측의 그림은 GPIP
콘넥터 PIN 배열이며
이 콘넥터 상단면에
동일한 콘넥터가 있어
연속적인 결선이 가능
하게 되어있다.

(b) 핀 컨넥터

[그림 10-28] GPIB

[표 10-8] GPIB 신호선(IEEE 규격)

구분	신호선	내용
데이터 버스	DIO1-DIO7	데이터 전송 라인
제어 버스	DAV	DATA Varid 데이터가 유효함을 알림
	NRFD	Not Ready For Data 수신기가 데이터 수신 준비 완료 알림
	NDAC	Not Data Accepred 수신기가 데이터 수신을 완료했음을 알림
마네이지 먼트버스	ATN	Attention: 데이터버스 상에 어떤 명령어가 전송 중임을 알림
	IFC	Iterface Clear 버스상에 모든 기기를 초기화
	SRQ	Service Request 버스상의 기기가 작업 종료, 오류 종료, 오류 발생, 전송 데이터가 있음 등을 제어기에 알리기 위해 사용된다.
	REN	Remote Enable 버스상의 기기가 명령어 또는 데이터를 수신할 수 있는 상태로 만듬.
	EOI	End Or Identity 버스상에 기기가 전송 종료임을 알리는 목적과 버스상의 기기들이 버스상에 상태 비트를 나타낼수 있도록 준비시키는 목적

03. 직렬 통신 방식(RS-232C, 422, 485)

가. RS-232C 방식

시리얼 통신의 접속은 표준화되어 있으며 "RS-232C"라 부르고 있는데, 대부분의 PC나 모뎀이 이 규격에 따르고 있기 때문에 같은 방법으로 접속할 수 있다. 이 접속에는 "25핀 DSUB 커넥터" 또는 "9핀 미니 DSUB 커넥터"가 일반적으로 사용되고 있다.

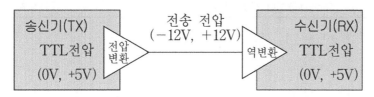

[그림 10-29] RS-232C 전송의 기본 원리

통신 라인에 논리 회로 전압을 직접 전송하면, TTL의 경우 +5V와 0V의 낮은 전압을 사용하기 때문에 잡음의 영향을 쉽게 받는다. 그러므로 전송하는 전압을 높여서 전송하는 것이 RS-232C의 기본 원리이다. [그림 10-29]에서 RS-232C의 기본 원리를 나타낸다. TTL 전압을 ±12V로 변환해 전송한다. 만약 잡음 전압이 4V 정도라면 TTL 전압에 대해서는 치명적 오류를 발생하는 잡음이지만, ±12V에 대해서는 큰 잡음에 해당되지 않는다. 이와 같은 원리로 송신기는 TTL 전압을 잡음의 영향을 덜 받도록 훨씬 큰 전압으로 변환해서 전송하고, 수신기는 이 전압을 다시 TTL 전압으로 복귀시킨다.

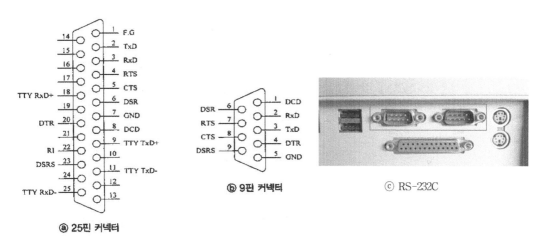

ⓐ 25핀 커넥터

ⓑ 9핀 커넥터

ⓒ RS-232C

기호	내용	방향	25핀 번호	9핀 번호
F·G	Frame Ground(기기의 외장과 접지)	–	1	–
TxD	Transmitted Data(데이터 송신)	출력	2	3
RxD	Receive Data(데이터 수신)	입력	3	2
RTS	Request To Send(상대편에 송신 요구)	출력	4	7
CTS	Clear To Send(상대편에 송신 허락)	입력	5	8
DSR	Data Set Ready(통신 준비 완료 신호)	입력	6	6
DCD	Data Carrier Detect(수신 반송파 검출)	입력	8	1
DTR	Data Terminal Ready(터미널 상태 신호)	출력	20	4
GND	Signal Ground(데이터 신호 접지)	–	7	5

ⓓ 주요 신호의 의미

[그림 10-30] RS-232C 접속 커넥터의 규격

RS-232C를 접속하는 커넥터 규격은 [그림 10-30]과 같이 두 종류와 주요 의미를 나타낸다. 예를 들어 CPU, HDD, FDD, VIDEO 등이 병렬 통신이다. 모든 장비가 병렬 통신을 할 수 없다. 병렬 통신은 구현하기 힘들고 고가이다. 그리고 거리 또한 제한적이다. 이에 반해서 직렬 통신은 구현하기 쉽고, 저가이고, 거리 제한이 병렬보다 제한이 덜 받는다.

RS232C 인터페이스는 미국의 EIA(Electronic Industries Association)에 의해 규격화된 것으로 정확하게는 EIA-RS232C 규격이라고 불리며, 전기적 특성, 기계적 특성, 인터페이스 회로의 기능 등을 규정하고 있다(RS232C의 제한 거리는 15M이다).

전송 속도를 나타내는 방법에는 변조 속도를 나타내는 보오(Baud)와 초당 비트수 bit/sec의 bps가 있다. 1bps는 1초에 보낼 수 있는 비트수를 나타낸다. 예로 9600bps는 1초에 1200단어를 보낼 수 있다.

나. RS-422 방식

RS-422 방식은 RS-232C에 비해 전송 거리가 길고 전송 속도가 빠르기 때문에 서버용 컴퓨터 등 고급 전송에서 주로 사용된다. [그림 10-31]에 RS-422의 기본 원리를 나타낸다.

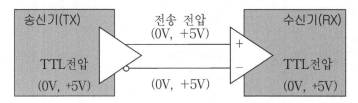

[그림 10-31] RS-422 전송의 기본 원리

RS-422 규격은 하나는 정상 신호를, 나머지 하나는 반전 신호를 한 쌍의 전선을 통해 동시에 보낸다. 이것을 차동신호라고 하는데, 두 선의 상태는 항상 반대로 되어 있다. 수신기는 두 전선의 절대 전압을 검출하지 않고 상대적인 전압 차를 검출한다. 만약 데이터 전송 중 라인에 잡음이 섞였다면, 2개의 전선에 동시에 잡음이 섞인다. 하지만 라인 간의 전압 차는 그대로 유지되므로 데이터에 영향을 주지 않는다. 이와 같은 차동 라인의 원리에 의해 2개 라인의 조건이 유사하도록 전선을 서로 꼬아 놓은 꼬임선(twisted pair line)을 사용한다.

[표 10-9]에서 RS-232C와 RS-422를 비교하고 있다.

[표 10-9] RS-232C와 RS-422를 비교

특성 \ 규격	RS-232C	RS-422
최대 전송 거리	30m	1.5km
최대 전송 속도	20k bps	1M bps
데이터 High	-1.5~-25V	5V
데이터 Low	-1.5~+25V	0V
최소 수신 전압	± 1.5V	100mV

RS-422 방식의 송신기는 단지 두 라인 간의 전압 차이만 발생시키고, RS-232C와 같이 큰 전압을 사용하지 않으므로 같은 슬루 레이트(slew rate)에서 목표 전압에 도달하는 시간이 RS-232C보다 5배 이상(RS-422는 5V, RS-232C는 ±12~±25V이므로 24~50V) 빠르다.

04. USB 통신

USB(Universal Serial Bus)는 그대로 직역하면 '범용 직렬 버스'로, 비교적 저속 통신을 위한 기기 인터페이스 규격을 말한다. 비교적 최근에 개발된 직렬 통신 규격으로, 기본 규격은 RS-422과 많이 비슷하다(UTP 케이블 이더넷과 더욱 유사하다). 즉, 2개의 차동 라인에 각각 반대의 신호를 보내고, 이들 라인의 전압차를 검출하는 점이 비슷하다. 하지만 RS-422는 송신 라인과 수신 라인이 각각 설치되지만, USB는 공통 라인을 이용해 송·수신을 모두 실행하고, 통신 선로를 경유해 전원을 공급할 수 있다는 점이 RS-422와 크게 다른 점이다. 이 중에서 비록 약하기는 하지만 전원을 공급해 주기 때문에 컴퓨터 키보드나 마우스, 소형 디지털카메라, 메모리 스틱이나 집(Zip) 디스크 드라이브처럼 많은 전원이 필요 없는 단순한 기기는 별도의 전원 공급 없이 통신 선로에서 전원을 공급받아 동작할 수 있다.

컴퓨터 산업에서 컴팩, 디지털, 인텔, 마이크로소프트, NEC, 노르텔과 같은 7개의 선도적 회사들이 USB 규격의 기초를 함께 제정했다. USB는 컴퓨터에 주변기기를 접속하는 방법을 간단하게 하는 것이 목적이며 접속에 관한 모든 사양을 수용하는 완전한 규격이다. 규격의 가장 낮은 등급에서는 반드시 사용해야 하는 전기적 선호 등급이나 커넥터와 케이블의 형태를 규정하고 있다.

USB에서 저속 통신이란 RS-232C와 같은 일반 직렬 통신보다 빠르지만, 버스 규격 중에서 저속이라는 의미이다. 일반 컴퓨터의 버스는 병렬 통신을 사용해 속도가 매우 빠르다. 또한 여러 기기들을 함께 연결할 수 있는 특징을 가지고 있는데, RS-232C나 RS-422등은 버스의 개념보다 1:1 통신의 개념이 더 강하다.

저속 모드는 전송 속도 1.5Mbps로 주로 컴퓨터용 키보드나 마우스 또는 조이패드 등 사람과 대화형 기기에 사용한다. 이것은 저속 전송이므로 잡음에 대비하는 회로도로 까다롭지 않다. 즉, USB 케이블을 실드(shield)할 필요가 없고, 데이터 라인도 꼬을(twist) 필요가 없어서 케이블이 유연하고, 가격면에서도 매우 유리하다.

정상 모드는 전송 속도가 12Mbps로, 오디오, 압축 비디오 등의 데이터 전송에 사용한다. 즉 디지털카메라나 사운드 기능에서 사용할 수 있지만, 고속 전송이므로 잡음의 유입에 대비하여 케이블은 실드된 것을 사용한다. 그리고 데이터 라인들은 꼬여 있어서 케이블이 유연하지 않고, 가격이 비싸다는 단점이 있다.

USB와 관련된 용어 중 'DownStream'은 호스트로부터 데이터가 발생되는 기기 일반 컴퓨터에 접속되는 A형 커넥터를 사용한다. 그리고 'UpStream'은 호스트를 향해 데이터가 이동되는 기기 즉, USB 기기로 접속되는 곳은 B형 커넥터를 사용한다. [그림 10-32]는 두 가지 형태의 USB 커넥터이다.

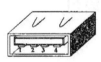

(a) A형 USB 플러그 및 커넥터

(b) B형 USB 플러그 및 커넥터

[그림 10-32] 두 가지 형태의 USB 커넥터

CHAPTER 11

무선 센서 네트워크

무선 센서 네크워크 원리

01. 무선 센서 네트워크 개요

   구조물이나 기계 장치에 센서를 결합하고 수집된 정보를 효과적으로 전달할 수 있도록 구성된 환경은 우리 사회에 대단한 이점을 가져올 수 있다. 잠재적인 요인으로는 일부 끔찍한 돌발 사태의 감시나 자원의 보존, 산업 현장의 생산성 향상, 비상사태 대처 능력 개선 그리고 향상된 국가 보안 유지 기능 등이다. 그러나 센서를 구조물이나 기계 장치에 보다 널리 쓰이게 하는 데는 해결해야 할 문제가 있다. 센서를 연결하는 긴 선들은 파손의 우려가 있게 되고 광섬유의 끝 부분은 그 연결함에 있어서 접속 불량의 문제가 발생할 수 있다는 것이다. 선이 길면 길수록 설치비는 증가하게 되며 장기간의 유지 보수 비용이 발생하게 된다. 이러한 이유로 센서의 수는 제한을 받게 되고 결국 수집되는 데이터의 전체 품질도 감소하게 된다. 무선 센서 네트워크는 이러한 문제점을 해결하여 비용을 절감할 수 있고 설치가 쉬우며 접속부를 제거할 수 있다.

   이상적인 무선 센서는 연결 및 조절이 용이하고 매우 작은 전력을 소비하며, 지능적이며 소프트웨어적으로 프로그램이 가능해야 하며 빠른 데이터 획득 능력이 있어야 하고 동시에 신뢰성과 정확도가 장기간 유지되어야 한다. 또한 구입과 설치에 비용이 적게 들어야 하고 실질적인 유지 보수가 요구되지 않아야 한다.

   최적의 센서와 무선 통신 연결을 선정하기 위해서는 문제의 정의와 응용에 대한 지식이 요구된다. 배터리 수명, 센서 데이터 전송 주기 그리고 크기 등이 모두 고려해야 할 주된 설계 요인이다. 낮은 데이터 전송률을 갖는 센서의 예로는 온도, 습도 그리고 최대 변형 등이다. 높은 데이터 전송률의 경우에는 변형, 가속도 그리고 진동이 있다.

   최근에는 하나의 집적회로(IC) 안에 센서와 무선 통신 연결 및 디지털화 기능을 통합할 수 있는 수준까지 기술이 개발되었다. 이러한 기능은 저전력의 무선 데이터 통신 프로토콜로도 통신이 가능한 매우 저렴한 센서들로 네트워크를 구성하는 것이 가능하게 한다. 무선 센서 네트워크(WSN : wireless sensor network)는 일반적으로 여러 개의 무선 센서들을 무선 통신 연결을 통하여 통신이 가능하게 하는 기지국(또는 게이트웨이)으로 구성되어 있다. 데이터는 각 무선 센서 노드에서 수집되고 압축되어 게이트웨이로 직접 전송되거나 필요하면 다른 무선 센서 노드를 통하여 게이트웨이로 전해지게 된다. 전송된 데이터는 게이트웨이의 연결에 의해 시스템에 나타내어진다. 이 장에서는 무선 센서 네트워크의 기술적인 개요와 무선 센서 네트워크가 가능한 몇 가지의 예를 설명하고자 한다.

02. 특수의 무선 센서 구조

다기능 무선 센싱 노드(node)에 대한 기능적 블록 다이어그램을 [그림 11-1]에 나타내었다.

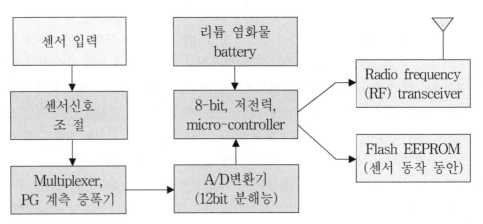

[그림 11-1] 무선 센서 노드의 기능적 블록도

모듈화 설계 방법은 무선 센서 네트워크가 광범위하고 다양한 분야에 적용이 가능하도록 유연하고 기능이 많은 플랫폼 구현이 가능하게 한다. 예를 들어 배치될 센서에 따라 신호 조절 장치는 재배치되거나 프로그램의 수정이 가능하다. 이것은 광범위한 종류의 센서를 무선 센싱 노드에 사용하는 것이 가능하게 한다. 유사하게 무선통신 링크는 주어진 응용 분야에 요구되는 무선 통신 범위와 양방향 통신의 필요 등에 의해 교체할 수도 있다. 플래쉬 메모리를 사용함으로써 베이스스테이션이나 하나 또는 그 이상의 노드로부터의 이벤트 발생에 따라 원격 노드가 데이터를 획득하도록 명령하는 것이 가능하다. 더구나 임베디드 펌웨어는 구성된 무선 네트워크를 통해 업그레이드가 가능하다.

마이크로프로세서는 다음과 같은 기능들이 있다:

① 센서로부터의 데이터 수집을 관리한다.

② 전력 관리 기능을 수행한다.

③ 물리적 무선 통신 레이어와 센서의 연결 기능을 수행한다.

④ 무선 통신 네트워크 통신 규약을 관리한다.

어떠한 무선 센싱 노드라도 그 주요 특성은 시스템에 의한 전력 소모를 최소화하는 것이다. 일반적으로 무선 통신 서브시스템은 필요 전력의 최대 총량을 요구하게 된다. 따라서 필요할 때만 데이터를 무선 통신 네트워크에 보내는 것이 전력 소모를 줄이는 효율적인 방법이다. 이러한 이벤트 발생에 의한 데이터 수집, 모델은 어떠한 이벤트가 발생되었을 때 데이터를 보낼 것인지를 정의할 알고리즘이 포함되어 있어야 한다. 추가적으로 센서 자신에 의한 전력 소모를 최소화하는 것도 중요하다. 따라서 무선통신과 센서 그리고 센서의 신호조절부는 전력 소모가 적절하게 되도록 설계되어져야 한다.

가. 무선 센서 네트워크 구조

무선 통신 네트워크에는 여러 가지 형태가 있다. 다음과 같은 무선 센서 네트워크의 구성에 따라 간략하게 구분할 수 있다.

(1) 성형 네트워크(일점 대 다점)

성형 네트워크([그림 11-2])는 한 기준점에서 다른 여러 원격 노드로 정보를 주고받을 수 있는 통신 형태를 말한다. 원격 노드는 기준점과만 신호를 주거나 받을 수 있고 원격 노드끼리 정보를 보내는 것은 불가능하다. 무선 센서 네트워크에서 이러한 형태의 통신만이 가질 수 있는 장점은 그 구성이 간단해지고 원격 노드들의 전력 소모량을 최소로 할 수 있다는 것이다. 또한 기준점과 원격 노드 간의 낮은 통신 지연율을 가질 수 있게 된다. 이러한 네트워크의 단점은 기준점이 반드시 모든 원격 노드들과 무선 통신이 가능한 위치에 있어야 한다는 것과 전체 네트워크의 관리가 한 점에 의해 결정되기 때문에 다른 네트워크에 비하여 강인하지 못하다는 것이다.

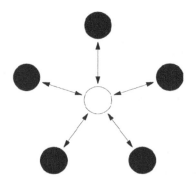

[그림 11-2] 성형 네트워크 형태

(2) 망형 네트워크

망형 네트워크는 무선 통신 범위 안에 있는 어떤 노드라도 또 다른 어떤 노드에 신호를 주고 받는 것이 가능하다. 이것은 multihop 통신, 즉 어떤 노드가 자신의 무선 통신 범위를 벗어난 노드에게 신호를 보내고자 할 경우 자신과 대상 노드의 중간 노드를 이용하는 방법이 가능하게 한다. 이러한 네트워크의 장점은 잉여성과 확장성이다. 만약 하나의 독립 노드가 고장이 발생 하더라도 전체 네트워크 범위 안에 있는 다른 어떤 노드를 이용하여 원하는 목적지까지 데이터 를 우회하여 전달할 수 있다. 또한 네트워크의 데이터 전달 가능 범위가 각각의 독립 노드 사이 의 범위에 제한을 받지 않고 그 사이에 추가적인 노드를 배치함으로써 손쉽게 전체 시스템의 범위를 확장할 수 있다. 이러한 형태의 네트워크의 단점은 multihop 통신 기능을 가진 시스템 이 그렇지 않은 시스템보다 일반적으로 갖게 되는 전력 소모량의 증가이고 이것은 종종 배터리 수명에 제한을 주게 된다. 또한 데이터가 거쳐 가고자 하는 노드가 증가할수록 데이터의 지연 시간도 증가하게 된다. 특히 노드의 저전력 작동이 요구될 때에는 그 영향이 더욱 크게 된다.

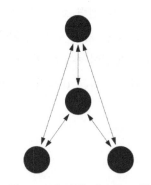

[그림 11-3] 망형 네트워크 형태

(3) 하이브리드 성-망(star-mesh) 네트워크

성형과 망형 네트워크의 혼합 형태는 무선 센서 노드의 전력 소모를 최소화할 수 있어 강인하고 기능이 많은 네트워크의 구성이 가능하다. 이러한 형태의 네트워크는 메시지 전달을 위해서 최소 전력을 사용하는 센서 노드의 사용이 불가능하다. 이것은 최소 전력 소모를 위해서는 별도의 관리 방법이 필요함을 의미한다. 그렇다 하더라도 네트워크 안의 저전력 노드로부터 메시지를 받아 다른 노드로 전달할 수 있는 일반 노드가 있다면 multihop 기능을 수행할 수 있게 된다. 일반적으로 multihop 기능을 가지고 있는 노드는 전력 소모가 크게 되는데 이들은 종종 가능하면 주전원선이 있는 곳에 연결되게 된다. 이러한 방법이 바로 ZigBee로 알려진 새로운 망형 네트워크에 적용되고 있는 방법이다.

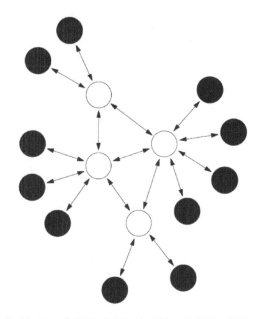

[그림 11-4] 하이브리드 성-망형 네트워크 형태

03. 무선 센서 네트워크의 물리계층에 대한 무선 주파수 범위

무선 통신의 물리계층은 동작 주파수, 변조방법 그리고 무선통신을 시스템에 연결하기 위한 하드웨어 인터페이스 등을 정의한다. 무선 센서 네트워크의 무선 통신 계층에 적합하게 사용할 수 있는 저전력의 시설 무선 통신용 통합 서킷은 Atmel, MicroChip, Micrel, Melexis, 그리고

ChipCon 과 같은 회사 제품을 비롯하여 많은 종류가 있다. 이런 것들을 사용하면 표준에 의거한 무선 통신 인터페이스들을 허용할 수 있는 이점이 있다. 이것은 여러 회사들의 네트워크 전체를 포함한 정보 처리 상호 운용이 가능하게 한다. 다음에는 현존하고 있는 무선 통신 표준안과 그것들이 무선 센서 네트워크에 적용 가능성 대해 설명하고자 한다.

가. IEEE802.11x

IEEE802.11은 컴퓨터 또는 다른 장치 사이에 상대적으로 높은 대역폭의 데이터 전송을 위한 근거리 네트워킹을 위한 표준안이다. 데이터 전송률은 1Mbps보다도 작은 값에서부터 50Mbps 이상까지이다. 일반적인 데이터 전송 범위는 표준 안테나를 사용하였을 때 300피트 정도이다. 전송 가능 범위는 고이득 안테나의 사용으로 크게 향상시킬 수 있다. 주파수 호핑과 다이렉트 시퀀스 스프레드 스펙트럼 변조 방식이 모두 사용 가능하다. 무선 센서 구성부를 위한 데이터 전송률이 확실하게 충분히 높다면 소요 전력에 대한 고려는 배제된다.

나. Bluetooth (IEEE802.15.1 and .2)

블루투스는 802.11. 보다 저전력의 개인 영역 네트워크이다. 이것은 원래 개인용 컴퓨터로부터 휴대전화나 개인용 디지털 기기와 같은 주변 장치로 데이터를 전달하기 위하여 규정된 것이다. 블루투스는 하나의 베이스 스테이션에 최대 7개까지의 원격 노드를 가진 성형 네트워크 형태를 사용한다. 몇몇의 회사에서 블루투스 기반의 무선 센서를 제작하였지만 블루투스 통신 규약이 갖는 다음과 같은 제한으로 인하여 광범위하게 사용되지는 않았다.
① 짧은 전송 범위에 비해 상대적으로 큰 전력이 소모.
② 시스템의 평균 소비 전력을 줄이기 위해 대기 모드를 사용할 경우 노드들이 대기 모드에서 깨어나 네트워크에 동기화되기까지 긴 시간이 소요됨.
③ 작은 수의 노드만 가능 (<=7 nodes)
④ MAC(medium access controller) 계층의 구성이 무선 센서 사용을 위해 필요한 작업보다 과도하게 복잡하게 된다.

다. IEEE802.15.4

802.15.4 표준은 무선 센싱 응용 분야의 필요에 의해 특별히 설계되어진 것이다. 이 표준은 다중 데이터 전송률과 다중 전송 주파수 등이 정의되어 있어 매우 유연하다. 하드웨어가 전체 소모 전력의 최소화를 위해 대기 모드로 변경되는 것이 가능하면서도 전체 전력 소모는 중간 정도로 알맞다. 또한 노드가 대기 모드에서 깨어난 후에도 빠르게 네트워크에 동기화하여 실행 가능한 상태로 바뀔 수 있다. 이러한 기능은 무선 통신의 전원을 주기적으로 꺼서 전체 평균 소모 전력을 매우 낮게 할 수 있다. 이 표준은 다음과 같은 특징들을 갖는다.

① 전송 주파수가 868MHz/902-28 MHz/2.48-2.5 GHz 이다.
② 데이터 전송률이 20Kbps (868 MHz Band) 40Kbps (902 MHz band) and 250Kbps (2.4 GHz band) 이다.
③ 성형 및 peer-to-peer(망형) 네트워크 형태의 연결을 제공한다.
④ 전송된 데이터의 부호화를 위해 AES-128 방식의 보안은 선택적으로 사용하는 것에 대하여 기술되어 있다.
⑤ 망형 네트워킹에서 multi-hop을 위한 링크 품질의 유용성 표시
⑥ 강인한 데이터 통신을 위해 DSSS(direct sequence spread spectrum) 사용

전술한 3개의 표준안 중에서 IEEE802.15.4가 무선 센싱의 응용 분야에 가장 광범위하게 사용될 것으로 예상된다. 2.4-GHz 대역은 기본적으로 전 세계적인 자유 주파수 대역이기 때문에 앞으로 넓게 사용될 것이다. 2.4-GHz 대역은 저주파수 대역에 비해 전송할 데이터의 전송 시간을 줄일 수 있으므로 이를 통한 전력 소모도 가능하여 저전력의 시스템 구현이 가능하게 된다.

라. ZigBee

ZigBeeTM 연맹은 공개 국제 표준안을 기본으로 신뢰성, 저비용 효과, 저전력, 무선 네트워크 모니터링 그리고 제어용 부품들에 대한 일을 같이 수행하기 위한 회사들의 협회이다. ZigBee 연맹은 IEEE802.15.4의 물리 계층 및 MAC 계층에 대하여 규정하고 라이팅(lighting) 컨트롤과 HVAC 모니터링 같은 보다 상위 응용 계층의 규격화에 대하여 모색하고 있다. 또한 Wi-Fi 동맹의 IEEE802.11 규정에 대한 승인을 해 준 것보다 더 많이 IEEE802.15.4에 대한 승인을 하고 있다. ZigBee 네트워크 규정은 2004년 비준되었으며 성형 네트워크와 혼합형 성-망형 네트워크를 모두 지원한다. ZigBee 연맹은 IEEE802.15.4 규정과 네트워크 규정의 확장 부분 및 응용 계층과의 인터페이스까지 모두를 망라하고 있다.

마. IEEE1451.5

IEEE802.15.4 표준이 무선 센서 네트워크에 적당한 통신 구조에 대하여 규정하는 동안 센서 인터페이스에 대한 고려는 중지되어 있다. IEEE1451.5 무선 센서 관련 그룹은 무선 네트워크에 센서를 인터페이스 하기 위한 규격화를 위해 이전의 IEEE1451 스마트 센서 작업 그룹처럼 노력하고 있다. 현재 IEEE802.15.4 물리계층이 무선 네트워킹의 통신 인터페이스로 선택되었다.

04. 무선 센서 네트워크의 전력 고찰

무선 센서 네트워크를 위한 단 하나 가장 중요한 고려 사항은 전력 소모량이다. 무선 센서 네트워크의 개념이 실용적이고 연구 대상일지라도 만약 배터리가 지속적으로 교환되어져야 한다면 결코 광범위하게 적용될 수 없다. 따라서 센서 노드의 전력 소모가 최소화되도록 설계되어져야 한다.

무선 통신에 있어서 평균 공급 전류를 줄이기 위한 방법으로는 다음과 같은 여러 가지 방법이 있을 수 있다:

- 데이터의 압축과 감소를 통하여 전송해야 할 전체 데이터의 양을 줄인다.
- 데이터 전송 주파수와 트랜스시버 효율 주기를 낮춘다.
- 프레임 오버헤드를 줄인다.
- 엄격한 전력 관리 메커니즘 사용(전원차단 및 대기 모드)
- 이벤트 발생 시에만 전송하는 방법 사용(센서에 어떠한 이벤트가 발생했을 때에만 데이터 전송)

센서 자체의 전력 감소를 위한 방법들에는 다음의 것들이 있을 수 있다:

- 데이터를 추출할 때에만 센서의 전원을 켠다.
- 데이터를 추출할 때에만 신호 조절 장치의 전원을 켠다.
- 어떠한 이벤트가 발생했을 때만 신호를 추출한다.
- 데이터 추출 주기를 응용 분야에 만족하는 최소값으로 낮춘다.

05. 무선 센서 네트워크의 응용

가. 구조물 안전 상태 모니터링 - 지능 구조물

센서가 포함된 기계 장치와 구조물은 그 자신의 현재 상태에 기초한 유지 보수가 가능해진다. 전통적으로 구조물이나 기계 장치는 일정한 시간을 두고 정기적인 검사를 하게 되고 각 부품들은 사용조건 보다는 사용기간에 기초하여 수리되거나 교체된다. 이러한 방법은 부품들이 좋은 조건에서 사용될 때는 필요 없는 비용의 증가를 초래하게 되고 또한 어떤 경우에는 정기 검사 기간 사이의 갑작스런 손상으로 인한 경제적 손실을 막지 못한다. 무선 센서 네트워크는 구조물이나 기계장치에 어떠한 문제가 발생할 경우 이를 센서로 바로 감지하게 되어 유지보수 비용의 감소와 돌발 고장을 방지하게 되어 경제적 손실을 줄일 수 있게 된다. 또한 무선을 이용하는 것은 긴 케이블의 설치 비용이 감소하게 되므로 초기 설치 비용을 줄일 수 있게 된다.

어떤 경우에는 무선 센싱을 적용하기 위해서 장비나 구조물 또는 재질 등에 의해 선 뿐만 아니라 배터리까지도 제거해야 하는 경우가 있다. 지속적으로 회전하는 물체에 센서가 부착되거나, 콘크리트나 복합재료에 사용되는 경우 또는 의학용 임플란트에 적용되는 경우 등이다.

나. 산업 자동화

움직이는 부품이 포함되는 경우에 센싱 네트워크를 구성하기 위해서는 가격이 비싸질 뿐만 아니라 전선의 연결도 부자연스럽게 된다. 무선 센서 네트워크를 사용하게 되면 센싱 장치의 설치도 신속하게 되고 전선이 연결되어 있으면 실용적이지 못한 위치에 센서를 설치하는 것도 가능하게 된다. [그림 11-5]와 같은 생산 라인에 적용된 경우를 예로 들 수 있다. 이 경우는 전형적으로 열 개 이상의 센서가 고무 실의 간격을 측정하기 위하여 설치된 것을 보여주고 있다. 이전에는 이 생산 라인에 유선 센서를 설치하여 사용하는 것이 매우 불편하였으나, 무선 센서 네트워크를 이 경우에 적용함으로써 이전의 불편함 없이 측정하는 것이 가능하게 되었다.

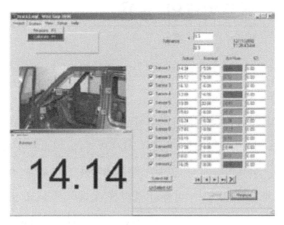
[그림 11-5] 무선 센서의 산업 응용

이 외에도 동력 제어 시스템, 보안, 풍력 터빈 상태 모니터링, 환경 모니터링, 위치 기반 물류 서비스 그리고 건강 관련 분야 등의 응용 분야가 있다.

06. 미래 전망

현재의 무선 네트워크 시스템은 일반적으로 배터리의 사용이 요구된다. 향후에는 배터리를 대신하여 압전 물질을 이용하여 에너지를 발생시키고 이를 축전지 또는 충전 가능한 배터리에 저장하는 방안이 개발될 것이다. 무한번의 충전이 가능한 박막 필름으로 된 화학적 배터리 재료를 이용한 지능적이면서도 에너지 절약형의 무선 센서 네트워크 시스템은 장기간의 사용에도 유지 보수가 필요 없는 무선 모니터링 방안의 해결책이 될 수 있다.

무선 센서 네트워크는 이전에는 센서의 적용이 가능하지 않았던 응용 분야에도 센서의 적용을 가능하게 하고 있다. 앞으로 새로운 표준안에 기초한 네트워크가 발전되고 저전력 시스템이 계속 개발된다면 무선 센서 네트워크는 더욱 광범위하게 사용될 것이다.

[참고 문헌]

- 공학도를 위한 센서공학 실무 / 기전연구사 / 김덕룡 / 2005
- 광센서와 그 사용법 / 도서출판 세화 / 이종락 역편/ 1995
- 기초 전기전자공학 / 청문각 / 김종수외 6인 / 2003
- 기초물리학 / 삼우출판사 / 성백능 / 1986
- 디지털공학 / 진영사 / 박종욱외 2인 / 2001
- 실무자를 위한 센서기초와 활용 김종오외 1인/ 2013
- MAKE : 센서/ 한빛미디어 테로 카르비넨외 2인 남기혁 옮김/ 2015
- 메카트로닉스를 위한 센서 응용회로 101선 / 도서출판 세화 / 이종락 옮김 / 1992
- 센서 기초기술 / 광문각 / 박기엽외 1인 / 1999
- 센서 인터페이싱 / 기전연구사 / 김영해외 1인 / 1986
- 센서 전자공학 / 동일출판사 / 민남기 / 2005
- 센서공학 / 동일출판사 / 노병옥 / 2001
- 센서공학 / 한국산업인력공단 / 김준식 / 2001
- 센서 실험(MCS-51에 의한) / 기전연구사 / 김동룡 / 2006
- 센서와 마이컴의 인터페이스 기술 / 도서출판 세화 / 전금경 / 1997
- 센서응용공학 / 복두출판사 / 정기철외 2인 / 2002
- 센서응용실험 / 한국폴리텍대학 / 손종원외 1인 / 2007
- 센서의 활용 / 도서출판 세화 / 이종락 옮김 / 1997
- 센서활용기술 / 기전연구사 / 황규섭 / 1989
- 센서 회로실험 / 대영사 / 강경일 / 1999
- 신편 센서공학 / 태훈출판사 / 김동화 / 2001
- 유비쿼터스 컴퓨팅을 위한 센서 & 인터페이스 / 성안당 / 정완영 /2005
- 자동화를 위한 센서공학 / 성안당 / 김원회외 1인 / 2002
- 자동화를 위한 센서활용 / 테크 미디어 / 안복신외 2인 / 2002
- Autonics 종합 카탈로그 / (주) Autonics / 제9판

스마트 자동화를 위한
센서기초공학

| 2020년 | 8월 | 8일 | 1판 1쇄 인 쇄 |
| 2020년 | 8월 | 15일 | 1판 1쇄 발 행 |

지은이 : 박일천, 이병문

펴낸이 : 박　　　정　　　태

펴낸곳 : **광　문　각**

10881
파주시 파주출판문화도시 광인사길 161
광문각 B/D 4층
등　록 : 1991. 5. 31 제12-484호
전화(代) : 031) 955-8787
팩　스 : 031) 955-3730
E-mail : kwangmk7@hanmail.net
홈페이지 : www.kwangmoonkag.co.kr

● ISBN : 978-89-7093-374-0　　　　　93560

값 25,000원

한국과학기술출판협회회원